高等学校电子信息类系列教材
学生工程实践能力培养课改教材

Proteus 仿真平台单片机项目式教程

主　编　李任青　马朝圣

副主编　沈文娟　黄　芬

西安电子科技大学出版社

内 容 简 介

本书基于 Proteus 仿真平台，以 89C51 单片机为例，采用项目式案例教学方式组织内容，深入浅出地讲述了单片机的原理、接口与应用技术。本书主要内容包括双闪灯——搭建开发环境、流水灯、抢答器、交通灯、定时器、串口通信、99 秒马表、动态数码显示屏、简易电子琴、数字电压表、数字钟和液晶显示万年历，共 12 个项目。本书贯穿了应用设计的思想和工程设计的理念，旨在实现嵌入式技术的入门，培养工程设计思维与动手能力。

本书可作为计算机类、电子信息类、自动化类、测控类和智能科学等工科专业的本科生教材，也适用于应用型高职院校，还可用于电子设计工程师的培训等。

图书在版编目（CIP）数据

Proteus 仿真平台单片机项目式教程 / 李任青，马朝圣主编. -- 西安 ： 西安电子科技大学出版社, 2024. 8. -- ISBN 978-7-5606-7358-5

Ⅰ. TP368.1

中国国家版本馆 CIP 数据核字第 20245KK009 号

策　　划　李惠萍
责任编辑　李惠萍
出版发行　西安电子科技大学出版社（西安市太白南路 2 号）
电　　话　（029）88202421　88201467　　邮　　编　710071
网　　址　www.xduph.com　　　　　　　电子邮箱　xdupfxb001@163.com
经　　销　新华书店
印刷单位　广东虎彩云印刷有限公司
版　　次　2024 年 8 月第 1 版　　2024 年 8 月第 1 次印刷
开　　本　787 毫米×1092 毫米　1/16　印　张　19
字　　数　446 千字
定　　价　48.00 元

ISBN 978-7-5606-7358-5

XDUP 7659001-1

*** 如有印装问题可调换 ***

前　言

随着人工智能等相关技术的快速发展，人类社会生活的智能化程度正逐步提升，智能化产品的需求越来越多，以单片机技术为典型代表的嵌入式技术得到了广泛的应用，催生出很多智能产品和智能设备。在国家大力发展实体经济，推动以"新质生产力"促进我国经济高质量发展的大背景下，与智能产品相关的嵌入式开发技术的前景越来越广。因此，高校电子信息大类的学生应该掌握单片机技术，为将来进入嵌入式开发领域，从事智能硬件、智能产品的设计打下良好的基础。

党的二十大强调：科技是第一生产力，人才是第一资源，创新是第一动力。新质生产力的发展，以科技革命和产业革命为基础，依靠创新驱动，脱离不了人才资源的支撑。在计算机虚拟仿真技术快速发展的今天，怎样依托新技术、新平台，促进单片机等嵌入式技术人才培养质量的提升，促进智能产品开发高端人才生态圈的形成，已成为广大教育工作者需要深耕、细思、潜心研究的重要课题。

本书是为计算机科学、电子信息工程、应用电子、电气工程、机电自动化、物联网工程、智能科学与技术等专业开设单片机、嵌入式课程而编写的教材。本书主要依托 Proteus 仿真平台，以单片机原理知识、技术设计应用为主线，采用任务驱动的模式，以项目式教学为主要方法，结合实际动手制作，通过理论与实践一体化教学达到使学生快速入门并掌握单片机应用技术的目的。

Proteus 嵌入式虚拟仿真平台是由英国 Lab Center Electronics 公司开发的 EDA 工具，是一个集成了电路仿真软件、PCB 设计软件和虚拟模型仿真软件的设计平台。它不仅可视化地支持 8051、HC11、PIC10/12/16/18/24/30、DSPIC33、AVR、ARM、8086、MSP430、Cortex、STM32、DSP 系列等主流处理器，支持 IAR、Keil、MATLAB 等众多主流编译器，还提供了丰富的器件库、虚拟仿真仪器和分析工具。该平台可实现从原理图的设计、代码调试到单片机与外围电路的协同仿真，可一键切换到 PCB 设计，真正实现了从概念到产品的全过程设计。Proteus 平台具有以下特点：

(1) 以 Proteus 虚拟仿真软件为核心，构建单片机虚拟仿真教学平台，具有硬件投入少、运行成本低、经济优势明显等显著特点。利用 Proteus 平台，课程的开设可以在公共机房进行，不受场地等条件的限制。

(2) 可以开设的项目设计课题、实验课题较多，涵盖单片机、嵌入式技术、微机接口技术、数字电路技术、模拟电路技术、数字信号处理技术等课程内容，有利于扩展思路，促进学生创新。

(3) 可从工程的角度直接查看程序运行与电路的工作过程和结果。从某种意义上讲，Proteus 平台解决了课堂教学和工程实践之间脱节的问题，而且设计周期短，效果立等可见，有利于在课堂教学中激发学习兴趣，建立专业自信。

(4) 仿真平台的易搭建性有利于自主学习和课外实验实践，学生可自主完成课外设计性课题、开放性实验和大学生科技创新活动。

(5) 从项目仿真开发到实物的设计制作，利用仿真平台缩短了项目开发周期，既可以训练学生的编程应用能力，又可以培养学生的动手能力，可通过虚实对比，使学生积累开发经验。

(6) 项目教学采用项目开发团队模式，可以培养和锻炼学生的团队协作精神，有利于组建学生团队，开展智能车、蓝桥杯、电子设计竞赛等相关竞赛培训工作。

本书分上下两篇：上篇为基础原理，通过 6 个基础项目，介绍了单片机的开发环境、仿真平台的搭建方法、单片机的最小系统及程序设计方法、I/O 口输入/输出功能、外部中断、定时器、串行通信等方面的内容；下篇为应用设计，给出了 6 个设计项目，通过这些项目可以掌握单片机的动态数码显示技术、一键多任务识别技术、阵列式键盘识别技术、A/D 转换和 D/A 转换技术，以及字符液晶、时钟芯片、温度传感器等接口电路设计和综合应用编程等。全书从基础设计到综合应用，由简到难，层层深入。本书每个项目都给出了学习目标、项目任务、相关理论知识和较为详细的方案参考范例，并基于 Proteus 仿真平台展示了实现的仿真效果。

在知识更新迭代快、课程交叉融合强和课程体系改革的大背景下，单片机教学课时压缩是必然趋势。各高校单片机课程课时普遍压缩到 48 学时，其中还包括不少于 16 学时的实验教学。因此，选用本书进行项目一体化仿真教学时，建议根据学情和实际教学需要从 12 个项目中选用 8～10 个项目，并以上篇基础原理部分作为教学核心，未完成的项目可作为课外自主学习部分辅助教学。

为了更好地组织教学，编者对本门课程的教学过程特给出如下建议：

(1) 学生自主学习项目案例中相关的理论知识，并分条做出总结，写入项目教学活页中。

(2) 教学过程重在引导，重在知识点的总结性提问与归纳，整个过程以学生为主体。

(3) 进行 Proteus 平台仿真时要有仿真效果图，并做要点分析。

(4) 项目教学活页中的图纸要规范。电路原理图一律用专业软件绘制，设计出的图纸要符合专业规范，打印要字迹清晰。

(5) 项目开发过程的文件要保存好，并与项目教学活页一起提交。

(6) 要求学生独立完成该项目软硬件开发的全过程，项目结题考核时重点考核相关的知识点、设计思路和编程思想，鼓励在此基础上自主创新。

在实际应用中，只有将教材、Proteus 虚拟仿真平台、教学方法和模式在课堂内外相互配合、相辅相成，才能达到最好的教学效果。

江西农业大学南昌商学院李任青、马朝圣担任本书主编，南昌大学共青学院沈文娟、黄芬担任副主编。李任青负责本书的内容规划，马朝圣负责对终稿进行统筹和审定。李任青编写了项目一、项目二、项目三、项目四、项目九，沈文娟编写了项目五、项目六、项目七、项目八，黄芬编写了项目十、项目十一、项目十二。

本书在编写过程中，借鉴和参考了一些经典案例和部分线上源码资料，在此特对原作者表示感谢。本书还得到了江西农业大学南昌商学院、南昌大学共青学院领导、同事的大力支持，在此感谢李练军教授、潘求丰教授、喻昕教授和宋斌华老师等教材立项评审专家的悉心指导，感谢计算机系、单片机课程组各位同事提出的宝贵修改意见。最后，感谢西安电子科技大学出版社所有工作人员的辛苦付出，特别感谢李惠萍编辑对本书的精心指导和全力支持！

本书为"农商书系"教材，获江西农业大学南昌商学院学术著作出版资助。本书还获得了江西省教学改革课题"创客工坊模式在学生工程实践能力培养中的应用研究——以单片机课程为例"立项资助，课题编号为 JXJG-21-33-4，系该课题的教学改革成果。

由于编者水平有限，加之时间匆忙，书中难免存在不足之处，恳请读者予以批评指正。

编　者

2024 年 5 月

目　录

上篇　基础原理

下篇 应用设计

上篇 基础原理

基础知识概述

单片微型计算机(Single Chip Microcomputer，SCM)简称单片机，实际上单片机就是一个芯片构成的微机，是指将中央处理器(CPU)、随机存储器(RAM)、只读存储器(ROM)、输入/输出接口(I/O)、中断系统(INTX)、定时器/计数器(TIMER)以及串行通信接口(UART)等核心部件集成在一块硅芯片上构成的微型计算机。单片机配以相应的软件系统，就构成完整的微型计算机应用系统，简称单片机应用系统。单片机芯片是构成微机的实体和装置，属于硬件系统，软件系统是微机系统所使用的各种程序，软件系统与硬件系统共同构成实用的微机系统。硬件是单片机应用系统的基础，软件则在硬件的基础上对其资源进行合理调配和使用，从而完成应用系统的任务需求，两者相辅相成、缺一不可。

单片机具有体积小、重量轻、电源单一、功耗低、功能强、价格低、运行速度快、抗干扰能力强、可靠性高等显著特点，可以嵌入电子产品中，在工业控制、农业生产、军事国防、智能安保、金融服务、仪器仪表、航空航天、医疗设施、网络通信、办公设备、家用电器、休闲娱乐、体育健身、竞赛服务等各个领域都有广泛的应用，使用单片机的设备和装置很多，如自动存取款机(ATM)、移动电话、无线路由器、汽车电子智能驾驶与智能导航系统、远程巡航侦测无人机、工业自动化的实时控制和数据处理设备、无人值守的智能化物流码头、医用设备、智能家居、程控玩具等。稍微留心一下我们的周围不难看出，大量单片机嵌入式技术正迅速改变着人们传统的生产和生活方式。

从 20 世纪以来，随着计算机技术的快速发展，嵌入式技术得到了广泛的应用，智能控制技术日趋成熟。21 世纪后，计算机与网络通信技术飞速发展，人们的生活逐渐进入信息化、智能化时代，嵌入式智能控制已无处不在。单片机作为嵌入式应用的典型代表，具有专门为嵌入式应用而设计的体系结构、指令系统、外设接口和不断增强的控制功能等，其运行高速、可靠，在嵌入式系统中得到了广泛的应用，通常又称为嵌入式微控制器(Embedded Microcomputer)。

1971 年 1 月，Intel 公司首先研制出了集成度为 2000 只晶体管/片的 4 位微处理器 Intel 4004，它的成功推出拉开了单片机时代的大幕。在过去的 50 多年里，单片机从最初的 4 位单片机已经发展成为主流的 32 位，其类型也已经发展为上千种系列的近万个品种。

单片机的发展大致可以分为以下几个阶段：

1971—1976 年为单片机的萌芽发展阶段。在这一时期，功能相对简单的 4 位单片机主要用作计算器中的控制部件。

1976—1979 年为 8 位单片机的初始发展阶段。1976 年，Intel 推出 MCS-48 系列单片机(其包含 8 位 CPU、1 KB ROM、64 B RAM、27 根 I/O 线和 1 个 8 位定时器/计数器)。此时的单片机相对早期的 4 位机在性能上有很大提高，且体积小，价格低，因而得到了广泛的应用，书写了单片机发展史上重要的一页。

1979—1983 年为 8 位单片机的结构发展完善、成熟阶段。1980 年，Intel 公司在 MCS-48 基础之上推出了高性能 8 位单片机 MCS-51 系列(包含 8 位 CPU、4 KB ROM、128 B RAM、4 个 8 位并口、1 个全双工串行口、2 个 16 位定时器/计数器，寻址范围为 64 KB，并有控制功能较强的布尔处理器)。不仅单片机的存储容量和中断能力大大增强，还配备了串行通信接口。此时的单片机发展到一个全新的阶段，应用领域变得更加广泛。MCS-51 系列单片机后来成为 8 位单片机的典范，一直作为经典被沿用。

1983—1990 年为单片机向微控制器(Microcontroller Unit，MCU)发展的性能提高阶段。Intel 在 1983 年推出的 MCS-96 系列 16 位单片机，将模/数转换器(A/D)、程序运行监视器、脉宽调制器(PWM)等用于测控系统的部件纳入其中，体现了微控制器的特性。之后 Intel 公司逐渐淡出 MCU 的开发，Philips 公司以其在嵌入式应用方面的优势，在 MCU 发展方面走在前列。与此同时，各大公司的 32 位单片机也竞相问世，并且开始应用到一些高端领域。

1990 年至今为单片机多元化、多样化发展阶段。各大厂商在推出 16 位和 32 位高端单片机的同时，对 8 位单片机进行了功能上的扩展，衍生出很多新型单片机，以满足各行业不同层次的需求，如 Silicon Labs 公司推出的单片机 C8051F120(包含 8 位高速 CPU(100 MIPS，MIPS 即每秒处理百万级的机器语言指令)、128 KB 的 FLASH、5 个 16 位定时器/计数器、2 个 UART、SMBus 和 SPI 总线接口、20 个中断源、8 路 12 位 ADC、2 路 12 位 DAC、片内看门狗定时器等)，ARM 公司设计的微处理器 Cortex、ARM7、ARM9、ARM10、SecurCore、StrongARM、XScale 等系列，控制性能优异，种类繁多。在这一阶段微控制器的名称更能反映单片机的本质。

目前典型单片机的生产厂商及其主流产品介绍如下。

(1) Intel 公司。

Intel 公司是单片机的领跑者，MCS-51 系列单片机是该公司系列单片机的总称，8031、8051、8751、8032、8052 和 8752 等都属于该系列，8051 是其中的典型代表，其他单片机只是在其基础上进行了一些调整，所以人们习惯上以 8051 来称呼 MCS-51 系列单片机。另外，在 Intel 公司将 MCS-51 核心技术授权给多家公司后，与 8051 兼容的各具特色的单片机陆续出现。

(2) Motorola 公司。

Motorola 公司曾是世界上最大的单片机厂商之一，在单片机生产上多采用内部倍频技术或锁相环技术，从而使得相同时钟频率下单片机内部总线速度大大提高。M6805、M68HC05、M68HC11、M68HC12 是 Motorola 公司 8 位单片机的典型代表。其典型技术是倍频技术和锁相环技术。

倍频是使所获得的频率为原频率的整数倍的一种方法。它利用非线性器件从原频率产生多次谐波，再通过滤波器选出所需频率的谐波。倍频技术能够使 CPU 内部工作频率变为外部频率的倍数，并使外部设备可以工作在一个较低的外频上。

锁相环(Phase-Locked Loop，PLL)是实现相位自动控制的负反馈系统，它使振荡器的相位和频率与输入信号的相位和频率同步。

(3) ATMEL 公司。

ATMEL 公司的 8 位单片机有 AT89、AT90 两个系列，AT89 系列与 8051 系列单片机相兼容，具有 8 KB 的闪速存储器(Flash Memory)，采用静态时钟模式。AT90 系列单片机采用增强精简指令集结构，大多数指令仅需要 1 个晶振周期，运行速度快。因为最初两位研发人员的名字分别以 A 和 V 开头，所以此类单片机又被称为 AVR 单片机。

精简指令集计算机(Reduced Instruction Set Computer，RISC)是和 CISC(Complex Instruction Set Computer，复杂指令集计算机，采用 CISC 结构的单片机其数据线和指令线分时复用(即冯·诺依曼结构)，具有指令丰富、功能强大的特点，但因取指令和取数据不能同时进行，故其速度受限)相对的一种 CPU 架构。采用 RISC 结构的单片机其数据线和指令线分离(即哈佛结构)，这使得取指令和取数据可以同时进行。它把较长的指令分拆成若干条长度相同的单一指令，可使 CPU 的工作变得单纯，执行效率更高，速度更快，设计和开发也更简单。同时，这种单片机指令多为单字节的，程序存储器的空间利用率大大提高，有利于实现超小型化。

(4) Microchip 公司。

Microchip 公司推出的 8 位 PIC 系列单片机采用 RISC 结构，PIC16C5X 属于其中的低端产品，它价位低，适用于家电产品。PIC12C6XX 是 PIC 系列的中端产品，其性能相对较高，内部带有 EEPROM(电擦写数据存储器)、A/D 转换器、PWM 等。PIC17CXX 属于这一系列的高端产品，运算速度非常快，可以外接 RAM 或者 EPROM，并且具有丰富的 I/O 控制功能，适用于偏高档的设备。

(5) EMC 公司。

台湾义隆电子(EMC 公司)制造的大部分单片机产品与 Microchip 公司的 PIC 系列单片机兼容。其中，8 位 EM78 系列单片机因采用数据总线和指令总线分离的设计结构而得到了广泛应用。

另外，还有很多企业在单片机生产和发展中扮演着重要的角色，如 ARM(Advanced RISC Machines)公司是 RISC 处理器方面的知名企业，美国德州仪器公司(TI)在生产数字信号处理器(DSP)方面拥有领先技术。

目前，80C51 兼容产品大众型主流地位已形成，与其兼容的典型产品主要有：ATMEL 公司的 AT89S5X 系列，其具有 ISP(在系统编程)功能；宏晶公司的 STC89C5X 系列，其采用 RS232 串口编程，十分方便，实用性强；Silicon Labs 的 C8051F 系列 SoC(System on Chip，片上系统系统级芯片)，其片内功能模块丰富。

非 80C51 结构的产品给用户提供了更为广泛的选择空间，其典型产品及应用主要有：Microchip 公司的 PIC 系列性能稳定，常用于汽车类电子产品；TI 公司的 MSP430 系列是 16 位单片机，具有低功耗的特点，常用于电池供电产品、低功耗仪表设备；ATMEL 公司的 AVR 和 Mega 系列具有很好的加密性，常用于军工产品开发；ST 公司的 M3、M4 系列是 32 位单片机的典型代表，常用于高性能、智能化的电子产品开发中。

从发展趋势来看，与计算机的 CPU 芯片的飞速发展不同，低、中、高不同档次的单片机都有自己的应用市场。8 位单片机在未来不会很快退出历史舞台，对于简单的电子小商品来说，8 位单片机完全满足需求并且价格低廉，在未来很长一段时间 8 位单片机仍将是单片机市场的主流产品；而 16 位和 32 位单片机随着技术发展和开发成本的下降，会在更多的科技产品中大显身手。从单片机结构上看，其整体的发展趋势是朝着小容量/低价格和大容量/高性能两个方向发展。另外，将需要的外围电路纳入芯片之中，形成系统级芯片是单片机发展的一个重要趋势。

　　因此，学习并掌握单片机技术，如果仅从入门级、简单的角度出发，那么作为影响大、应用广的典型单片机，MCS-51 系列单片机仍是大众首选。本篇以学习 MCS-51 单片机的基础原理为目标，通过 6 个项目式的基础实例，使读者重点掌握单片机的开发环境、其仿真环境的构建方法、单片机最小应用系统设计及程序可在线下载与调试的方法、基本 I/O 口功能、外部中断、定时器/计数器、串行通信等基础内容。

01

项目一　双闪灯——搭建开发环境

1.1　学 习 目 标

以汽车双闪灯为项目实例，掌握 Keil C 和 Proteus 软件的安装使用方法，搭建仿真平台，构建单片机的开发环境；重点学习 Keil C 环境和 Proteus 平台项目开发的工程创建方法与仿真调试方法；熟悉单片机系统开发的一般流程。

1.2　项 目 任 务

基于单片机实验室的计算机硬件平台，完成单片机开发环境的自主搭建；通过单片机控制两个 LED 灯来模拟汽车尾灯双闪的功能，实现双闪灯。

项目任务具体包括：

(1) 安装 Keil C 软件。

(2) 安装 Proteus 软件。

(3) 基于 Keil C 环境完成一个工程项目的创建与仿真调试。

(4) 基于 Proteus 平台完成一个双闪灯仿真项目的设计。

1.3　相关理论知识

在我们的生活中，汽车已经走进了千家万户，汽车驾驶也逐渐成为一项必备技能。汽车的尾灯有哪些功能，汽车尾灯的双闪功能在什么情况下使用呢？

汽车的尾灯一般有转向提醒、起步提醒、靠边提醒、减速刹车提醒、危险提示等功能，其中汽车双闪灯的功能主要是在紧急情况下发出危险提示。例如，汽车意外抛锚时提示后面的车辆要慢行，防止危险；当遇到浓雾天气时提示后面车辆减速慢行，防止追尾。需要开启双闪灯的情况具体分为以下 4 种：

(1) 临时停车时。

(2) 牵引故障机动车时。

(3) 组成交警部门允许的车队时。

(4) 在高速公路上行驶，但能见度低于 100 米，速度低于 40 km/h 时。

除以上 4 种需要开启双闪灯的情况外，任何使用双闪灯的行为都可能导致对机动车驾驶员处以记 3 分的处罚。

本项目要实现汽车灯的双闪功能。作为本书的第一个项目，需要我们学会构建单片机的开发环境，包括搭建 Proteus 仿真平台和 Keil C 编程调试环境。在搭建好的开发环境中，利用 Proteus 软件平台实现硬件设计，通过 Keil C 环境实现程序开发，两者结合实现软硬件的设计与联调，在仿真平台上实现双闪灯的项目开发。

1.3.1 Proteus 仿真平台

Proteus 嵌入式系统仿真与开发平台是英国 Labcenter 公司开发的一款应用于电子技术开发的 EDA 软件，主要用来进行电子系统设计的仿真和印刷电路板 PCB 的设计。它具有入门简单的图形化输入界面，丰富的分析工具与虚拟仪表，以及操作简单、调试方便的仿真窗口，在单片机软硬件设计开发中得到了广大电子设计开发者的青睐。

具体来说，它具有以下特点：

(1) 拥有丰富且基本完善的元件库和元件仿真模型，用户可方便地对模拟电路、数字电路和单片机应用电路等进行仿真，特别是单片机系统的仿真，目前支持的单片机类型有 68000 系列、8051 系列、ARM 系列、AVR 系列、CM4 系列、Cortex-M0 系列、Cortex-M3 系列、PIC12 系列、PIC16 系列、PIC18 系列、PIC24 系列、Z80 系列、HC11 系列、MSP430 系列、TMS320 系列以及 STM32 系列等，它们构成了单片机系统设计与仿真的基础。

(2) 提供了很多种信号激励源和虚拟仪器仪表，如数字示波器、逻辑分析仪和信号发生器等，具有模拟电路仿真、数字电路仿真、单片机及其外围电路组成的系统仿真、RS232 通信仿真、I^2C 仿真、SPI 总线调试、键盘扫描和 LCD 显示等系统仿真功能，还有用来进行精确测量与分析的 Proteus 高级图表仿真(ASF)软件，实现了单片机仿真和 SPICE 电路仿真的完美结合。

(3) 提供强大的软件调试功能，具有全速、单步、设置断点等基本调试功能，还可以观察各个变量、寄存器等的当前状态，同时支持与第三方软件(如 Keil C51 μVision5 等软件)的编译和联调。

(4) 具有设计方便的印刷电路板(PCB)高级布线编辑软件 ARES。

(5) 基本可以实现从工程实际的角度来看源程序及电路的运行结果和分析工作过程，库中数千种仿真模型是依据生产企业提供的数据来建模的，因此，Proteus 平台的仿真设计极其接近于工程实际。

实际上，随着 Proteus 的到来，电子系统的设计与开发特别是单片机等嵌入式系统的研发过程变得更加高效和快捷，很多研发测试过程和实验数据都可以在这个仿真平台上得到验证和完成，节约了很多研发成本，也大大缩短了研发周期，提高了研发的效率，使之成了电子设计工程师的"宠儿"。

当然，Proteus 在单片机仿真教学上也具有很大的优势，高校教学纷纷引入，广州风标电子公司也展开了一系列"Proteus 大学计划"，为 Proteus 仿真教学提供了良好的平台和积极的推动作用。

1. Proteus 的基本工作界面

下面我们以 Proteus 8 Professional v8.13 SP0 版本为例，对 Proteus 软件常用的仿真环境：原理图设计的工作界面进行重点介绍。

Proteus 原理图设计的工作界面是一种可视化的 Windows 图形界面，如图 1-1 所示。界面主要包括主菜单栏、标准工具栏、工具箱、预览窗口、对象选择器窗口、图形编辑窗口、预览对象方位控制按钮、仿真进程控制按钮、状态栏。

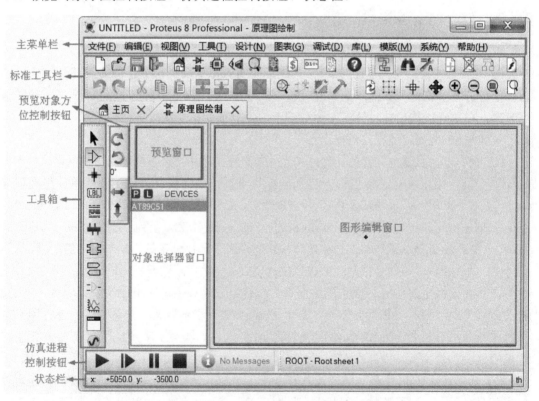

图 1-1　Proteus 原理图设计的工作界面

1) 主菜单栏

Proteus 的主菜单栏主要包括以下十大菜单：文件(File)、编辑(Edit)、视图(View)、工具(Tools)、设计(Design)、图表(Graph)、调试(Debug)、库(Library)、模板(Template)、系统(System)和帮助(Help)。

2) 标准工具栏

Proteus 的标准工具栏主要由 File 工具栏、View 工具栏、Edit 工具栏和 Design 工具栏四部分构成，具体每个图标按钮对应的命令如表 1-1 所示。

表 1-1 Proteus 标准工具栏的图标按钮对应的命令

图 标	功 能	图 标	功 能
	新建设计		缩放一个区域
	打开设计		撤销
	保存设计		恢复
	关闭工程		剪切
	进入主页		复制
	进入原理图设计环境		粘贴
	进入 PCB 设计环境		(块)复制
	3D 观察器		(块)移动
	Gerber 观察器		(块)旋转
	设计浏览器		(块)删除
	物料清单		拾取元器件或符号
	源代码		制作元件
	工程备注		封装工具
	帮助		分解元器件
	刷新		自动布线器
	栅格开关		查找并标记
	原点		属性分配工具
	选择显示中心		新建图纸
	放大		移去图纸
	缩小		转到主原理图
	显示全部		生成电气规则检查报告

3) 工具箱

在 Proteus 里选择相应的工具箱图标按钮，系统将提供不同的操作工具，对象选择器则根据选择不同的工具箱图标按钮决定当前状态显示的内容，显示对象的类型包括元器件、终端、引脚、图形符号、标注和图表等。

具体每个图标按钮对应的命令如表 1-2 所示。

表 1-2　Proteus 工具箱的每个图标按钮对应的命令

图标	对应的操作命令	功　能
↖	Selection Mode 按钮	选择模式
⟩⟩	Component Mode 按钮	放取元器件模式
✛	Junction Dot Mode 按钮	放置节点
[LBL]	Wire Lable Mode 按钮	导线的电气标签或网络标签模式
▦	Text Script Mode 按钮	输入文本
⊪	Buses Mode 按钮	绘制总线模式
⊏⊐	Subcircuit Mode 按钮	绘制子电路块
⊐	Terminals Mode 按钮	在对象选择器中列出各种终端，输入、输出、电源和地等
⊐▷	Device Pins Mode 按钮	在对象选择器中列出各种引脚，如普通引脚、时钟引脚、反电压引脚和短接引脚等
℞	Graph Mode 按钮	在对象选择器中列出各种仿真分析所需的图表如模拟图表、数字图表、混合图表和噪声图表等
▱	Simulation Active Popup 按钮	当对设计电路分割仿真时采用此模式
⊙	Generator Mode 按钮	在对象选择器中列出各种激励源，如正弦激励源、脉冲激励源、指数激励源和 FILE 激励源等
⊘	Probe Mode 按钮	可在原理图中添加电压、电流探针。电路进行仿真时可显示各探针处的电压、电流值
⊡	Virtual Instruments Mode 按钮	在对象选择器中列出各种虚拟仪器，如示波器、逻辑分析仪、信号发生器、串口调试终端、SPI 总线调试器等

除上述图标按钮外，系统还提供了 2D 画图的一些图标，这里就不详细介绍了。

4) 预览对象方向控制栏

当我们在对象选择器里选择一个对象时，如果需要进行旋转或翻转操作，可以利用预览对象方向控制栏里的按钮在放置前对它进行旋转或翻转操作。

按钮的功能如下：

"↻"按钮：顺时针将元器件旋转 90°为器件新的放置方向。

"↺"按钮：逆时针将元器件旋转 90°为器件新的放置方向。

"⟷"按钮：沿 X 轴方向将元器件翻转 180°，水平镜像为新的放置方向。

"↕"按钮：沿 Y 轴方向将元器件翻转 180°，垂直镜像为新的放置方向。

5) 仿真进程控制按钮

当我们在图形编辑窗口完成了原理图的绘制并且源程序也进行了编译加载后，就可以进行仿真了。仿真的进程控制如下：

"▶" Play 按钮：启动运行仿真，也可以直接按快捷键【Ctrl + F12】启动。

"▶" Step 按钮：单步运行仿真程序。

"▌▌" Pause 按钮：仿真运行过程中单击暂停。

"■" Stop 按钮：停止仿真。

2. Proteus 软件工程文件的创建

通过对 Proteus 工作界面的介绍，我们对 Proteus 原理图的编辑环境有了初步的认识，为了对项目设计文件进行规范化管理，并进入原理图编辑环境，需要创建一个工程。下面简单介绍工程创建的基本方法。

一般来说，电路设计仿真的基本流程和步骤如下：

1) 新建一个工程文件

首先，启动 Proteus 软件，双击桌面上的【Proteus 8 Professional】快捷方式图标，出现如图 1-2 所示的屏幕，表明加载启动程序进入 Proteus 工作主页，如图 1-3 所示。

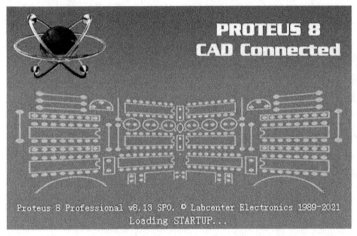

图 1-2　启动 Proteus 软件

图 1-3　Proteus 工作主页

如图 1-4 所示，在 Proteus 工作主页，单击主菜单【文件】选择【新建工程】，弹出新建工程向导对话框，如图 1-5 所示更改工程名称，选择保存路径后点击【Next】按键。

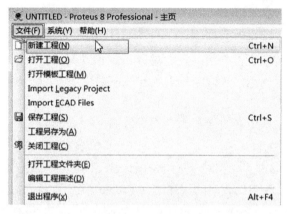

图 1-4   新建工程

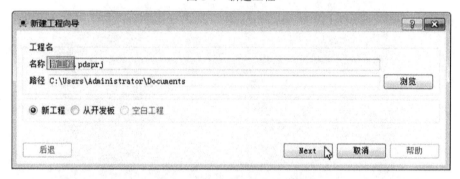

图 1-5   新建工程向导对话框

在接下来的工程向导对话框中，我们采用系统默认的方式：以"DEFAULT"模板创建原理图，不创建 PCB 文件，项目不添加固件。因此，我们连续 3 次点击【Next】按键后，弹出最后信息确认的对话框，如图 1-6 所示，然后点击【Finish】按键进入 Proteus 原理图设计界面。至此，即完成了工程文件的创建。

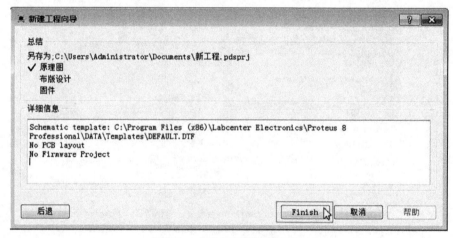

图 1-6   完成工程创建对话框

2) 设置系统的工作环境

在主界面单击主菜单的 Template【模板】可以对工作环境的设计器颜色、图形编辑器风格、文本格式、电路节点和电路图形的格式进行设置，一般这里选择默认模式。

常用的设置为图形编辑器的纸张大小设置，方法是选择主菜单 System【系统】→Set Sheet Sizes【设置纸张大小】选项，在出现的对话框中点选"A3"后单击【确定】完成设置，如图 1-7 所示。

图 1-7 图形编辑器纸张大小的设置

3) 放置元器件

Proteus 有一个庞大的元器件库，如何从库里找到我们要的元器件是整个设计的关键。

打开选择库元器件对话框的方法有三种，一种是直接单击标准工具栏的"🔍"图标，快速打开"拾取元器件模式"；另一种是单击左侧的工具箱图标"⟫"(即 Component Mode 按钮)，进入放取元器件模式后单击对象选择器的【P】按钮。第三种方法是选择主菜单的【Library 库】→【Pick Parts】，都可以弹出选择库元器件对话框，如图 1-8 所示。

图 1-8 选择库元器件对话框

库元器件对话框主要由关键字检索栏、元器件总类列表、元器件子类列表、元器件厂商列表、元器件列表区、元器件预览区、PCB 封装预览区和封装选择区构成。库元器件是按类存放的，由大类到子类别(或厂家)再到具体元件，共分三级目录存放。一般比较常见的元件是需要记住它的英文名称，这样就可通过直接输入名称来快速拾取，否则就只能按类查询的方式进行拾取。

由于库元器件都是以英文来命名的，这给英文水平不够好的同学带来了不小的障碍。下面我们对 Proteus 库元器件按类进行详细的介绍，让大家对这些元器件的名称、位置和使用有一个基本的了解。

在库元器件对话框的左侧的元器件总类列表"Category"中，根据功能用途元器件被分成三十四个大类，具体含义如表 1-3 所示。

表 1-3   元器件分类表

Category(类)	含 义	Category(类)	含 义
Analog ICs	模拟集成器件	PLDs and FPGAs	可编程逻辑器件和现场可编程门阵列
Capacitors	电容	Resistors	电阻
CMOS 4000 series	CMOS 40 系列	Simulator Primitives	仿真源
Connectors	接头	Speakers and Sounders	扬声器和声响
Data Converters	数据转换器	Switches and Relays	开关和继电器
Debugging Tools	调试工具	Switching Devices	开关器件
Diodes	二极管	Thermionic Valves	热离子真空管
ECL 10000 series	ECL 10000 系列	Transducers	传感器
Electromechanical	电机	Transistors	晶体管
Inductors	电感	TTL 74 Seriers	标准 TTL 系列
Laplace Primitives	拉普拉斯模型	TTL 74ALS Seriers	低功耗肖特基 TTL 系列
Memory ICs	存储器芯片	TTL 74AS Seriers	先进超高速肖特基 TTL 系列
Microprocessor ICs	微处理器芯片	TTL 74F Seriers	快速 TTL 系列
Miscellaneous	混杂器件	TTL 74HC Seriers	高速 CMOS 系列
Modelling Primitives	建模源	TTL 74HCT Seriers	与 TTL 兼容的高速 CMOS
Operational Amplifiers	运算放大器	TTL 74LS Seriers	低功耗肖特基 TTL 系列
Optoelectronics	光电器件	TTL 74S Seriers	肖特基 TTL 系列

对于子类因为种类非常多，这里就不一一罗列，项目实施中将以双闪灯为例，具体讲述仿真设计的过程。

1.3.2 Keil μVision5 的集成开发环境

在众多单片机软件开发平台中，德国 Keil Software 公司推出基于 Windows 平台的 Keil μVision5 软件是最为典型和最受欢迎的单片机集成开发环境。它包含一个项目管理器、一个高效的编译器和一个 MAKE 工具，具有良好的 Windows 风格式可视化操作界面，全面支持 C51 系列单片机和 C51 兼容性单片机的软件设计与仿真。它支持 C51 语言、汇编语言和两种混编等多种语言开发模式，集成了丰富的库函数和完善的编译链接工具；它的同一界面支持多个项目的程序设计和多级代码优化，并提供了强大的在线仿真调试能力，而且最新的 ARM 开发工具 RealView MDK 依然沿用了 Keil μVision5 的开发环境与界面，极大地方便了用户的硬件升级。

Keil μVision5 的工作界面如图 1-9 所示，其主要由主菜单栏、常用工具栏、编译调试工具条、工程项目面板、信息输出窗口和源文件工作区组成，Keil μVision5 允许同时打开、浏览多个源文件，一个项目的软件程序可以由多个源文件构成。

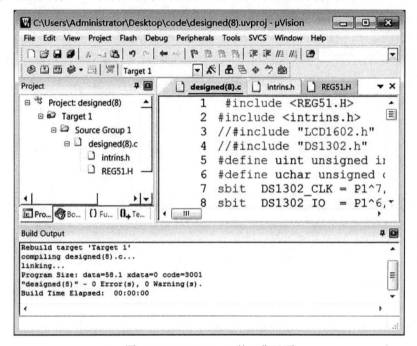

图 1-9 Keil μVision5 的工作界面

具体操作及使用方法见双闪灯的项目实施参考方案。

1.3.3 单片机应用系统的开发流程

单片机应用系统由硬件和软件两部分组成，其开发流程一般包括以下步骤：

(1) 明确系统任务，确认功能边界。

把握项目的总体要求，并对系统任务做需求分析，综合考虑系统使用的环境、可靠性要求、可维护性及产品成本等因素，划分软硬件功能，制定出可行的性能指标，确定项目功能。

(2) 硬件电路设计。

硬件电路设计包括开发前期的方案论证，单片机、传感器等关键器件的选型和总体方案设计，也包括开发中期的各模块的电路设计与实现，以及开发后期的用 Altium Designer 等专业软件设计出整机电路原理图。

(3) 软件程序设计。

在系统整体设计和硬件设计的基础上，确定软件系统的程序结构并划分功能模块，然后进行各模块的程序设计。

(4) 仿真与调试。

软件设计和硬件设计结束后，需要进入两者的整合调试阶段。为缩短开发周期和成本，避免非必要的资源浪费，在制作实物电路板之前，可以利用 Keil C51 和 Proteus 软件进行系统的仿真调试，对出现的软硬件问题可以及时修改，利用仿真平台基本确认软硬件设计的合理性、可行性。

(5) 实物打样、系统调试与测试。

系统仿真通过后，利用 Altium Designer、PADS 等软件设计 PCB(Printed Circuit Board)，并提交厂商进行 PCB 打样，同时出物料清单进行元器件采购。拿到 PCB 后，完成实物样机的焊接制作，下载单片机程序，分模块进行实物调试，通过后再完成整机调试，直到调试成功，提交整机测试报告。

(6) 用户试用、修改和交付。

测试符合项目需求后，将样机提交给用户试用，并针对用户反馈的实际问题进行修改完善，整理项目的交付物，至系统开发完成。

1.3.4　MCS-51 指令系统入门

单片机程序是由一条条指令组成的，全部指令的集合称为指令系统，单片机的指令系统由其生产厂商定义，不同的单片机会具有不同的指令系统。用助记符(指令的英文缩写符号)表示的指令称为汇编语言指令。汇编语言指令不能直接运行，需要利用编译器翻译为二进制的机器码才能运行。

MCS-51 指令系统共有 33 种功能、42 种助记符、111 条指令。

1. 指令格式

MCS-51 汇编语言指令格式如下：

标号：操作码 [空格] [操作数 1]，[操作数 2]，[操作数 3]；注释

例如，

　　　START：CJNE　A, #00H, NEXT　　　　　；比较 A 是否为零，不相等就跳到 NEXT 处

说明：

(1) 标号是程序员设定的符号地址，可有可无，必须用英文字母开头，标号后必须用冒号。

(2) 操作码表示指令的操作种类，如 CJNE 表示比较转移，MOV 表示数据传送，ADD 表示加法操作等。

(3) 操作数表示指令的操作对象。可以是寄存器、数据或有效地址，操作数有 1~3 个，也可以没有。大多数指令为双操作数，操作数 1 称为目的操作数，操作数 2 为源操作数。

(4) 注释是对指令的解释说明，注释前必须加分号。

(5) 指令长度一般为 1~3 字节，操作数的类型不同长度则不同。

2. 指令中的常用助记符

MCS-51 系列单片机指令中的常用助记符及其含义如表 1-4 所示，这些符号不是指令，是用来方便描述指令功能的一些约定符号。

表 1-4　常用助记符及其含义

符号	含　义
Rn	当前工作寄存器 R0～R7 的一个
Ri	寄存器间接寻址的寄存器(i＝0 或 1)
rel	用补码形式表示的偏移量，范围为 −128～+127
bit	具有位寻址功能的位地址
#data	指令中的 8 位立即数，即 00H～FFH
#data16	指令中的 16 位立即数，即 0000H～FFFFH
addr11	11 位的目的地址，只限于 ACALL 和 AJMP 中使用
addr16	16 位的目的地址，只限于 LCALL 和 LJMP 中使用
direct	8 位片内 RAM 中的地址 00H～7FH 和 SFR
(X)	X 的内容
#	立即数前缀
@	间址寄存器前缀
/	加在位地址之前，表示对该位取反
$	程序计数器 PC 的当前值
←	箭头右面的数据传送到箭头左面
@DPTR	16 位片外数据指针，范围为 0000H～FFFFH

3. 寻址方式

寻找操作数地址的方式称为寻址方式。寻址方式越多，指令功能就越强。

MCS-51 指令系统设有 7 种寻址方式：立即数寻址、直接寻址、寄存器寻址、寄存器间接寻址、变址寻址、相对寻址和位寻址。

1) 立即数寻址

立即数寻址是指将操作数直接写在指令中，操作数就是立即参加运算或传送的数据，简称立即数。立即数是指令的一部分，存放在程序存储器 ROM 中。为了区别直接地址，在立即数前面必须加"#"号。例如：

```
AND   A, #0FH        ；将累加器 A 的内容与立即数 0FH 进行逻辑与操作
MOV   A, #30H        ；将立即数 30H 送累加器 A
```

假设 PC 初值为 0040H，则"MOV　A, #30H"(机器码为 74H、30H)指令的执行过程如图 1-10 所示。

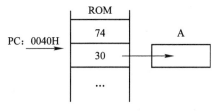

图 1-10　立即数寻址指令的执行过程

2) 直接寻址

直接寻址是指在指令中直接给出的是操作数的地址(指令表中以"direct"标识)的寻址方式，地址中的内容才是实际参与运算或操作的数据。CPU 通过直接寻址可访问片内RAM 区 00H~7FH 和特殊功能寄存器 SFR。例如：

MOV   A, 80H   ；将内部 RAM 中地址为 80H 单元的内容送到累加器 A 中

假设PC初值为0040H，内部RAM中地址为80H单元的内容是88H，那么指令"MOV A, 80H"(机器码为 E5H、80H)的执行过程如图 1-11 所示。

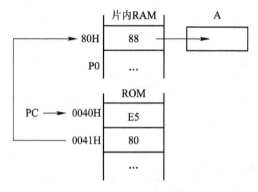

图 1-11   直接寻址指令的执行过程

实际上，80H 是 P0 口的地址，指令"MOV   A, 80H"等价于"MOV   A, P0"，都属于直接寻址。

3) 寄存器寻址

寄存器寻址是以指令中寄存器的内容作为操作数的寻址方式。寄存器的内容参与实际运算或操作，寄存器包括工作寄存器 R0~R7、累加器 A、通用寄存器 B、地址寄存器DPTR、进位 CY 等。例如：

MOV   A, R1   ；将寄存器 R1 的内容送到累加器 A

假设 PC 的初值为 0040H，寄存器 R1 的内容为 88H，那么指令"MOV   A, R4"(机器码为 E9H)的执行过程如图 1-12 所示。

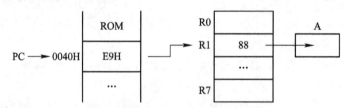

图 1-12   寄存器寻址指令的执行过程

4) 寄存器间接寻址

寄存器间接寻址是以指令中寄存器的内容作为操作数地址。寄存器中存放的不是操作数本身，而是操作数的地址。寄存器 R0、R1(指令表中用 Ri 表示)和 DPTR 用于寄存器间接寻址。并在前面加上符号"@"以区分于寄存器寻址。

Ri 为 8 位寄存器，寻址范围为 256 字节，常用于间接寻址片内 RAM 区。DPTR 是 16位寄存器，寻址范围为 64 KB，常用于对片外 RAM 间接寻址。例如：

    MOV A，@R0 ；(A)←((R0))，将 R0 的内容作为内部 RAM 的地址，再将该地址单元中的内容取出来送到累加器 A 中

假设 PC 的初值为 0040H，R0 的内容为 88H，RAM 地址 88H 中的内容为 80H，那么指令"MOV A，@R0"(机器码为 E6H)的执行过程如图 1-13 所示。

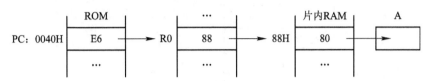

图 1-13 寄存器间址寻址指令的执行过程

5) 变址寻址

变址寻址是将基址寄存器与变址寄存器的内容相加，结果作为操作数的地址。DPTR 或 PC 是基址寄存器，累加器 A 是变址寄存器。

MCS-51 指令中变址寻址的指令只有 3 条：

    MOVC A，@A+PC   ；(A)←((A)+(PC))查表操作

    MOVC A，@A+DPTR   ；(A)←((A)+(DPTR))查表操作

    JMP @A+DPTR   ；(PC)←((A)+(DPTR))无条件转移

例如：指令 MOVC A，@A+DPTR 执行的操作是将累加器 A 和基址寄存器 DPTR 的内容相加，相加结果作为操作数存放的地址，再将操作数取出来送到累加器 A 中。

假设 PC = 0040H，A = 10H，DPTR = 0150H，外部 ROM(0160H) = 88H，则指令 MOVC A，@A+DPTR(机器码为 93H)的执行结果是 A 的内容为 88H。该指令的执行过程如图 1-14 所示。

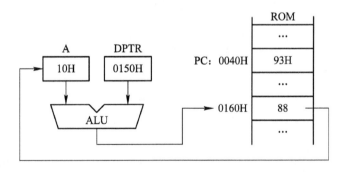

图 1-14 变址寻址指令的执行过程

6) 相对寻址

相对寻址是以当前 PC 内容加上指令中的相对偏移量，其结果作为跳转指令的目的地址。该类寻址方式主要用于跳转指令。操作数"rel"表示相对偏移量。例如：

    SJMP 14H   ；(PC)←(PC)+2+14H，当前 PC 值(执行完该指令的 PC 值，该指令占 2 字节存储单元)加上偏移量 14H，结果作为跳转的目的地址

假设 PC 的初值为 0040H，那么执行完指令"SJMP 14H"(机器码为 80H、14H)后，PC 跳转到 0056H 单元继续执行。该指令的执行过程如图 1-15 所示。

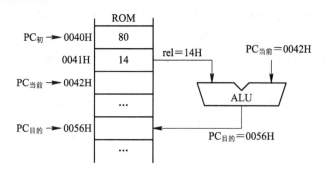

图 1-15　相对寻址指令的执行过程

7) 位寻址

位寻址是按位进行的操作，操作数的地址称为位地址。在指令表中以"bit"表示。

位寻址有两个区域：一是内部 RAM 的位寻址区，地址范围是 20H～2FH，共 16 个 RAM 单元，共 128 位，位地址为 00H～7FH；二是 11 个可位寻址的 SFR。

例如：指令 SETB　30H 执行的操作是将内部 RAM 位寻址区中的 30H 位置为 1。

该指令的执行过程如图 1-16 所示。

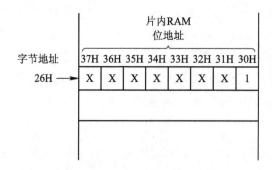

图 1-16　位寻址指令的执行过程

4. 指令系统

MCS-51 系列单片机的 111 条指令可分为 5 大类：数据传送指令(29 条)、算术运算指令(24 条)、逻辑运算指令(24 条)、控制转移指令(17 条)、位操作指令(17 条)。

具体指令的格式和功能请见附录 1 C51 指令表。在实际应用中遇到时，快速查表即可，这里不作详细的功能介绍。为了帮助理解，只做以下梳理，无须死记硬背，重在应用体会。

1) 数据传送指令

该指令的相关助记符有 MOV、MOVX、MOVC、XCH、XCHD、SWAP、PUSH 和 POP，共 8 种。数据传送指令可分如下 5 种(共 29 条)：

(1) 内部数据传送指令(16 条)。

该指令的助记符为"MOV"，英文为"Move"。

以累加器 A 为目的操作数的传送指令有 4 条。例如：MOV A, #data；将立即数送给 A。

以寄存器 Rn 和 DPTR 为目的操作数的传送指令有 4 条。例如：MOV Rn, direct；将直接寻址单元的内容送寄存器 Rn。

以直接地址 direct 为目的操作数的传送指令有 5 条。例如：MOV direct，#data；将立即数送给直接寻址单元。

以寄存器间址@Ri 为目的操作数的传送指令有 3 条。例如：MOV @Ri，#data；将立即数送 Ri 所指的内部 RAM 单元。

(2) 外部数据传送指令(4 条)。

该指令的助记符为"MOVX"，英文为"Move External RAM"，用于和外部数据存储器之间传送数据。例如：MOVX　@DPTR，A；将累加器 A 送外部 RAM 单元(16 位地址)。

(3) 访问程序存储器指令(2 条)。

该指令的助记符为"MOVC"，英文为"Move Code"，用于查询存放在程序存储器中的固定表格或常数，又称为查表指令。例如：

　　MOVC　A，@A+DPTR　　；查表数据送累加器 A，以 DPTR 为基址，A 为偏移量地址

(4) 堆栈操作指令(2 条)。

该指令的助记符为"POP""PUSH"，英文为"Popup""Push"。例如：

　　POP　　direct　　　　　　；出栈，栈顶弹出直接寻址单元

　　PUSH　direct　　　　　　；压栈，直接寻址单元压入栈顶

(5) 数据交换指令(5 条)。

该指令的助记符有"XCH""XCHD"和"SWAP"，英文为"Exchange"和"Swap"，均具有"交换"的词意。例如：

　　SWAP　A　　　　　　　　；累加器 A 的高 4 位与低 4 位交换后存入 A

2) 算术运算指令

该指令的相关助记符有 ADD、ADDC、SUBB、DA、INC、DEC、MUL 和 DIV，共 9 种。可以进行加、减、乘、除和十进制调整等运算。

(1) 加法和减法指令(21 条)。

① 不带进位的加法运算指令(4 条)。

该指令的助记符为"ADD"，英文为"Addition"。例如：

　　ADD　A，#data　　　　；累加器加立即数，结果送存 A 中

② 带进位的加法运算指令(4 条)。

该指令的助记符为"ADDC"，英文为"Add with Carry"。例如：

　　ADDC　A，#data　　　　；累加器加立即数和进位标志

③ 带借位减法运算指令(4 条)。

该指令的助记符为"SUBB"，英文为"Subtract with Borrow"。CY 为最高位的借位。例如：

　　SUBB　A，#data　　　　；累加器减立即数和借位标志 CY，结果存 A 中

④ 加 1 指令(5 条)。

该指令的助记符为"INC"，英文为"Increase"。例如：

　　INC　A　　　　　　　　；累加器加 1

⑤ 减 1 指令(4 条)。

该指令的助记符为"DEC",英文为"Decrease"。例如:

　　DEC　@Ri　　；Ri 所指的内部 RAM 单元减 1

(2) 十进制调整指令(1 条)。

该指令的助记符为"DA",英文为"Decimal Adjust"。例如:

　　DA　A　　　　　　；用于对累加器 A 中压缩 BCD 码的加法结果进行十进制调整

十进制调整的原则是:

若 AC=1 或累加器 A 的低四位$(A)_{3-0}>9$,则$(A)_{3-0} \leftarrow (A)_{3-0}+06H$。

若 CY=1 或累加器 A 的高四位$(A)_{7-4}>9$,则$(A)_{7-4} \leftarrow (A)_{7-4}+60H$。

(3) 乘法和除法指令(2 条)。

① 乘法指令(1 条)。

该指令的助记符为"MUL",英文为"Multiply"。例如:

　　MUL　AB　　；累加器 A(无符号数)乘寄存器 B,乘积的结果低 8 位送 A,高 8 位送 B

② 除法指令(1 条)。

该指令的助记符为"DIV",英文为"Divide"。例如:

　　DIV　AB　　；累加器 A(无符号数)除以寄存器 B,商的整数部分送 A,余数送 B

3) 逻辑运算与移位指令

该指令的助记符有 ANL、ORL、XRL、CLR、CPL、RL、RLC、RR 和 RRC,共 9 种。逻辑运算指令有 20 条,移位指令有 4 条,可以进行与、或、非和异或运算,以及累加器 A 的清零、取反和移位操作等。

(1) 逻辑运算指令(20 条)。

逻辑运算指令都是字节操作指令,包括下述 4 种指令:

① 逻辑与运算(6 条)。

该指令的助记符为"ANL",英文为"And Logic"。例如:

　　ANL　A,#data　；累加器逻辑与立即数,结果存 A

② 逻辑或运算(6 条)。

该指令的助记符为"ORL",英文为"Or Logic"。例如:

　　ORL　A,Rn　　；累加器逻辑或寄存器,结果存 A

③ 逻辑异或运算(6 条)。

该指令的助记符为"XRL",英文为"Exclusive-Or Logic"。例如:

　　XRL　A,Rn　　；累加器逻辑异或寄存器,结果送 A

④ 累加器 A 清零和取反指令(2 条)。

该指令的助记符为"CLR",英文为"Clear"。例如:

　　CLR　A　　　；功能是将累加器 A 置 0

该指令的助记符为"CPL",英文为"Complement"。例如:

　　CPL　A　　　；功能是将累加器 A 按位取反

(2) 移位指令(4 条)。

① 循环左移指令:RL　A。

该指令的助记符为"RL",英文为"Rotate Left"。指令功能是累加器左循环移位,如:

$$(A0)←(A7)←(A6)←(A5)←(A4)←(A3)←(A2)←(A1)←(A0)$$

② 循环右移指令：RR　A。

该指令的助记符为"RR"，英文为"Rotate Right"。指令功能是累加器右循环移位：

$$(A0)→(A7)→(A6)→(A5)→(A4)→(A3)→(A2)→(A1)→(A0)$$

③ 带进位循环左移指令：RLC　A。

该指令的助记符为"RLC"，英文为"Rotate Left with Carry"。指令功能是累加器连进位标志左循环移位：

$$(A0)←(Cy)←(A7)←(A6)←(A5)←(A4)←(A3)←(A2)←(A1)←(A0)$$

④ 带进位循环右移指令。

该指令的助记符为"RRC"，英文为"Rotate Right with Carry"。指令功能是累加器连进位标志右循环移位：

$$(A0)→(Cy)→(A7)→(A6)→(A5)→(A4)→(A3)→(A2)→(A1)→(A0)$$

4) 控制转移指令

该指令的助记符有 LJMP、AJMP、SJMP、JMP、JZ、JNZ、CJNE、DJNE、LCALL、ACALL、RET、RETI 和 NOP，共 13 种。控制转移指令又称为跳转指令，共分 4 类，它们通过改变程序计数器 PC 的指向来控制程序执行的流向。

(1) 无条件转移类指令(4 条)。

① 长跳转指令：LJMP　addr16。

该指令的助记符为"LJMP"，英文为"Long Jump"。指令功能是在 64 KB 范围内无条件长跳转。

② 绝对转移指令：AJMP　addr11。

该指令的助记符为"AJMP"，英文为"Absolute Jump"。指令功能是在 2 KB 范围内无条件跳转。

③ 短转移指令：SJMP　rel。

该指令的助记符为"SJMP"，英文为"Short Jump"。指令功能是相对短转移，将 PC 的当前值与相对偏移量 rel 相加，相加结果作为跳转的目的地址。

④ 无条件转移指令：JMP　@A+DPTR。

该指令的助记符为"JMP"，英文为"Jump"。指令功能是相对长转移，将 DPTR 中的基址与 A 中的偏移量相加，形成跳转的目的地址。

(2) 条件转移类指令(8 条)。

① 累加器判零条件转移指令(2 条)。

该指令的助记符为"JZ"和"JNZ"，英文为"Jump if Zero"和"Jump if Not Zero"，用来帮助理解记忆。例如：

```
JZ   rel              ; 累加器为零则转移到 rel
```

② 比较条件转移指令(4 条)。

该指令的助记符为"CJNE"，英文为"Compare"和"Jump if Not Equal"。例如：

```
CJNE   A, #data, rel   ; 累加器与立即数不相等则转移到 rel
```

③ 减 1 条件指令(2 条)。

该指令的助记符为"DJNZ"，英文为"Decrement"和"Jump if Not Zero"。例如：

　　　　DJNZ　Rn，rel　　；寄存器减 1 后不为零则转移到 rel

　　(3) 子程序调用及返回指令(4 条)。

　　① 子程序调用指令：LCALL　addr16。

　　该指令的助记符为"LCALL"，英文为"Long subroutine Call"。指令功能是在 64 KB 范围内长调用。

　　② 绝对调用指令：ACALL　addr16。

　　该指令的助记符为"ACALL"，英文为"Long subroutine Call"。指令功能是在 2 KB 范围内绝对调用。

　　③ 返回指令(2 条)。

　　子程序返回指令，助记符为"RET"，英文为"Return from subroutine"。指令功能是在子程序的末尾，用来返回主程序。

　　中断返回指令，助记符为"RETI"，英文为"Return from Interruption"。指令功能是在中断服务程序的末尾，用来返回断点。

　　(4) 空操作(1 条)指令：NOP。

　　该指令的助记符为"NOP"，英文为"No Operation"。指令功能是空耗 1 个机器周期的时间。

　　5) 位操作指令

　　该指令的助记符有 MOV、ANL、ORL、CPL、JC、JNC、JB、JNB、JBC、CLR、SETB，共 11 种。位操作指令的操作对象是位寻址区中的某一位。位操作指令可分为如下 4 类(共 17 条)。

　　(1) 位传送指令(2 条)。

　　该指令的功能是实现位累加器 C(即 PSW 中的 CY 位)与其他位地址之间的数据传送。例如：

　　　　MOV　bit，C　　　；C 送直接寻址位 bit

　　(2) 位逻辑运算指令(6 条)。

　　位逻辑运算指令分为与、或、非 3 种，指令中的 3 种助记符在前面已经做过介绍。例如：

　　　　ANL　C，/bit　　　；C 逻辑与直接寻址位的取反，即将直接寻址位取反后和 C 与，结果送回 C

　　(3) 位转移控制指令(5 条)。

　　① 以 C 作为转移的条件(2 条)。

　　助记符为"JC"和"JNC"，英文为"Jump if the Carry flag is set"和"Jump if the Carry flag is not set"。例如：

　　　　JC　rel　　　　　；C 为 1 则转移到 rel

　　② 以 bit 位作为转移的条件(3 条)。

　　助记符为"JB"和"JNB"，英文为"Jump if the Bit is set"和"Jump if the Bit is Not set"。例如：

　　　　JB　bit，rel　　　；直接寻址位 bit 为 1 则转移到 rel

　　助记符为"JBC"，英文为"Jump if the Bit is set and Clear the bit"。指令：JBC　bit，rel；直接寻址位 bit 为 1 则转移到 rel，并清该 bit 位。

(4) 置位和清零指令(4 条)。

① 置位指令(2 条)。

该指令的助记符为"SETB",英文为"Set Bit"。该指令用于将 CY 或 bit 的内容置位为 1。例如:

  SETB bit   ;直接寻址位 bit 置位

② 清零指令(2 条)。

该指令的助记符为"CLR",英文为"Clear"。该指令用于将 CY 或 bit 的内容置位清 0。例如:

  CLR C   ;C 清零

6) 伪指令

89C51 指令系统除了前面讲的 5 大类 111 条指令外,还有一些用于汇编过程的伪指令,它们不产生可执行的机器码,只是用来指示、辅助汇编的过程。这里主要讲述如下常用的 8 种指令。

(1) 起始伪指令 ORG addr16。

该指令的助记符为"ORG",来自英文"Origin"。指令功能是用来指示后面的源程序所汇编成的目标代码存放的起始地址。例如:

  ORG 0030H   ;在程序汇编时,其后续指令汇编后的代码从 0030H 地址单元开始存放

(2) 结束伪指令 END。

该指令的助记符为"END",来自英文"End"。当汇编程序遇到该伪指令后,停止汇编。例如:

END START

(3) 赋值伪指令 EQU。

该指令的助记符为"EQU",来自英文"Equate"。指令功能为在汇编时,将 EQU 右边的表达式内容赋给左边的字符名。赋值后,字符名称可以作为地址或者数据在程序中使用。例如:

  PORT0 EQU P0 ;端口号 P0 被重新定义为 PORT0

(4) 数据地址赋值伪指令 DATA。

该指令的助记符为"DATA",来自英文"Data"。指令功能是将数据地址或代码地址赋给字符名称。DATA 伪指令和 EQU 伪指令类似,但要注意以下两点区别。

① DATA 不能将一个汇编符号赋给字符名称,如 R0~R7。

② DATA 伪指令可以先使用后定义。

(5) 定义字节伪指令 DB。

该指令的助记符为"DB",来自英文"Define Byte"。指令功能是在程序进行汇编时,将 8 位二进制数表存入以左边标号为起始地址的连续存储单元中。例如:

  TABLE: DB 86H ;将字节数据 86H 存入到 TABLE 所在的地址单元中

(6) 定义字伪指令 DW。

该指令的助记符为"DW"，来自英文"Define Word"。指令功能是在程序进行汇编时，将 16 位二进制数表存入以左边标号为起始地址的连续存储单元中。例如：

  TABLE: DW　8615H　；将字节数据 86H、15H 分别存入到 TABLE、TABLE + 1 所在的两个连续

               地址单元中

(7) 定义存储空间伪指令 DS。

该指令的助记符为"DS"，来自英文"Define Storage"。指令功能是在程序进行汇编时，从标号所指示的地址开始预留一定数量的内存单元，存储单元的数量由表达式决定。例如：

  TABLE: DS　18H　　　；从 TABLE 地址单元开始预留了 24 个字节的存储空间

(8) 定义位伪指令 BIT。

该指令的助记符为"BIT"，来自英文"Bit"。指令功能是将位地址赋给字符名称。例如：

  PORT_1　BIT　P0.1　；将 PORT_1 定义为 P0.1 口

1.3.5　汇编语言程序设计

1. 程序设计的流程

汇编程序设计的一般步骤如下：

(1) 分析任务，确定思路和算法。

确定总体设计方案，明确系统任务。将具体任务抽象成数学模型，把实际问题转化为算法问题。

(2) 画出程序流程图。

流程图是用来描述算法的一种图形，集中体现了程序中的各种逻辑关系。在程序设计过程中，画出流程图能够将问题变得清晰、明确，有助于理清编程思路、及时发现问题。

(3) 编写源程序。

按照流程图编写源程序，并在适当地方加上注释，以提高程序的可读性。

(4) 调试和测试程序。

源程序编写完成后，可以采用软件和硬件两种方式进行调试、测试，完善不足。

2. 双闪灯的程序设计

下面以"双闪灯"的程序设计为例，一起来体会一下程序设计的基本流程。

1) 任务分析、算法设计

根据本项目的任务，我们需要应用单片机系统编程控制两个 LED 灯来模拟汽车尾灯的双闪功能。经过查阅资料，我们了解到汽车的双闪灯大概是 1 s 闪烁一次，两个尾灯同时闪烁。

因此，需要利用单片机的两个位端口来分别控制两个 LED 灯，模拟汽车的双尾灯，0.5 s 亮、0.5 s 灭，循环闪烁。

显然，在算法设计上，我们用顺序结构程序设计即可。先用低电平 0 同时点亮 LED1、LED2，然后调用延时 0.5 s，再用高电平关掉 LED1、LED2，调用延时 0.5 s，再循环重复即可。

2) 画出程序流程图

双闪灯的程序设计流程图如图 1-17 所示。

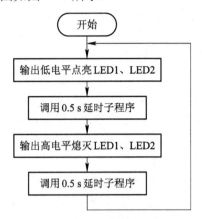

图 1-17 双闪灯的程序设计流程图

假设硬件上我们选择 P0.1 和 P0.7 来分别控制 LED1、LED2，采用低电平点亮的方式驱动 LED。当 P0 = 01111110B = 7EH 时，即点亮两个 LED 灯，当 P0 = 11111111B = FFH 时，则熄灭两个 LED 灯。

3) 编写源程序

(1) 根据流程图的设计与分析，我们编写的汇编语言程序代码如下：

```
        ORG     0000H           ；注释，ORG 为伪指令，指示代码存放的起始地址
        LJMP    START           ；跳转到主程序起始位置 START
        ORG     0030H
START:
        MOV     P0, #7EH        ；P0=0111 1110B，即点亮两个 LED 灯
        LCALL   DEL500ms        ；调用 500 ms 延时
        MOV     P0, #0FFH       ；P0=1111 1111B，即熄灭两个 LED 灯
        LCALL   DEL500ms        ；调用 500 ms 延时
        LJMP    START           ；跳转到 START 处构成一个大的无限循环
DEL500ms:                       ；延时 500 ms 子程序
        MOV     R2, #5          ；将数据 5 送给寄存器 R2
LOOP2:  MOV     R3, #200        ；将数据 200 送给寄存器 R3
LOOP1:  MOV     R4, #250        ；将数据 250 送给寄存器 R4
        DJNZ    R4, $           ；为三重循环嵌套，本条语句共执行 5*200*250 遍
        DJNZ    R3, LOOP1       ；为两重循环嵌套，本条语句共执行 5*200 遍
        DJNZ    R2, LOOP2       ；为 LOOP2 外大循环，本条语句执行 5 遍
        RET                     ；子程序的返回指令
        END                     ；汇编结束指令
```

(2) 关键指令的解读与总结。

首先，利用两个 ORG 伪指令实现了对汇编生成的代码的存放位置的指定。由于单片

机上电复位后 PC = 0000H，意味着 CPU 要执行的第一条指令就是存放在地址 0000H 中的指令，这里用"ORG　0000H"指定跳转指令"LJMP　START"存放在 0000H 中。所以开机后 CPU 就执行跳转指令，引导程序到起始位置 START 处，显然，"MOV　P0，#7EH"存放在地址 0030H 中，那是主程序开始的位置。这就从软件程序的设计上，符合了计算机上电复位后开始取指令、执行指令的运行原理。

其次，用数据传送的字节操作指令"MOV　P0，#7EH"实现了对 LED1、LED2 的点亮操作，这里是通过数据 7EH = 0111 1110B，对应 P0.0、P0.7 两位端口得到低电平 0，因此 LED 亮。可见，控制 LED 灯亮灭的是数据，发送到端口的数据决定哪个灯被点亮。延时时间决定了点亮的时间，从而决定了闪烁的时间间隔。另外，因为 P0 口可以按位寻址，也可以用位操作指令来控制 LED。

最后，由 DJNZ 指令控制 LOOP 循环实现的 0.5 s 延时子程序 DEL500 ms。其本质是三重循环嵌套，类似于 C 语言里的 for 循环嵌套三层，由变量 i = 5，j = 200，k = 250 定义各层循环次数在原理上是一样。延时的本质就是通过循环执行指令来耗费时间，理论上，通过循环嵌套的方法可以实现任意所需的延时时间。因其在单片机编程中应用十分广泛，在下章的流水灯项目中我们会详细讲到这个延时程序的设计。

由此分析可见，程序设计重在方法的掌握，代码设计并不唯一，但设计思路、算法流程是有优劣之分的，这也是学习的关键。程序设计是单片机应用的重中之重，千里之行始于足下，唯有日积月累地脚踏实地才能拨云见日，厚积薄发。

4) 调试和测试程序

本书主要介绍的是基于 Proteus 平台实现单片机开发的软硬件设计仿真调试、测试方法，具体方法、操作步骤见下节项目实施的参考方案部分。

1.4　项目实施的参考方案

对于汽车双闪灯的项目任务，我们提供一个基本的设计方案如下：

采用 80C51 单片机作为系统的控制核心，利用单片机 P0 口的两个位端口 P0.0、P0.7 来分别控制两个 LED 灯，模拟汽车的双尾灯实现"双闪"功能，假定闪烁时间间隔为 0.5 s。

我们基于 Proteus 平台来实现硬件的电路设计，基于 Keil 5 来完成软件的开发，最后将程序和硬件仿真平台进行关联，实现在线联动调试，通过仿真平台观察项目现象，并借助虚拟仪表工具进行结果的分析与改进。

1.4.1　Proteus 平台硬件电路设计

下面我们通过具体的实例来学习 Proteus 平台硬件电路设计的一般创建方法。大家跟我们一起按下面的步骤操作来创建一个"双闪灯"的项目。

(1) 创建工程。首先，打开【Proteus 8 Professional】新建一个 Proteus 工程，并命名为"双闪灯"，如图 1-18 所示，然后点击【下一步】(【Next】)直至完成工程的创建。

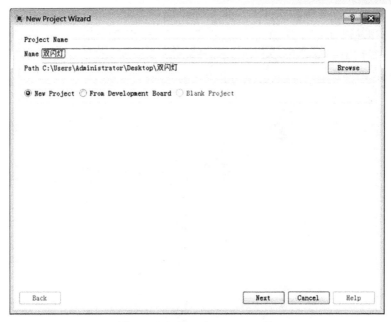

图 1-18　新建一个 Proteus 工程

(2) 选取器件。点击标准工具栏的"⚡"图标，进入原理图设计环境。在原理图设计窗口，单击左侧的工具箱图标"➔"器件选择按钮，进入器件选取模式，然后单击对象选择器的【P】按钮，弹出库元器件 Pick Devices 对话框。

如图 1-19 所示，我们在检索栏输入"80C51"，找到"80C51"单片机。同样的方法我们选取器件"LED-BLUE"发光二极管、"RES"电阻、"CRYSTAL"晶振、"CAP"无极性电容、"GENELECT10U 16V"电解电容等，之后关闭器件选择窗口。

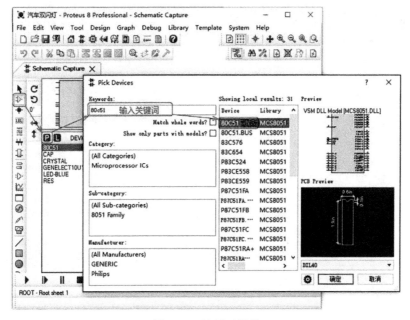

图 1-19　选择元器件

(3) 放置器件和旋转操作。在对象选择器中选中"80C51"到桌面编辑区，单击左键放置单片机。同理选择"LED-BLUE"，在单片机 P1 口附近放置一个发光二极管，这时一般需要对它进行旋转操作，方法是点击右键框选中发光二极管，在它的右键菜单项中选择"Rotate Anti-Clockwise"逆时针旋转操作，如图 1-20 所示。

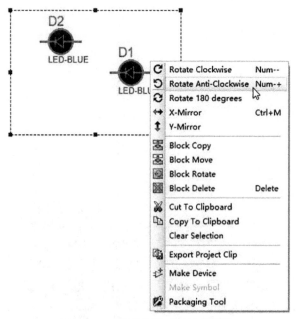

图 1-20   元器件的逆时针旋转操作

(4) 修改元件属性。双击电阻元件，弹出它的属性设置对话框，如图 1-21 所示，在"Resistance"栏中修改阻值为 100 欧姆，然后单击【OK】关闭对话框。

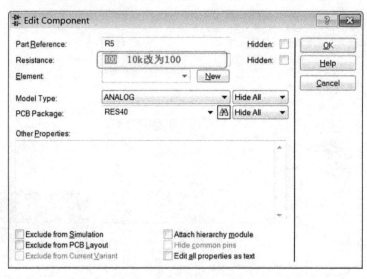

图 1-21   元件属性设置对话框

(5) 元件的连线。将鼠标靠近电阻的引脚，鼠标箭头会变成笔的形式，引脚的待连线处出现一个虚线小方块，此时单击一下左键开始连线。移动鼠标出现导线，在需要拐弯的地方单击一下左键，直到到达另一个器件的引脚结束为止，同样会自动出现一个虚线小方块，单击一下左键，画线就完成了，如图 1-22 所示。

(6) 放置电源终端。左键单击主工具箱里的图标"🗕"(即 Terminals Mode 按钮)，在对象选择器里左键点选其中的【GROUND】项，在桌面图形编辑窗口中的适当位置用左键单击两下放置一个地(接地)，如图 1-23 所示。用同样的方法选中【POWER】后，放置电源，它的外形为一个正三角形，默认为 +5 V 电压。

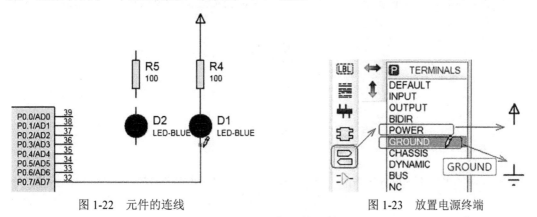

图 1-22 元件的连线   图 1-23 放置电源终端

(7) 连线完成电路图的绘制。按上面介绍的方法快速连接导线，连接好的电路图如图 1-24 所示。

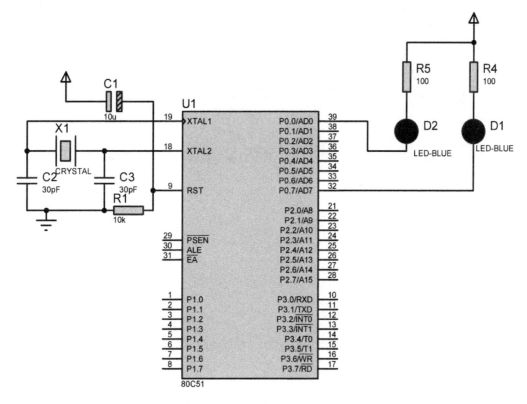

图 1-24 连接完成的电路图

1.4.2　Keil C 软件程序设计

下面我们再通过"双闪灯"的实例学习在 Keil 5 的软件开发环境中创建工程项目的一般方法。请大家跟我们一起按下面的步骤操作。

1. 启动 Keil μVision5 软件

登录主界面，当软件安装完成后会在电脑桌面自动生成一个快捷方式，如图 1-25 所示，双击该图标，完成主界面的登录。

图 1-25　Keil μVision5 的快捷方式图标

2. 新建一个项目工程

单击主菜单栏的【Project】→【New μVision Project…】，Project 菜单如图 1-26 所示。

图 1-26　Project 菜单

单击出现创建新项目的存盘对话框，如图 1-27 所示。

图 1-27　创建新项目的存盘对话框

首先，我们选择保存路径为【桌面】，然后单击右边工具栏中的【新建文件夹】图标，新建一个文件夹并命名为"code"。创建完成后单击【打开】，并将项目命名为"汽车双闪灯"，如图 1-28 所示，之后单击"保存"键结束创建工作。

图 1-28　命名并保存一个工程项目

项目保存之后会弹出如图 1-29 所示的界面，要求我们为目标工程选择合适的开发芯片。假如里面没有我们所使用的单片机型号，可以选择近似或者兼容的单片机型号。操作方法是：滚动鼠标滚轮往下翻，找到【Generic】，单击【Generic】前的加号，打开 Generic 列表，单击选择【8051】，右边的信息窗口会出现该型号芯片的内部资源的描述，单击【OK】按钮，系统弹出是否添加启动代码提示对话框，如图 1-30 所示，选择【否】，不要加载 8051的启动文件(这里不需要加载)。

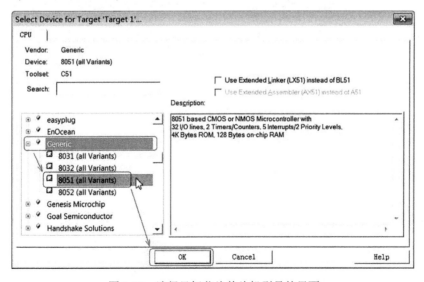

图 1-29　选择目标芯片单片机型号的界面

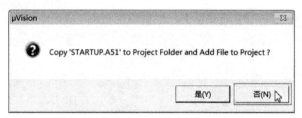

图 1-30　是否添加启动代码提示对话框

操作到这里工程就建好了，创建工程后的主界面如图 1-31 所示。

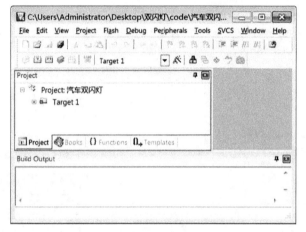

图 1-31　创建工程后的主界面

3. 新建一个源程序文件

新建一个源程序文件的方法有很多种，我们可以单击主菜单【File】→【New…】或者直接单击【File】正下方工具栏里的快捷图标"🗋"或者直接按快捷键【Ctrl＋N】，都会出现如图 1-32 所示的界面。

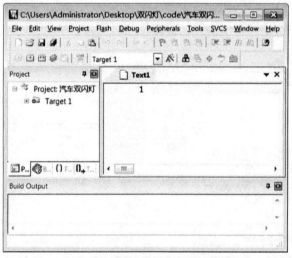

图 1-32　新建源程序文件界面

按快捷键【Ctrl＋S】保存文件，也可以单击菜单【File】→【Save】或者直接单击【Edit】下方工具栏里的快捷图标"💾"存盘，之后会弹出如图 1-33 所示的源程序文件保存对话框。

图 1-33　源程序文件保存对话框

　　这里需要注意的是文件的命名方式，由于 KEIL 环境支持汇编和 C 两种编程语言，系统并没有自动给定文件的扩展名，需要作者在命名时根据需要自己给定扩展名。

　　如果选择的编程语言为C语言，则在已有的文件名后面添加".C"的后缀作为扩展名，用于系统识别文件类型。同理，如果是采用汇编语言编程，则后缀的扩展名应为".asm"。

　　文件命名好后单击【保存】按钮，则文件自动保存在工程目录下。注意：源程序文件和工程文件最好在同一个文件夹的同一路径下。

4. 向目标工程添加源程序文件

　　在"Project Workspace"工作面板中，打开添加文件对话框，如图1-34所示，左键单击文件夹图标"Target 1"前面的【+】后，出现子文件夹"Source Group 1"，右键单击【Source Group 1】文件夹，在出现的下拉菜单里选中【Add Existing Files to Group 'Source Group 1'】选项。

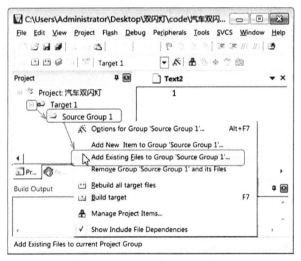

图 1-34　打开添加文件对话框

之后，弹出添加源程序文件的对话框。在对话框中默认的文件显示类型是 C 语言格式，所以在对话框的目录中只显示了 C 语言格式的源程序文件。如果为 C 语言编程则在直接选中源文件后单击【Add】按钮添加即可，但如果是汇编语言编程则需要先改变文件的显示类型，然后显示汇编程序文件列表，才能选中源文件添加到工程中。具体方法是，单击"文件类型"的下拉框【C Source file (*.c)】，在它的下拉菜单里选择【Asm Source file (*.s*;*.src; *.a*)】，然后添加汇编程序文件并关闭对话框，操作如图 1-35 所示。

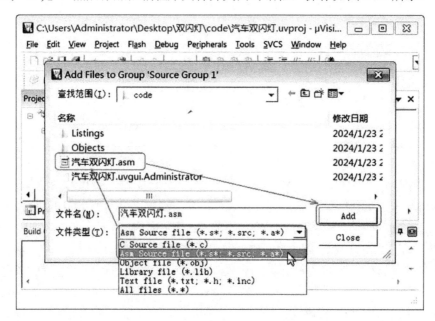

图 1-35　选择所要添加的源程序文件

当添加完源程序文件后"Project Workspace"工作面板里的"Source Group 1"文件夹前面会出现一个"+"号，代表源程序文件添加成功，为源工作组文件夹里的子文件，单击打开"+"号或者直接双击文件夹【Source Group 1】可以看到文件夹下的源程序文件。添加源程序文件成功的工程面板如图 1-36 所示。

图 1-36　添加源程序文件成功的工程面板

如果源程序文件未被成功地添加进工程项目中，编译时会报错。

5. 输出目标代码".hex"文件的设置

单击主菜单【Project】→【Options for Target 'Target 1'】或者在"Project Workspace"

工作面板里右键点击【Target 1】→【Options for Target 'Target 1'】，打开工程的属性设置面板，如图 1-37 所示。

图 1-37　打开工程的属性设置面板

系统弹出目标工程的属性设置面板，单击第一行里的【Output】选项卡，显示界面如图 1-38 所示。然后在【Create HEX File】选项前单击左键打钩，最后点击【OK】按钮结束设置。

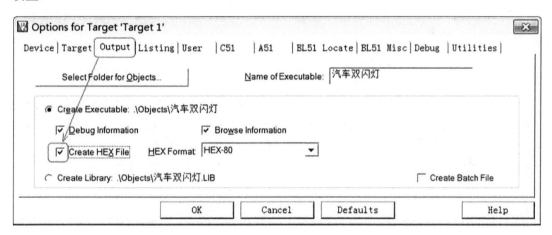

图 1-38　工程属性设置面板中"Output"选项卡的设置

6. 在源文件中编写程序代码

当工程项目相关的设置完成后，我们就可以开始在源程序文件中编写程序代码了。在编程过程中需要注意中英文输入法的标点符号，因为中文标点不能够被编译软件识别，在编译中会报错。这一点必须注意，以免编译出错后找不到错误发生在什么地方，标点问题是很容易被忽视的细节。

需要注意的是，汇编语言不区分大小写，分号后面为注释，不用全部键入，可以适当添加注释。

7. 对程序进行编译

完成程序录入后，我们需要对程序进行编译，如图 1-39 所示，点击"Project Workspace"工作面板正上方的"圙"编译按钮对整个项目进行编译，则下方的信息窗口将输出编译信息。

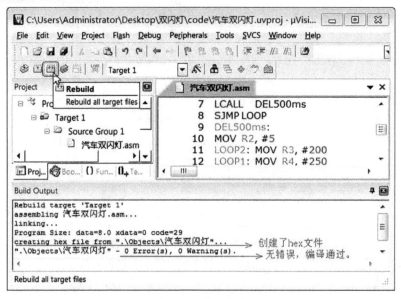

图 1-39　编译程序

从图中可以看出，编译后没有出现任何警告和错误提示，并且生成了可下载入单片机的十六进制的 HEX 文件。

1.4.3　Proteus 平台仿真效果

回到 Proteus 环境，在仿真界面鼠标左键双击单片机后即可打开它的属性对话框，如图 1-40 所示。在 "Program File" 项目栏中单击右边的文件夹图标，选择 Keil 项目 code\objects 文件夹下的 "hex" 文件，双击它即可加载它的相对文件路径到 "Program File" 栏里。

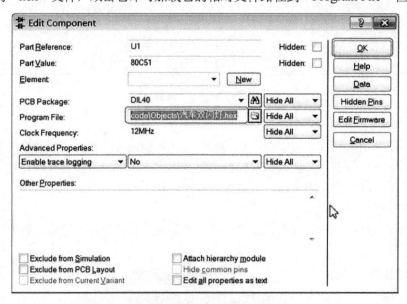

图 1-40　单片机的属性对话框

完成程序添加后，直接运行仿真，观察仿真现象，如图 1-41 所示。

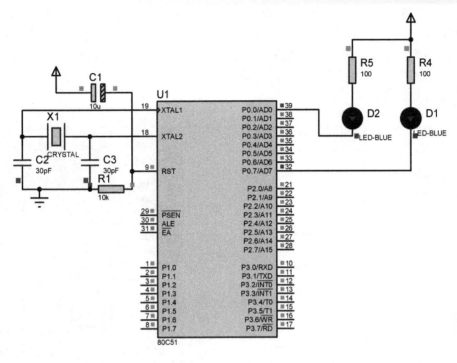

图 1-41 观察仿真现象

现象分析：仿真运行后，两个发光二极管 1 s 闪烁一次，即亮 0.5 s，灭 0.5 s。注意，仿真图中各网络端口的蓝色小方块代表低电平状态，红色小方块代表高电平状态，灰色代表不确定态。为了进一步分析，这里我们可以从 Proteus 的左侧工具栏的 Virtual Instruments Mode 虚拟仪表列表中选取一个示波器 OSCILLOSCOPE，如图 1-42 所示。

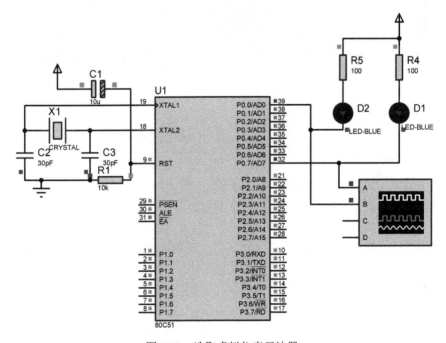

图 1-42 选取虚拟仪表示波器

再次单击运行按钮后开始运行仿真程序，在出现 LED 灯闪烁这一仿真现象的同时，系统弹出数字示波器的显示窗口和面板，如图 1-43 所示。对 A 通道的电压幅度测量量程进行调节，可以看到单片机 P0.0、P0.7 口输出方波，利用示波器的标尺工具进一步测量可知，方波幅值为 4 V，高低电平持续时间都为 0.5 s，占空比为 50%，由此可见，该闪烁灯的闪烁频率为 1 Hz。

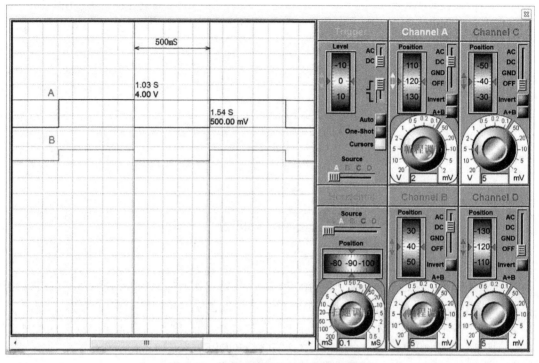

图 1-43　数字示波器的显示窗口和面板

在实际学习中，也可以利用实验室的单片机实验箱或开发板做出该项目，可以将项目仿真的效果与实验箱硬件实验效果进行对比，不难发现两者没有明显差别，而且 Proteus 仿真的现象与原理的展示更明显、直观。

1.5　项目回顾与总结

本项目以大量图例的形式重点学习了 Keil C 和 Proteus 软件的使用方法，帮助大家快速搭建单片机的开发平台，对 MCS-51 指令系统进行了入门级讲解，这是单片机学习的基础，也是开端。特别是 Keil C 环境工程项目的创建方法、Proteus 平台仿真项目的操作方法、单片机应用系统的开发流程、程序设计的方法都是单片机学习的重点内容，这也是从项目实战出发的第一步。

希望大家对照实例多练习，以达到操作熟练的基本要求，为后续学习打好基础。对于其特点与方法请大家边做边小结，最后将项目总结写入项目报告中。

总结要点如下：

(1) Keil C 软件的项目开发步骤，工程创建的七个流程。

(2) Proteus 平台仿真项目操作方法的七个步骤。

(3) MCS-51 指令系统的指令格式和七种寻址方式。

(4) 指令系统中五大类指令的助记符含义。

(5) 单片机应用系统的六个开发流程。

(6) 汇编程序设计的四个步骤。

1.6 项目拓展与思考

1.6.1 课后作业、任务

任务 1：从网上下载 Keil C 软件并安装，建立好自己的第一个工程项目。

任务 2：从网上下载 Proteus 软件并安装，建立好自己的软件仿真平台。

任务 3：改用单片机的其它端口完成该项目的设计，例如 P1 口，做出仿真效果，并分析对比仿真现象，撰写项目报告。

1.6.2 项目拓展

拓展一：汽车的尾灯除了双闪提示功能，还有转向提醒、起步提醒、靠边提醒、减速刹车提醒等功能，基于 Proteus 平台尝试实现尾灯的其他功能。

拓展二：基于 Proteus 平台尝试自己改写程序，将两个 LED 灯拓展为八个 LED 灯或更多。

拓展三：基于 Proteus 平台尝试自己改写程序改变延时时间，实现 LED 灯不同频率或方式的闪烁效果。

项目二　流　水　灯

2.1　学 习 目 标

　　学习单片机的内部结构和基本资源，熟悉单片机最小应用系统的基本构成与工作原理，了解单片机端口的基本结构，特别是 P 口 I/O 功能的特点；重点学习通过 P 口实现流水灯 Output 控制功能的软硬件设计方法，重点掌握延时子程序的设计方法。

2.2　项 目 任 务

　　基于 Keil C 的开发环境和 Proteus 平台实现流水灯，使 LED 依次循环点亮，最终做出实物作品。

　　项目任务具体包括：

　　(1) 基于 Proteus 平台完成流水灯的设计，要求设计并制作单片机最小应用系统，包括晶振电路、复位电路、电源电路和下载接口电路。

　　(2) 基于 Keil C 开发环境完成项目的创建与源程序的开发。

　　(3) Keil C 与 Proteus 的联调与测试，做出仿真效果图。

　　(4) 设计并制作 ISP 下载器(课外自学)，在实物作品上完成程序的下载操作。

　　(5) 用实物作品能够独立地正常演示 8 个 LED 的流水灯功能。

2.3　相关理论知识

　　对于单片机技术的学习我们一般都采用流水灯作为入门实例，关键在于它简单易懂，简单的控制功能可以让同学们快速地上手和产生学习兴趣。

2.3.1 单片机的硬件结构

1. MCS-51 系列 89C51 单片机的内部结构

MCS-51 系列 89C51 单片机的内部结构主要由中央处理器(CPU)、程序存储器(ROM)、数据存储器(RAM)、中断控制系统、定时器/计数器、并行接口、串行接口和时钟电路等部分组成。其内部结构图如图 2-1 所示。

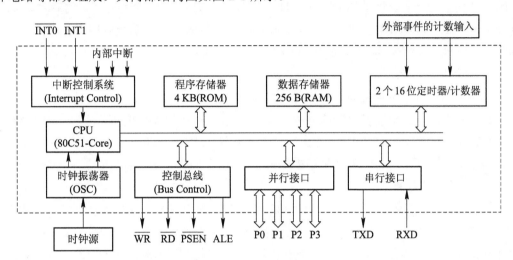

图 2-1 单片机的内部结构图

1) 中央处理器(CPU)

MCS-51 系列单片机的内核 CPU 为 8 位的处理器 80C51，它是整个单片机系统的控制中心。它由运算器和控制器组成，控制器产生各种控制信号以协调各部件之间的数据传送、运算等操作；运算器主要执行算术运算、逻辑运算和位操作等。

控制器主要包括 16 位程序计数器(Program Counter，PC)、数据指针(Data Pointer，DP)、堆栈指针(Stack Pointer，SP)、指令寄存器(Instruction Register，IR)、指令译码器(Instruction Decoder，ID)、控制逻辑电路等。其中，程序计数器 PC 的作用是存放下一条要执行的指令代码所在存储器的 16 位地址，单片机根据 PC 的内容取指令执行，PC 自加，不能被赋值，单片机复位后，PC 自动清 0，CPU 从 ROM 单元取第一条指令执行；指令寄存器 IR 用于暂存待执行的指令，等待译码；指令译码器负责对指令寄存器中的指令进行译码，将指令转变为正确的电信号；控制逻辑电路根据译码器输出的电信号，产生执行指令所需的各种控制信号。

运算器主要包括算术逻辑单元(Arithmetical Logic Unit，ALU)、累加器(Accumulator，ACC)、通用寄存器(General Purpose Register，GPR)、程序状态字(Program Status Word，PSW)暂存器、十进制调整电路、布尔处理器(Carry Flag，CY)等。

2) 程序存储器(ROM)

89C51 单片机片内有 4 KB 的 Flash ROM，掉电后信息不会丢失，主要用于存放程序代码、原始数据或表格，地址从 0000H 开始。单片机工作之前必须先将写好的程序代码下载至芯片的 ROM 中。

3) 数据存储器(RAM)

89C51 单片机片内共有 256 个可读写的数据存储单元 RAM，掉电后信息会丢失，主要用于存放运算中间结果、数据暂存、缓冲和控制过程中的数据等，地址为 00H～FFH。其中，前 128 个单元作为寄存器供用户使用，用来存放用户输入和输出的数据，为通用意义上的内部数据存储器，地址为 00H～7FH；后 128 个单元为 21 个特殊功能寄存器(Special Function Register，SFR)所在区，用来存放系统控制数据，属于系统专用寄存器区，地址为 80H～FFH，如堆栈(SP)、累加器(A)、数据指针(DPTR)等。

4) 中断控制系统

中断控制系统是单片机的重要资源，是单片机处理外部突发事件的一种能力。当外部突发事件发生时，系统能及时响应并处理突发事件，体现出单片机的智能性。MCS-51 系列 89C51 单片机共有 5 个中断源，包括 2 个外部中断源 INT0 和 INT1，3 个内部中断源，为定时器/计数器中断源 T0、T1 和串口中断源 S(Serial Interface)。

5) 定时器/计数器

89C51 单片机共有 2 个 16 位的定时器/计数器，可实现对内部时钟和外部输入信号的计数功能。其本质是：定时器就是对内部时钟分频脉冲进行计数，计数器就是对外部输入的脉冲信号计数，本质都是计数。当设定的定时器/计数数值满足一定的条件后，系统产生的溢出标志会通知 CPU，CPU 响应后完成相应操作处理，实现定时或计数功能。

6) 并行接口

89C51 单片机共有 4 组 8 位的并行(Input/Output，I/O)口 P0、P1、P2、P3，它们都是准双向端口，每个端口都各有 8 条 I/O 线，可用作数据的并行输入/输出。P0、P1、P2、P3口的内部都有锁存器，并采用 SFR 统一编址访问。

7) 串行接口

89C51 单片机共有一个可编程的全双工串行口异步串行发送/接收(Universal Asynchronous Receiver/Transmitter，UART)，即 P3.0(RXD)和 P3.1(TXD)口，可以实现单片机和其他设备之间的串行通信。既可作为全双工异步通信收发器使用，也可作为同步移位收发器使用。

8) 时钟电路

89C51 单片机内部有一个时钟振荡器(OSC)，只需外接晶振和 2 个微调电容(30 pF 左右)就可以构成一个完整的时钟电路，产生较为稳定的时钟脉冲，为单片机各部件工作提供统一的系统时钟，是单片机最小的时间单位，该脉冲时序信号指挥着单片机的各部件协调工作。

2. MCS-51 系列 89C51 单片机的引脚功能

常见的 89C51 单片机有双列直插封装(DIP40)、方形扁平封装(PQFP)、表面贴片封装(SOP)和方形引线塑料座封装(PLCC)等，这里以国产 STC89C51 直插封装单片机为例，如图 2-2 所示。

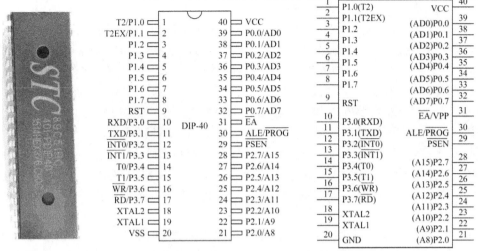

图 2-2 STC89C51 单片机 DIP40 封装引脚图和原理图符号

1) 电源引脚 VCC(+5 V)、VSS(地)

VCC(40 脚)：VCC 电源端，正常工作电压(DC)为 3.8～5.5 V，典型值为 +5 V，正常工作电流典型值为 4 mA，待机模式为 2 mA，掉电模式为 0.4 μA。

VSS(20 脚)：GND 接地端。

2) 外接晶振引脚 XTAL1 和 XTAL2

XTAL2(18 脚)：外接晶振(频率：0～24 MHz)和微调电容一端，片内是振荡器电路的反相器输出端。当采用外部时钟时，该脚要悬空。检测单片机时钟是否正常工作，可用示波器观测 XTAL2 脚的脉冲是否正常。

XTAL1(19 脚)：外接晶振和微调电容一端，内部是反相器的输入端。当采用外部时钟时，该脚输入外部脉冲。

3) 控制信号引脚 RST、ALE、$\overline{\text{PSEN}}$ 和 $\overline{\text{EA}}$/VPP

RST/VPD(9 脚)：复位信号输入端，高电平复位，低电平正常工作。当该引脚保持两个机器周期的高电平时，单片机复位。第二功能 VPD 为备用电源输入端，当主电源 Vcc 掉电，VPD 将为片内 RAM 供电，以确保 RAM 中的信息不丢失。

ALE(Address Latch Enable，30 脚)：地址锁存控制信号。在系统扩展时，ALE 作为锁存 P0 口输出低 8 位地址的锁存控制信号。ALE 以晶振固定频率的 1/6 输出正脉冲，可用于对外输出时钟或定时，也可以用示波器监测该脉冲的输出状态来判断单片机的好坏。ALE 的负载驱动能力为高电平 20 mA、低电平 12 mA。

$\overline{\text{PSEN}}$ (Program Store Enable，29 脚)：片外程序存储器读选通信号端，低电平有效。当 CPU 读外部 ROM 时，在每个机器周期中 $\overline{\text{PSEN}}$ 两次有效(低电平)。其负载驱动能力为高电平 20 mA、低电平 12 mA。

$\overline{\text{EA}}$/VPP (Enable Address/Voltage Pulse of Programming，31 脚)：访问程序存储器控制信号端。当 $\overline{\text{EA}}$ 为低电平时，CPU 只执行片外 ROM 中的指令。当 $\overline{\text{EA}}$ 为高电平时，CPU 执行片内 ROM 的指令。但当程序计数器 PC 的值超过 0FFFH 时，它将自动转向执行片外程序存储器中的指令。第二功能 VPP 用作对片内 EPROM 高压编程时编程电压的输入端。

4) I/O 口引脚 P0、P1、P2 和 P3

P0 口(P0.0~P0.7)：一个 8 位的内部漏极开路的准双向 I/O 口。当作为数据总线和地址总线时，分时复用提供低 8 位地址线和 8 位数据线。当它作为一般 I/O 口使用时，需要外接上拉电阻，并在作为输入功能时先向端口锁存器中写入 1，这也是"准双向口"的含义所在。

P1 口(P1.0~P1.7)：一个内部带上拉"电阻"的 8 位准双向 I/O 口。它在功能上属于较为单纯的 I/O 口，不需要外接上拉电阻，一般作为输入输出应用时首选 P1 口。

P2 口(P2.0~P2.7)：一个内部带上拉"电阻"的 8 位准双向 I/O 口。除了通用的 I/O 口功能外，P2 口还是高 8 位的地址总线。在访问外部存储器 ROM 或 RAM 时 P2 口发送高 8 位地址。

P3 口(P3.0~P3.7)：一个内部带上拉"电阻"的 8 位准双向 I/O 口。除了通用的 I/O 口功能外，每个端口都有第二功能。P3.0、P3.1 分别为串行数据的接收端 RXD、发送端 TXD，P3.2、P3.3 分别为外部中断 INT0、INT1 的输入端。P3.4、P3.5 分别为定时器/计数器 T0、T1 的外部输入端。P3.6、P3.7 分别为外部数据存储器写信号 WR、读信号 RD 的产生端。

在驱动能力方面，STC89C51 单片机相比传统的 AT89C51 单片机有了很大的提升。比如，AT89C51 的 P0 口每个引脚能驱动 8 个 LS 型 TTL 负载，即高电平为 160 μA 的拉电流，低电平为 3.2 mA 的灌电流，P1~P3 口每位能驱动 4 个 LS 型 TTL 负载。而 STC89C51 单片机的 P0 口每位引脚的负载驱动能力为低电平 12 mA，P1~P3 口每位引脚的高电平驱动能力为 220 μA，低电平驱动能力为 6 mA。

2.3.2 单片机的存储器结构

单片机的存储器可分为程序存储器 ROM 和数据存储器 RAM，存储器的配置一般有两种典型结构。

(1) 哈佛结构：ROM 和 RAM 分为两个队列分开寻址(访问)。

(2) 普林斯顿结构：ROM 和 RAM 在同一个空间队列寻址(访问)。

MCS-51 系列 89C51 单片机的存储器属于哈佛结构，从物理空间来看，其分为 4 个部分，即片内 ROM、片外 ROM、片内 RAM 和片外 RAM，如图 2-3 所示。

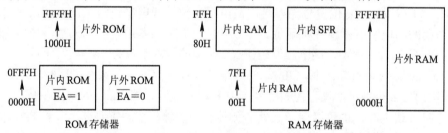

图 2-3   MCS-51 系列 89C51 单片机的存储结构

89C51 单片机片内的 Flash ROM 为 4 KB，地址为 0000H~0FFFH；片外最多可拓展 60 KB，地址为 1000H~FFFFH。片内、片外的 ROM 统一编址，共 64 KB。

89C51 单片机片内的 RAM 为 256 B，地址为 00~FFH。其中，低 128 字节为真正的 RAM 区，地址为 00~7FH。高 128 字节为特殊功能寄存器(SFR)区，地址为 80~FFH。片外还可扩展 64 KB 的外部 RAM，地址为 0000H~0FFFH。访问外部设备与访问 RAM 一样，外部设备是与 RAM 统一编址的，可访问的片外 RAM 和外设单元共 64 KB。

从用户使用的角度来看，单片机的存储器分为 3 个独立的空间。其片内、片外的程序存储器在同一个逻辑空间，用 16 位地址编址为 0000H～FFFFH，地址空间是连续的；片外的数据存储器占一个逻辑空间，用 16 位地址编址为 0000H～FFFFH；片内的数据存储器占一个逻辑空间，用 8 位地址编址为 00H～FFH。显然，地址空间存在重叠，但是单片机会使用不同的指令访问不同的存储器空间。CPU 访问片内、片外的 ROM 用 MOVC 指令；访问片外的 RAM 用 MOVX 指令；访问片内的 RAM 用 MOV 指令。

1. 片内 RAM、SFR

由上可知，89C51 单片机内部的 RAM 分为低 128 字节和高 128 字节。低 128 字节又可根据用途划分为三个区域：四组通用寄存器、位寻址区、用户区，如图 2-4 所示。

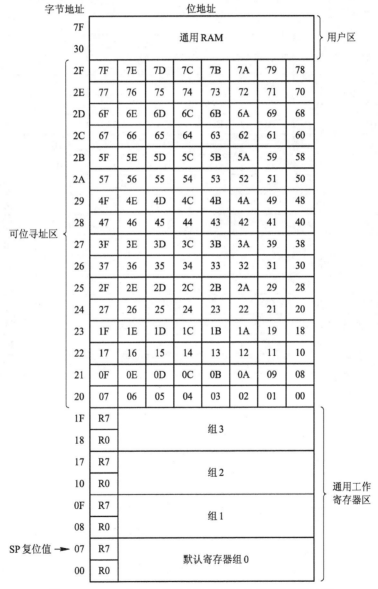

图 2-4 89C51 单片机的低 128 字节 RAM 区及位寻址区

4 组通用工作寄存器的字节地址为 00H～1FH，每一组有 8 个寄存器(R0～R7)，可通过设置程序状态寄存器 PSW 中的 RS1、RS0 来选择工作寄存器组，系统复位后默认选择组 0。

位寻址区一共有 16 个字节单元，可用位操作指令对其寻址，为方便使用又对这 16 个字节单元的 128 位进行位编址，地址为 00H～7FH。具体分布如图 2-4 所示。

高 128 字节是供给特殊功能寄存器 SFR(Special Function Register)使用的，89C51 单片机一共有 21 个 SFR 离散分布在 128 个存储地址(80H～FFH)中，如表 2-1 所示。它们只能用直接寻址的方式进行访问，书写时可使用寄存器符号，也可用寄存器的单元地址，其中有 11 个 SFR(地址能被 8 整除的寄存器)可以进行位寻址。

表 2-1   特殊功能寄存器 SFR 的地址表

字节地址	D7	位地址/位定义						D0	SFR符号
F0H	F7	F6	F5	F4	F3	F2	F1	F0	B
E0H	E7	E6	E5	E4	E3	E2	E1	E0	ACC
D0H	D7	D6	D5	D4	D3	D2	D1	D0	PSW
	CY	AC	F0	RS1	RS0	OV	F1	P	
B8H	BF	BE	BD	BC	BB	BA	B9	B8	IP
	/	/	/	PS	PT1	PX1	PT0	PX0	
B0H	B7	B6	B5	B4	B3	B2	B1	B0	P3
	P3.7	P3.6	P3.5	P3.4	P3.3	P3.2	P3.1	P3.0	
A8H	AF	AE	AD	AC	AB	AA	A9	A8	IE
	EA	/	/	ES	ET1	EX1	ET0	EX0	
A0H	A7	A6	A5	A4	A3	A2	A1	A0	P2
	P2.7	P2.6	P2.5	P2.4	P2.3	P2.2	P2.1	P2.0	
99H									SBUF
98H	9F	9E	9D	9C	9B	9A	99	98	SCON
	SM0	SM1	SM2	REN	TB8	RB8	TI	RI	
90H	97	96	95	94	93	92	91	90	P1
	P1.7	P1.6	P1.5	P1.4	P1.3	P1.2	P1.1	P1.0	
8DH									TH1
8CH									TH0
8BH									TL1
8AH									TL0
89H	GAT	C/T	M1	M0	GAT	C/T	M1	M0	TMOD
88H	8F	8E	8D	8C	8B	8A	89	88	TCON
	TF1	TR1	TF0	TR0	IE1	IT1	IE0	IT0	
87H	SMOD	/	/	/	GF1	GF0	PD	IDL	PCON
83H									DPH
82H									DPL
81H									SP
80H	87	86	85	84	83	82	81	80	P0
	P0.7	P0.6	P0.5	P0.4	P0.3	P0.2	P0.1	P0.0	

这 21 个 SFR 是单片机技术应用编程的基础，掌握它们的配置方法是学习单片机的关键。单片机应用编程就是通过配置单片机的特殊功能寄存器来调度单片机的内部资源与外设实现各种功能。下面，我们首先对 5 个与 CPU 控制器、运算器相关的特殊功能的寄存器进行介绍，余下的寄存器(如 IE、TCON、IP、TMOD、SCON、PCON、SBUF 等)将在后续项目中逐一讲到。

1) 累加器(Accumulator，ACC)

累加器全称为"ACC"，指令中常简写成"A"，是单片机中使用最为频繁的寄存器，CPU 中的算术和逻辑运算都要通过累加器 A。它既可用于存取数据，又可用来存放运算的中间结果。在 MCS-51 指令系统中大部分指令都需要累加器 A 的参与。

2) 寄存器

寄存器 B 又称辅助寄存器。当执行乘法运算时，累加器 A 和寄存器 B 先分别存放乘数和被乘数，运算完结果的高 8 位、低 8 位分别存放于 B 和 A 中。在除法运算前，累加器 A 和寄存器 B 先分别存放被除数和除数，运算完的商和余数分别存放于 A 和 B 中。在其他指令中寄存器 B 可作为一般通用寄存器使用。

3) 程序状态寄存器(Program Status Word，PSW)

程序状态寄存器是一个 8 位寄存器，主要用于存放指令执行后的状态信息，以供程序查询和判断。PSW 各位的具体含义如表 2-2 所示。

表 2-2 程序状态寄存器的位表

位	PSW.7	PSW.6	PSW.5	PSW.4	PSW.3	PSW.2	PSW.1	PSW.0
标志	CY	AC	F0	RS1	RS0	0V	F1	P
含义	进位标志	辅助进位	用户标志	寄存器组选择位		溢出标志	用户标志	奇偶标志

(1) 进位标志位(Carry flag，CY)。

运算器在进行加、减法运算中，如果最高位有进位或有借位时，则由硬件自动置1，即 CY = 1，否则自动清零，CY = 0。另外，在位运算中，该位也可以作为布尔位累加器 C 使用。

(2) 辅助进位标志位(Auxiliary Carry，AC)。

AC 也被称为半进位标志，在进行算术加、减法运算时，当低 4 位向高 4 位有进位或有借位时，硬件自动置 1，AC = 1，否则 AC = 0。

(3) 用户标志位(Flag，F)F0 和 F1。

供用户自定义使用的标志位，由用户根据需要置位或清零。

(4) 寄存器组选择位 RS1 和 RS0。

用于设定当前工作寄存器(R0～R7)的组号。其具体地址关系如表 2-3 所示。

表 2-3 工作寄存器组的地址表

RS1	RS0	组 别	R0～R7 所占用的物理地址
0	0	第 0 组	00H～07H
0	1	第 1 组	08H～0FH
1	0	第 2 组	10H～17H
1	1	第 3 组	18H～1FH

用户可以通过对 PSW 字节操作或位操作指令改变 RS1 与 RS0 的状态信息，来切换当前工作寄存器。单片机复位后，RS1 和 RS0 的值为 00，即默认当前工作的寄存器组为第 0 组。

(5) 溢出标志位(Over flow，OV)。

溢出标志位指示运算过程中是否发生了溢出。一般用于带符号数运算结果的判别，由硬件根据运算结果自动设置。对于 8 位表示的补码来说，如果运算结果小于 −128 或者大于 +127，则产生溢出，此时 OV = 1，否则 OV = 0。

(6) 奇偶标志位(Parity，P)。

奇偶标志位反映累加器 A 中"1"的个数的奇偶性，当 A 中"1"的个数为奇数时，P = 1，否则 P = 0。奇偶位的校验常用于在单片机串行通信过程中判断数据传输结果是否出错。

4) 堆栈指针(Stack Pointer，SP)

SP 指针长 8 位，用于指示堆栈栈顶的地址。堆栈的本质是在片内 RAM 中专门开辟出来的一个区域(一组连续的存储单元)，一端固定(栈底)，另一端浮动(栈顶)，数据的存取方式采用"先进后出"的原则，类似"弹夹压子弹、出子弹"的原理。

堆栈是用来暂存数据。例如，在调用子程序或进入中断服务子程序前保存一些重要的数据及程序返回的断点地址。在 CPU 响应中断或调用子程序时，会自动将断点处的 16 位返回地址压入堆栈；在中断程序或子程序结束时，返回地址由堆栈弹出。

单片机复位后，SP 的初始值为 07H，堆栈设在 07H 处，进入栈区的数据将从 08H 开始，可用区间为 08H～7FH。因此堆栈的位置是浮动的，SP 的内容一经确定，堆栈的位置也就确定下来。用户可以根据实际需要，在程序初始化时对 SP 的值进行重新设定，堆栈一般设在 RAM 的用户区(30H～7FH)。

5) 数据指针(Data Pointer，DPTR)

DPTR 是一个专门用来存放地址的 16 位指针寄存器，分别由 DPH(高 8 位)和 DPL(低 8 位)组成。当访问片外 RAM、ROM 或 I/O 口时，用 DPTR 作为地址指针存放外部存储器或外设端口的地址。

2. 片内 ROM

89C51 单片机内部的程序存储器 ROM 用于存放编好的程序代码和表格常数。ROM 是通过 16 位的程序计数器 PC 来寻址访问的，其寻址能力范围为 64 KB，片内外的 ROM 是统一编址的。因此，89C51 单片机最多能拥有 64 KB 的 ROM，其地址范围为 0000H～FFFFH。

当引脚 $\overline{EA}$ 为高电平时，程序计数器 PC 执行片内 ROM 中的程序，其地址范围为 0000H～0FFFH，即 4 KB 的片内 Flash ROM。当指令地址 PC 的值超过 0FFFH 时，程序计数器 PC 就自动执行片外 ROM 中的程序，其地址范围为 1000H～FFFFH。

当引脚 $\overline{EA}$ 为低电平时，89C51 单片机的片内 ROM 不起作用，CPU 只能从外部 ROM 中读取指令，片外 ROM 地址也可以从 0000H 开始编址。

值得一提的是，在大多数情况下，单片机不需要拓展片外的 ROM。因为当 89C51 片内 4 KB 的 Flash ROM 容量不够的时候，可以采用 8 KB、16 KB 的 89C52、89C54 等更大容量单片机，应避免增加硬件的负担。现在国产 STC 单片机的 STC12、STC15 等系列高性价比的产品，很多可以做到其存储器达到几十 KB，在兼容 80C51 内核的同时集成了丰富的内部资源，使用起来十分方便。

另外，89C51 单片机的片内 ROM 的低地址空间 0000H～002AH 存储单元被留给系统使用，主要用于初始化引导程序的地址和 5 个中断服务的入口地址。

(1) 0000H～0002H：一般放置主程序引导指令的地址，即主程序的入口。一般在实际应用中，主程序都是从地址 002BH 开始存放的。当单片机复位后，PC = 0000H，CPU 从 0000H 地址单元开始取指令执行。因此，我们需要在 0000H 开始的 3 个地址单元中放置一条无条件跳转指令，例如"LJMP MAIN"，引导 CPU 跳到主程序所在的地址(MAIN 所标识的地址)去执行。

(2) 0003H～002AH：共 40 个单元，被分成 5 段，分别作为 5 个中断源的中断入口地址，用于放置中断引导指令或简短的中断处理程序。中断入口地址又称为中断向量，如表 2-4 所示。

表 2-4　中断向量表

中断源	中断入口地址
外部中断 INT0	0003H
定时器 T0	000BH
外部中断 INT1	0013H
定时器 T1	001BH
串行口 S	0023H

每个中断入口地址开始的 8 个字节存储单元用来放置中断服务子程序的引导指令，通常放置一条无条件跳转指令，例如"LJMP INTERRUPT"，在响应中断后，CPU 通过该跳转指令跳转到中断服务子程序所在的位置。

2.3.3　单片机最小系统

单片机能够正常工作的最小系统主要包括电源、单片机芯片、时钟电路和复位电路四个部分。常见的单片机最小系统应用电路如图 2-5 所示。

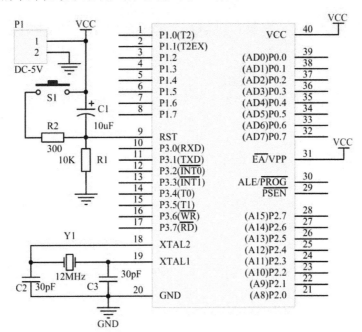

图 2-5　单片机最小系统应用电路

89C51 单片机正常工作电压为直流(DC) + 5 V(C51 也有很多 3.3 V 低压版低功耗的单片机)，这里我们可以通过电源接口对其进行供电，在实际应用中还应加上电源开关。

单片机芯片的引脚功能在前面已经做了详细介绍，下面我们主要讲解时钟电路和复位电路部分。

1. 时钟电路与时序

时钟是微机的"心脏"，单片机就是在时钟节拍的指挥下有序地工作。时钟电路用于产生单片机工作所需要的时钟信号，时序就是指单片机在指令执行中各部件协调工作控制信号之间的相互关系。单片机本身如同一个同步时序电路，各部件在时钟信号的控制下严格地按时序进行工作。

1) 时钟信号的产生

在 89C51 芯片内部有一个高增益反相放大器，它跟芯片外部引脚 XTAL1、XTAL2 之间跨接的晶体振荡器和微调电容一起构成了稳定的自激振荡器，并产生系统时钟信号，其原理电路如图 2-6 所示。

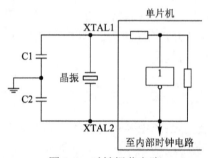

图 2-6　时钟振荡电路

单片机的外接晶振频率 f_{osc} 越高，系统工作频率就越高。一般晶振选用 12 MHz，C1 和 C2 是微调电容，选 30 pF 左右的。

2) 时序

89C51 单片机基本的时序定时单位共有 4 个：振荡周期(节拍)、时钟(状态)周期、机器周期和指令周期。

(1) 振荡周期(节拍)。

晶振的振荡周期($1/f_{osc}$)又称为节拍(P)，是单片机最小的时序单位。

(2) 时钟(状态)周期。

振荡脉冲 2 分频后的时钟信号称为时钟周期，又称状态周期(State，S)，一个状态包含两个节拍，即包含 2 个振荡周期。

(3) 机器周期(T_M)。

1 个机器周期是指 CPU 访问存储器一次所需要的时间，包含 12 个振荡周期，共分 6 个状态(S1~S6)，每个状态又分为 P1、P2 两个节拍，即 S1P1，S1P2，…，S6P1，S6P2。

当振荡脉冲频率为 12 MHz 时，机器周期 $T_M = 6S = 12P = 12/f_{osc} = 1\ \mu s$。

(4) 指令周期。

CPU 执行一条指令所需要的时间(机器周期数)称为指令周期，不同指令的指令周期不同。89C51 单片机有单周期指令、双周期指令和四周期指令三种。

振荡周期(节拍)、时钟(状态)周期、机器周期和指令周期之间的关系如图 2-7 所示。

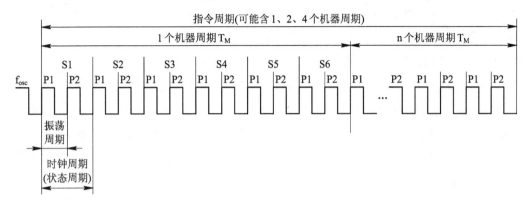

图 2-7　振荡周期、时钟周期、机器周期和指令周期之间的关系

单片机执行任何一条指令时都可以分为取指令和执行指令两个阶段。取指令操作是单片机的最基本操作。CPU 要读取指令首先要知道指令的地址，指令的地址是存放在 PC 之中的。在时钟脉冲的控制下，PC 中的指令地址通过地址总线送到地址译码器的输入端。当锁存地址信号 ALE 有效时，地址译码器取走地址信号，经过译码找到该指令的存储单元。一段时间延迟后(用于稳定物理信号)，CPU 发出读指令信号有效，随后指令内容出现在数据总线上，并送达至指令寄存器。在指令送达指令译码器译码的同时，PC 内容加 1，指向下一条指令的地址。

以双字节单周期指令为例，单片机的取指、执行时序图如图 2-8 所示。

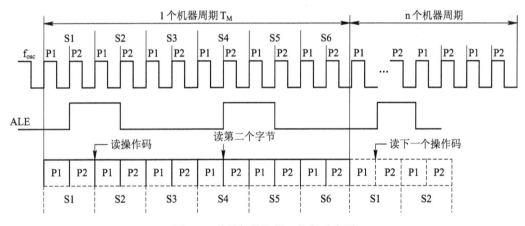

图 2-8　单片机的取指、执行时序图

ALE 引脚上出现的信号是周期性的，在每个机器周期内两次出现高电平。第 1 次出现在 S1P2 和 S2P1 期间，第 2 次出现在 S4P2 和 S5P1 期间。当 ALE 信号每出现一次，CPU 就进行一次取指操作。

单周期指令的执行始于 S1P2，这时操作码被锁存到指令寄存器 IR 内。若是双字节指令，则在同一机器周期的 S4 读第二字节。若是单字节指令，则在 S4 仍有读出操作，但被读入的字节无效、丢弃，且程序计数器 PC 并不增量。

例如，双字节单周期指令 "ADD A, #5EH"，编译成 16 进制机器码为 24H、5EH。CPU 在 ALE 信号第 1 个高电平出现的 S1P2 时刻，开始读取第一个操作码 "24H"，并将其送到指令寄存器 IR 中，在 ALE 第 2 个高电平 S4P2 时刻开始读取第二个字节数据 "5EH"，并根据指令译码结果进行加法运算。

2. 复位电路

复位电路的作用是让单片机执行复位操作，即单片机的初始化。复位后，CPU 从 0000H 开始取指执行，使得 CPU 和系统中的各功能部件都处在一个确定的初始状态开始工作。不仅在系统刚上电时需要复位，当单片机运行中出现错误、断电故障、死机等情况时也需要进行复位。

1) 复位条件

复位条件是必须在单片机的复位引脚 RST(9 号脚)上出现持续两个机器周期以上的高电平。例如：当晶振为 12 MHz 时，机器周期为 1 μs，高电平时间需要 2 μs 以上。

2) 复位电路

常见的复位电路有上电复位和按键复位两种，如图 2-9 所示。

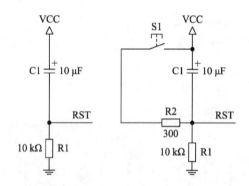

图 2-9　上电复位电路(左)、按键复位电路(右)

上电复位电路是利用电源接通瞬间，RC 电路充电，RST 端会维持一段时间的高电平，当高电平时间大于 2 个机器周期时单片机实现复位。随着充电电流的减少，RST 的电位逐渐下降为低电平，单片机正常工作。当晶振为 12 MHz 时，可取电容 C1 = 10 μF，R1 = 10 kΩ。

按键复位电路是在上电复位电路的基础上增加了复位按键，除了上电复位功能外还增加了按键复位功能。系统在工作过程中，当按下复位键 S1 后，电容 C1 充满的电荷通过 300 Ω 的限流电阻经按键回路泄放，RST 端得到高电平，系统复位。

3) 复位后寄存器状态

单片机在复位期间不会有任何取指操作，复位后内部各专用寄存器的值重新设置，如表 2-5 所示。堆栈寄存器 SP 的值为 07H，P0～P3 设置为高电平，IP、IE、SBUF、PCON 部分位出现不定状态，其他寄存器全部清零。

表 2-5 寄存器的复位值

寄存器名	复位值	寄存器名	复位值
PC	0000H	TMOD	00H
ACC	00H	TCON	00H
B	00H	TL0	00H
PSW	00H	TH0	00H
SP	07H	TL1	00H
DPTR	0000H	TH1	00H
P0～P3	FFH	SCON	00H
IP	XXX00000B	SBUF	XXXXXXXXB
IE	0XX00000B	PCON	0XXX00000B

注：X 表示不定状态，是一个随机值。

2.3.4 单片机 I/O 口的结构

单片机 I/O 口是实现信息交换和对外控制的重要通道。89C51 单片机共有 4 个 8 位的并行 I/O 口 P0、P1、P2、P3。每个端口都是 8 位的准双向口，都包含一个锁存器(即特殊功能寄存器 P0～P3)、一个输出驱动器和输入缓冲器，都具有字节寻址和位寻址的功能。它们在结构和特性上基本相同，但又各具特点，结构电路的设计十分巧妙。

1. P0 口

P0 口的位结构如图 2-10 所示。由一个输出锁存器(D 型触发器)，两个三态门缓冲器(U1 和 U2)，与门、非门和多路开关 MUX 组成的输出控制电路，一对场效应管(T1 和 T2)组成的驱动电路等组成。P0 口既可以作为通用的 I/O 口进行数据的输入输出，也可以作为单片机系统的地址/数据总线使用。

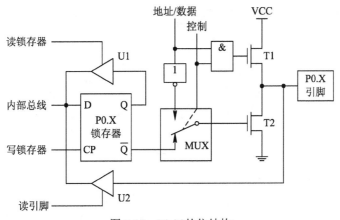

图 2-10　P0 口的位结构

1) P0 口作为通用 I/O 口

当 P0 口作为 I/O 口使用时，内部的控制信号为低电平 0，多路开关的 MUX 输出端与锁存器的 $\overline{Q}$ 端相接，与门输出低电平，T1 管截止，P0 口处于漏极开路输出状态，因此需要外接上拉电阻才能有高电平输出。

当 P0 口用作输出功能，执行输出指令；当 P0 口向端口写数据时，写锁存器 CP 信号有效，内部总线上的数据进入锁存器的 D 输入端，经锁存器锁存取反后从 $\overline{Q}$ 端输出到 T2，再经场效应管 T2 反相后从引脚 P0.X 输出，两次反相后端口上数据刚好与内部总线数据一致，并且数据被锁存器锁存输出。

当 P0 口用作输入功能时，有读引脚和读锁存器两种。所谓读引脚，就是读芯片引脚上的数据，此时"读引脚"信号有效，打开缓冲器 U2，把端口引脚上的数据从缓冲器 U2 读进内部总线。例如，传送指令"MOV A,P0"就属于这种情况。而读锁存器，则是通过缓冲器 U1 读锁存器 Q 端的状态。在端口已处于输出状态的情况下，Q 端的状态与引脚的信号是一致的。读锁存器的目的是适应对端口进行"读-修改-写"操作指令的需要，避免读操作出错。例如"ANL P0,A"就是属于这类指令，先读取 P0 口状态(读锁存器)，然后进行逻辑与运算(修改)后，再将结果写入到 P0 口中。

需要注意的是："欲读先置1"。当P0 口要进行读操作时，必须先向端口锁存器写入"1"，使场效应管 T2 截止，以避免 T2 导通下拉对输入引脚的电平影响。

2) P0 口作为地址/数据总线

当 P0 口作为地址/数据总线使用时，MUX 的控制信号为高电平 1，与门的输出信号由地址/数据总线信号决定，多路开关 MUX 与非门的输出端相连，地址/数据信号经非门反相后，再经 T2 管反相输出到引脚 P0.X。此时，输出驱动电路由上下两个场效应管 T1、T2 形成推拉式结构，使负载能力大为提高。当 P0 口分时复用为数据总线，需要输入数据时，CPU 自动将 0FFH 写入 P0 口锁存器，使 T2 管截止，数据信号则直接从引脚 P0.X 通过输入缓冲器 U2 进入内部总线。

2．P1 口

P1 口的位结构如图 2-11 所示。P1 口的结构简单，与 P0 口的主要差别在于 P1 口没有非门和多路开关 MUX，用内部上拉电阻取代了场效应管 T1。

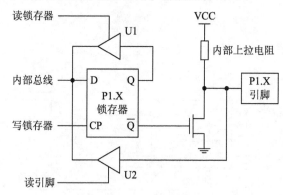

图 2-11　P1 口的位结构

P1 口一般仅作为通用 I/O 口(数据输入/输出)使用，输出数据时，内部总线输出的数据经锁存器和场效应管后，锁存在端口线 P1.X 上。输入数据有读引脚和读锁存器之分，工作过程参照 P0 口，这里不再赘述。

单片机复位后，P1 口锁存器的默认值为 FFH，即已为输入做好了准备。

3. P2 口

P2 口的位结构如图 2-12 所示。P2 口既有内部上拉电阻又有多路开关 MUX，所以它在功能上兼有 P0 口和 P1 口的特点。

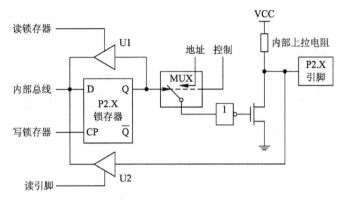

图 2-12 P2 口的位结构图

P2 口具有两种功能：第一，作为通用 I/O 口使用，多路开关 MUX 的控制信号为低电平 0，MUX 与锁存器的 Q 端相连，CPU 内部总线输入/输出数据。第二，在访问外部存储器时，P2 端口输出地址总线的高 8 位地址(A8～A15)，与 P0 口的低 8 位地址(AD0～AD7)一起构成 16 位地址总线。

4. P3 口

P3 口的位结构如图 2-13 所示。P3 口除了具有一般 I/O 口的功能外，还具有第二功能，因此增加了第二功能的控制逻辑。

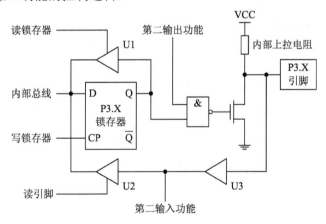

图 2-13 P3 口的位结构图

当 P3 口作为 I/O 使用时，第二输出功能控制线保持高电平 1，与非门由 Q 决定输出，实现数据的输入输出。

当 P3 口用作第二功能时，锁存器置"1"，Q 输出为高电平 1，使与非门输出由第二功能信号决定，从而实现第二功能信号的输出。当第二功能输入时，输入的信号从缓冲器 U3 的输出端取得，进入单片机内的第二功能部件。

2.3.5 单片机的工作过程和低功耗工作方式

1. 工作过程

从本质上来说，单片机的工作过程是执行程序的过程，程序是由一条条指令组成的，因此单片机的工作过程就是循环进行取指令和执行指令的操作过程。而指令的执行最终会转化为一系列的微控制信号来完成各种任务需求。

单片机的工作方式就是在时序的指挥下不停地执行程序指令。CPU 总是按照 PC 所指的地址从 ROM 中取指令并执行，每取一个字节，PC 自动加 1，指向下一条指令。另外，当调用子程序、产生中断或执行转移指令时，PC 会加载新的地址。

下面我们以指令"MOV A，#E0H"的取指令、执行指令过程为例来讲述单片机的工作过程。

已知指令"MOV A，#E0H"的含义是把 E0H 这个数据送入累加器 A。该指令被编译器翻译成的机器码为"74H、E0H"，假设指令机器码"74H、E0H"已经存在于 0000H 开始的 2 个存储单元中，即(0000H) = 74H，(0001H) = E0H。

当接通电源开机后，单片机上电复位，PC = 0000H，取指令过程如下：

(1) PC 中的 0000H 被送到片内的地址寄存器。

(2) PC 的内容自动加 1 变为 0001H 指向下一个指令字节。

(3) 地址寄存器中的内容 0000H 通过地址总线送到存储器，经存储器中的地址译码选中 0000H 存储单元。

(4) CPU 通过控制总线发出读命令。

(5) 被选中存储单元(0000H)的内容 74H 送内部数据总线上，该内容通过内部数据总线进入单片机内部的指令寄存器 IR。到此取指令过程结束，进入执行指令过程。

单片机执行指令的过程如下：

(1) 指令寄存器中的内容经指令译码器译码后，说明这条指令是取数命令，即把一个立即数送 A 中。

(2) PC 的内容为 0001H 送地址寄存器，译码后选中 0001H 单元，同时 PC 的内容自动加 1 变为 0002H。

(3) CPU 同样通过控制总线发出读命令。

(4) 0001H 单元的内容 E0H 读出经内部数据总线送至累加器 A，至此本指令执行结束。PC = 0002H，机器又进入下一条指令的取指令过程。一直重复上述过程，这就是单片机的基本工作过程。

2. 低功耗工作方式

单片机低功耗工作方式主要有两种：待机模式和掉电模式。

低功耗工作方式是由电源控制寄存器 PCON 控制实现的，PCON 的字节地址为 87H(注：不能进行位寻址)，每位的定义如表 2-6 所示。

表 2-6　电源控制寄存器 PCON 的位定义表

PCON	D7	D6	D5	D4	D3	D2	D1	D0
位定义	SMOD	—	—	—	GF1	GF0	PD	IDL

SMOD：波特率倍增控制位，在串口通信时使用。

D6～D4：未定义，保留位。

GF1：通用标志位 1，由软件置位或清零。

GF0：通用标志位 0，由软件置位或清零。

PD：掉电方式控制位，PD = 1，进入掉电方式。

IDL：待机方式位，IDL = 1，进入待机方式。

1) 待机模式

当用字节操作指令使 PCON 的 IDL 位置 1 后，系统进入待机工作状态。此时，CPU 停止工作，但是 RAM、定时器、中断系统和串行口的时钟信号仍然保持；同时 CPU 的状态被保存(堆栈指针、程序计数器 PC、程序状态字 PSW、累加器 A 以及全部的通用寄存器内容保持不变)；端口引脚保持进入该方式时的逻辑状态，ALE 和 PSEN 信号保持为逻辑高电平；供电电压保持不变，但 STC89C51 单片机消耗的电流可由正常的 4 mA 降为 2 mA。

在待机模式下，中断系统仍在运行，可以在中断程序中对 IDL 位清 0 退出待机模式，也可以通过硬件复位退出待机模式。

2) 掉电模式

当用字节操作指令使 PCON 的 PD 位置 1 时，系统进入掉电工作状态。此时，单片机的一切工作都停止，只有片内 RAM 和 SFR 的数据被保持下来；端口引脚输出各自 SFR 的内容，ALE 和 PSEN 信号保持为逻辑高电平；电源电压可以降到 2 V，STC89C51 单片机耗电仅为 0.4 μA。

退出掉电工作方式的唯一方法是硬件复位，而且在退出掉电方式之前，VCC 必须恢复到正常的工作电压值，复位信号需要保持一段时间(大于 10 ms)，以便振荡器重新启动并达到稳态。

2.3.6 程序设计

1. 延时子程序的设计

单片机在现实应用上是要解决实际生活问题的，89C51 单片机执行指令的速度很快，一条点亮 P1 口发光二极管的指令"MOV P1,#00H"只需 1～2 μs 的时间就执行完了，但是从发光二极管发光到人眼看到光等都是需要 ms、上百 ms，甚至更长的时间。在单片机的实际应用设计中，经常用一个 10 ms 的延时子程序来点亮数码管、LED 灯，产生 IC 的读写工作时序或延时去按键的抖动等。因此，单片机的应用几乎少不了 10 ms 的延时子程序。

那么该怎样设计一个 10 ms 的延时子程序呢？

延时程序的设计方法一般有两种：一种是通过定时器中断来实现，另一种是用指令循环来实现。在系统时间允许的情况下，可以采用后一种更简单、直接的办法。至于前一种方法我们将在后面的项目五定时器中会讲到。

假设本系统的晶振频率 f_{osc} = 12 MHz，则机器周期 T_M = 12 × (1/12 MHz) = 1 μs，要求用多重循环嵌套的方式，写出一个 10 ms 的延时子程序，可大致写出的子程序如下：

```
DELAY:    MOV R6, #20              ；指令①

D1:       MOV R7, # X              ；指令②
```

```
     DJNZ R7, $                    ; 指令③
     DJNZ R6, D1                   ; 指令④
     RET                          ; 指令⑤
```

求 X 值。

分析：可以根据以上指令的含义得知，其本质是两重循环嵌套。为了方便计算出其指令执行所占的总时间，作如表 2-7 所示的图表式分析。

表 2-7　指令执行时间分析表

指　　令	含　　义	机器周期数 (时间/次)	执行次数	时间
DELAY:　　MOV R6,#20	①;R6=20	1	1	1
D1:　MOV R7,#X	②;R7=X	1	20	20
DJNZ R7, $	③;R7-1?=0	2	20X	40X
DJNZ R6, D1	④;R6-1?=0	2	20	40
RET	⑤;返回	2	1	2

由表 2-7 可知，其外循环由第四条指令"DJNZ R6，D1"控制，循环体是从标号 D1 到指令④处，执行次数由 R6 决定，共为 20 次。其每执行 1 次，R6 减 1，不为 0 则跳转到 D1 处，执行下一次大循环。同理，内循环由指令③"DJNZ R7，$"控制，只是它的循环体是自己，由 R7 决定执行次数。外部大循环每执行 1 次，内循环就要执行 X 次。由此计算出每条指令执行的次数。由附录 1 的指令表可查出每条指令执行 1 次的机器周期数，即单次时间乘以次数，累加后可算出总时间。

令总时间等于 10 ms，即 1 + 20 + 40X + 40 + 2 = 10 000 μs。

求得 X = 248.425，因工作寄存器取值为整，四舍五入得 X = 248。这也意味着，上述五条指令严格的延时时间不是 10 ms，而是 9983 μs，但实际上，只要不是做钟表类很严格的计时工具，我们完全可以近似看作 10 ms 延时。

为加深对该程序的理解，以 C 语言程序作类比，可书写程序如下：

```
void delay_10ms(void)
{
  unsigned char i,j;
  for(i=20;i>0;i--)
  for(j=248;j>0;j--);
}
```

由此可知：当 R6 = 20、R7 = 248 时，延时时间近似为 10 ms。那么同样的原理，当要求延时为 5 ms 时，子程序该怎么写？

由大循环次数可知：当 R6 = 10、R7 = 248 时，延时为 5 ms。

以此为基本的计时单位。如若要求延时 0.1 s，10 ms × R5 = 100 ms，则 R5 = 10，延时子程序如下：

```
DELAY:  MOV R5, #10
```

```
D1:  MOV R6, #20
D2:  MOV R7, #248
     DJNZ R7, $
     DJNZ R6, D2
     DJNZ R5, D1
     RET
```

这样就构成了三重循环嵌套，同理，要写 1 s 延时程序可以此类推。

2. 流水灯程序的设计

下面我们在延时子程序的基础上，完成对流水灯的程序设计。

1) 任务分析、算法设计

根据项目任务，我们需要自主确认流水灯的功能边界。假定我们选用 8 个 LED，利用单片机的一个端口 P1 口，实现对 8 个 LED 的依次循环点亮的效果，即单向向左跑的流水灯。

在算法设计上，我们可以用顺序结构的程序设计方法，一位一位地去依次点亮 LED，也可以用循环结构的程序设计方法，用字节数据通过 8 次循环依次点亮 LED。

第一种方法更加简单、直观，但第二种方法程序设计的代码量更少，相对较优。因此，我们采用第二种，课后大家自主使用第一种方法完成程序设计。

2) 画出程序流程图

流水灯的程序设计流程图，如图 2-14 所示。

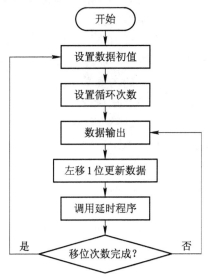

图 2-14　流水灯的程序设计流程图

3) 编写源程序

(1) 假定我们用 P1 口输出低电平来依次点亮 LED 灯，延时时间取 0.12 s，则根据流程图的设计与分析，流水灯的汇编语言程序代码如下：

```
ORG    0000H      ;注释，ORG 为伪指令指示下一行代码存放的地址
LJMP   START      ;开机执行的第一条指令，引导跳转到 START 处
ORG    0030H      ;定义下条指令存放起始地址 0030H，后面按顺序存放
```

```
START:   MOV      A, #0FEH        ; 设置数据初值，将数据 FEH 送给累加器 A
         MOV      R2, #8          ; 设置循环次数，将数据 8 送给寄存器 R2
OUTPUT:                           ; 将累加器 A 里的数据 FEH 送给 P1 口，点亮 P1.0 的发光二极管
         MOV      P1, A           ; P1=FEH=1111 1110B，即 P1.0 为低电平，LED1 点亮
         RL       A               ; 将累加器 A 里的数据 FEH 左移一位变为 FDH，更新数据
         ACALL    Delay           ; 调用延时子程序 Delay，约延时 0.12 s
         DJNZ     R2, OUTPUT      ; 将 R2 的值减 1 后若为零则往下执行，否则跳转到 OUTPUT
                                    位置处
         LJMP     START           ; 跳转到 START 处构成一个大的无限循环
Delay:   MOV      R6, #250        ; 延时子程序，将数据 250 送给寄存器 R6
LOOP:    MOV      R7, #255        ; 将数据 255 送给寄存器 R7
         DJNZ     R7, $           ; 为两重循环嵌套的内循环，共执行 250*255 遍
         DJNZ     R6, LOOP        ; 为 LOOP 外循环，执行 250 遍
         RET                      ; 子程序的返回指令
         END                      ; 汇编结束指令
```

注意：汇编语言不区分大小写，分号后面为详细的注释，帮助大家理解每条指令，源文件中不用全部输入。

(2) 关键指令解读。

之前双闪灯项目中，我们已经讲过 DJNZ 指令在循环控制中的应用，因此，这里我们只用对关键指令"RL A"做一个简要的分析。

"RL A"为循环左移指令。单片机的移位指令只能对累加器 A 进行移位，一共有 4 条。不带进位的循环左移、右移和带进位的循环左移、右移，前面指令系统中已经讲过。

循环左移指令的功能是将累加器 A 的内容循环向左移动 1 位。例如：程序中 A 的值为 FEH，FEH 转为二进制数为 1111 1110B，在执行"RL A"指令后，按循环左移 1 位的规律，左移后变为 1111 1101，原最高位 D7 移到了最低位 D0 的位置，即为数据 FDH，为点亮下一个 LED 灯更新好了数据。

(3) C 语言代码的流水灯程序。

为了帮助大家理解汇编语言，体会汇编语言和 C 语言的在单片机开发中的应用特点和区别，我们采用同样的设计思想，用 C 语言写一个流水灯程序，程序代码如下：

```c
#include<reg51.h>                //包含 51 的头文件
void delay_125ms(void)           //定义一个延时子函数，延时 0.12 s
{
   unsigned char i,j;
   for(i=250;i>0;i--)
   for(j=248;j>0;j--);
}
void main( )                     //主程序 main 函数
{
   while(1)                      //无限循环
```

```
  {
      int j;                          //定义一个变量 j
      for(j=0;j<8;j++)                //for 循环，由 j 决定次数为 8 次
      {
          P1=~(1<<j);                 //先将 1 左移 j 位后再按位取反，j=0～7
          delay_125ms( );             //调用延时子函数
      }
  }
}
```

2.4 项目实施参考方案

这里我们基于 Proteus 与 Keil C 平台来做单片机的流水灯仿真设计实例，为了有别于前面项目的汇编语言程序设计，这里我们采用 C 语言程序，并且提出一些拓展功能，目的在于同学们自我学习和课后编程训练。

2.4.1 Proteus 平台硬件电路设计

(1) 双击桌面上【ISIS 7 Professional】" "图标进入 Proteus 环境，单击" "创建一个原理图设计文件，并保存名为"流水灯"，注意保存路径，可新建一个"流水灯"的工程文件夹。

(2) 单击左侧的工具箱图标" "器件选择按钮，进入器件选取模式，后单击对象选择器的【P】按钮，弹出库元器件 Pick Devices 对话框，如图 2-15 所示。

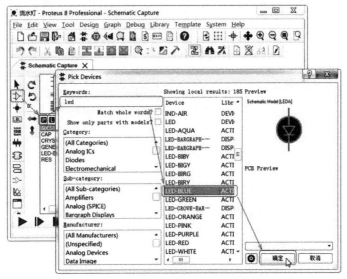

图 2-15 库元器件 Pick Devices 对话框

我们在检索栏中输入"LED", 然后拖动器件列表滑动条, 找到"LED-BLUE", 表示蓝色发光二极管, 这里可以根据喜好选择不同颜色的发光二极管。同样的方法我们选取器件:"80C51"单片机、"RES"电阻、"CRYSTAL"晶振、"CAP"无极性电容、"10U"电解电容等。

(3) 放置器件和电源端口。在对象选择器中选中"LED-BLUE", 到桌面编辑区单击左键单击放置发光二极管, 同样的方法放置单片机、电容等。在工具箱中单击"⊟" Terminals Mode 按钮, 放置电源【POWER】和地【GROUND】, 并按照单片机的最小系统电路稍作布局, 如图 2-16 所示。

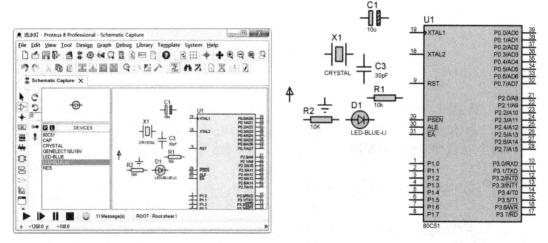

图 2-16　元器件的放置

(4) 块复制。双击电阻 R2, 修改阻值为 100 欧姆, 连接 R2 和发光二极管 D1。将它们框选中后, 按住标准工具栏里的块复制图标"⬇"进行复制, 移动到合适位置单击后放置所复制的元件, 如图 2-17 所示。

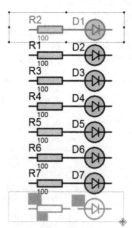

图 2-17　块复制操作

(5) 快速连线完成电路图的绘制。连线时需要重复上次一模一样的连线操作, 直接双击引脚即可。电路图如图 2-18 所示。

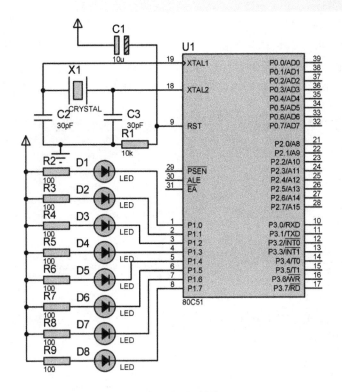

图 2-18　电路图

2.4.2　Keil C 软件程序设计

我们需要利用 Keil C 软件完成程序的编写，并生成目标 HEX 文件，为了帮助复习和巩固，这里我们再对 Keil 软件设计的关键步骤进行简要回顾，更详细的操作方法请见项目一，后续也不再讲软件的操作。

1. 新建项目工程文件

在主菜单栏【Project】下拉菜单中选择【NewμVision Project...】，如图 2-19 所示。

图 2-19　新建一个项目

　　之后在出现的存盘对话框里选择一个路径，并为项目命名为"流水灯"。保存之后会弹出如图 2-20 所示的单片机选型界面，双击【Atmel】，打开 Atmel 公司旗下的芯片，滚动鼠标滚轮往下翻，找到【AT89C51】，单击它，则右边信息窗口会出现该型号芯片内部资源的描述，单击按钮【OK】后选择【否】，不要加载 8051 的启动文件。

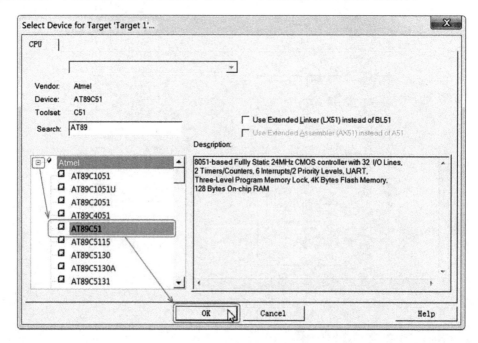

图 2-20　单片机选型界面

2. 新建一个 C 语言源文件

　　直接单击【File】正下方工具栏里的快捷图标"🗋"或者直接按快捷键【Ctrl + N】新建一个源程序文件，出现如图 2-21 所示的界面。

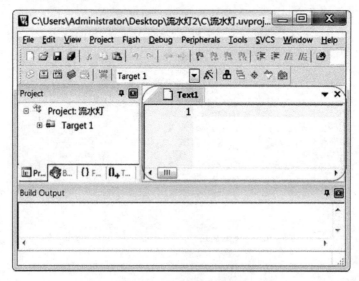

图 2-21　新建源程序文件

然后按快捷键【Ctrl＋S】保存文件，文件自动保存在工程目录下。需要注意，这里选用 C 语言编程，保存时命名的文件扩展名为 ".C" 格式，如图 2-22 所示。

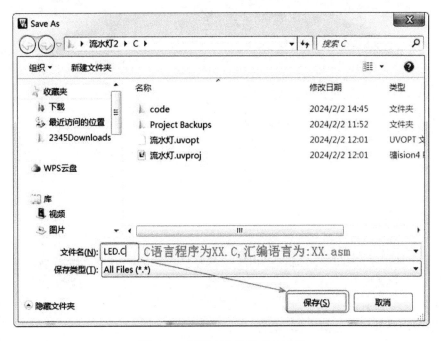

图 2-22 源程序文件保存对话框

3. 向目标工程添加源程序文件

在 "Project" 面板中，打开文件夹图标 "Target 1" 前面【＋】后，直接双击 "Source Group 1" 文件夹，弹出添加的源程序文件的对话框，如图 2-23 所示。直接双击 "LED.C" 文件，然后 "close"。

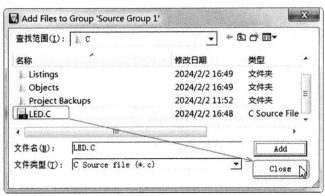

图 2-23 添加的源程序文件的对话框

4. 设置工程属性

在主菜单下的快捷工具栏上，单击属性设置工具 "　" 图标，弹出属性设置面板，如图 2-24 所示。点选【Output】选项卡，勾选【Creat HEX File】选项，单击【OK】完成。这一步是为了在软件编译成功后输出目标代码 ".hex" 文件。

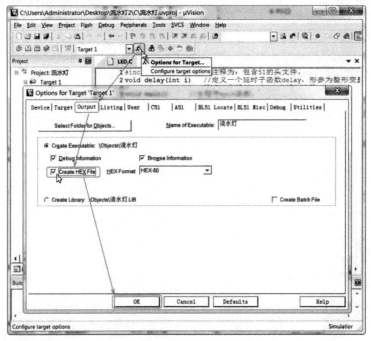

图 2-24　工程属性设置面板

5. 编写程序并编译生成 HEX 文件

在源程序文件 LED.C 中键入 C 语言的流水灯程序。程序代码请参考本项目 2.3.6 小节的程序设计部分。程序编写完成后，单击快捷工具栏的"Rebuild"图标或编译的快捷键 F7，编译完成，系统信息窗口输出编译信息，如图 2-25 所示。

图 2-25　编译输出信息

由图可知，编译结果为 0 错误、0 警告，并创建了目标代码 hex 文件，文件名与工程名一致，且在工程目录下的"Objects"文件夹里。

2.4.3　Proteus 平台仿真效果

打开刚才设计好的 Proteus 文件"流水灯.pdsprj"，双击单片机打开它的属性对话框，如图 2-26 所示。在"Program File"栏打开添加程序文件的对话框，在"Objects"文件夹中找到"流水灯.hex"文件，完成程序添加，建立联机状态。

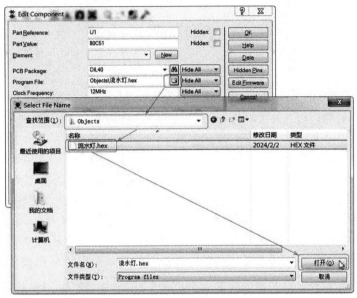

图 2-26　单片机的属性对话框

上述操作完成后，直接单击仿真运行按钮"▶"开始仿真，并仔细观察仿真现象，如图 2-27 所示。

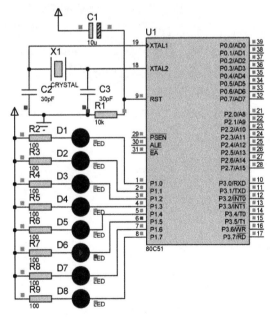

图 2-27　观察仿真现象

现象分析：仿真运行后，P1 口的 8 个发光二极管依次循环点亮，每个 LED 点亮延时时间大约 0.12 s，可用虚拟示波器测量，这里不再累述。

值得思考的是，若改变延时时间为 10 ms、0.12 s、1 s，仿真现象有什么区别，特别是做出实物后三种情况进行对比、验证，仿真与实际的区别在哪里？

2.5　项目回顾与总结

MCS-51 单片机的内部资源主要有：1 个 8 位 CPU(80C51)，1 个片内振荡器及时钟电路(需外接 12 MHz 晶振)，4 KB 的 ROM，256 B 的 RAM，21 个特殊功能寄存器，4 个 8 位并行 I/O 口，2 个 16 位定时器/计数器，5 个中断源和 1 个全双工的串行输入/输出口等。

89C51 芯片 DIP 封装共有 40 个引脚，除了电源、地、两个时钟引脚以及 32 个 I/O 外，还有 4 个控制引脚：ALE(低 8 位地址锁存允许端)、$\overline{PSEN}$(片外 ROM 读选通)、RST(复位)、$\overline{EA}$(内外 ROM 选择端)。

时钟、时序指挥着单片机有条不紊地工作，必须掌握振荡周期(节拍)、时钟(状态)周期、机器周期和指令周期之间的关系，了解时钟电路、复位电路和复位后的状态等。

程序是由一条条指令组成，单片机的工作过程就是不断取指令和执行指令的过程，而编程的实质就是配置单片机的内部资源去完成算法，实现各种任务和功能。因此，画出程序设计流程图是学习的关键。

总结要点如下：

(1) 单片机最小系统由单片机、晶振电路、复位电路和电源电路等构成。

(2) 单片机 P 口每一位都有一个 D 锁存器，实现数据锁存。

(3) 作为 I/O 口，单片机端口的低电平驱动能力一般比高电平强。

(4) "欲读先置 1"：端口要做"读入操作"时，先向引脚的端口锁存器写"1"。

(5) 延时子程序的设计方法主要是采用多重循环嵌套。

(6) 程序计数器 PC 指引着程序的流向。

(7) P0 口分时传送低 8 位地址和 8 位数据，P2 口传送高 8 位地址。

2.6　项目拓展与思考

2.6.1　课后作业、任务

任务 1：编写程序，使八个发光二极管按照下面的形式发光，并在 Proteus 平台进行仿真。

P1 口管脚：	P1.7	P1.6	P1.5	P1.4	P1.3	P1.2	P1.1	P1.0
对应灯的状态	○	●	○	●	●	○	●	●

注：●表示灭　　○表示亮。

任务 2：修改源程序，改写延时时间，若延时时间为 10 ms、0.12 s、1 s，仿真现象有什么区别。

任务 3：基于 Proteus 平台，设计一个简单的单片机应用系统，用 P1 口的任意三个管脚控制发光二极管，模拟十字路口交通灯的控制。

任务 4：基于 Proteus 平台，观察大街上的霓虹灯的显示方式，思考如何编程实现各种显示方式。

任务 5：基于 Proteus 平台，设计一个来回跑的 8 LED 流水灯。

2.6.2 项目拓展

拓展一：基于 Proteus 平台，利用查表指令实现花样流水灯的设计。

拓展二：基于 Proteus 平台，实现来回跑的 16 位 LED 流水灯。

拓展三：基于 Proteus 平台，查找资料，看如何实现各种花样的彩灯，例如霓虹灯、韵律灯等。

项目三　抢　答　器

3.1　学习目标

　　进一步掌握单片机最小应用系统的组成结构，体会单片机 P 口 I/O 功能，特别是按键检测的软硬件设计方法；重点学习通过 P 口实现端口输入、输出功能的应用技巧；掌握单片机驱动数码管显示的基本原理，体会单片机的速度与应用编程带来的巨大魅力。

3.2　项目任务

　　基于仿真平台和单片机技术实现多路抢答器，最终设计完成实物作品。
　　具体的项目任务如下：
　　(1) 基于 Proteus 平台完成多路抢答器的设计，要求具有 8 路及以上的按键抢答功能。
　　(2) 要求具有抢答结果数码显示、声光提醒等基本功能。
　　(3) 要有主持人的控制键，实现抢答控制功能。
　　(4) 基于 Keil C 开发环境完成项目的创建与源程序的开发。
　　(5) 完成实物的设计与制作，实物作品能够独立地正常演示 8 路抢答功能。

3.3　相关理论知识

　　抢答器主要涉及按键的检测原理、数码管的编码显示原理、驱动接口电路设计和相关程序设计等知识点，下面我们一起分别从这四个方面来展开学习。

3.3.1 按键的检测原理

按键(Button)的本质是一个开关元件，开关(Switch)只有开和关两种状态，但按键按下后会释放复位，因此可以细分为按下、闭合、释放三个状态。按下和释放是电平的跳变，从开到关，从关到开。对单片机而言可以细分这些状态，检测到这些跳变。

那么，单片机是怎样检测按键，又是怎样区分一系列按键的呢？我们需要从按键的结构原理说起。

1. 按键的结构与原理

1) 按键、键盘的分类

(1) 按键按其结构原理可以分为如下两类：

一是接触式按键。如机械式按键、导电胶式按键。这种按键结构简单、造价低，但使用寿命有限，却是生活中应用最为常见的开关按键。

二是非触式按键。如光电感应式按键、磁感应式按键等。这种按键电气性能好，结构复杂，寿命长，但是造价较高，只能在高精端领域使用。

(2) 按键按其识别原理可以分为独立式按键和矩阵式按键。

独立式按键，也常称为查询式按键。用单片机端口直接对按键的状态进行识别。键盘接口简单、编程容易，但占用单片机的口线较多，一般用在按键个数不多的场合。

矩阵式按键，又称为行列式键盘。利用行线、列线动态扫描的方式对其状态进行检测、识别，其结构简单、按键扩展性强，按键识别和计算键值的编程较为复杂，但消耗单片机的口线较少，一般使用在按键需求较多的场合。

(3) 键盘就是一系列按规律排列的按键。

键盘按电气接口原理可分为编码键盘与非编码键盘。它们的主要区别在于识别按键和给出键码的方法。

编码键盘主要是用硬件来实现对键的识别。它由硬件逻辑自动提供与键对应的编码。需要利用较为复杂的硬件电路实现按键的去抖动和多键、窜键保护等，因此硬件结构复杂，成本较高，在单片机系统中使用较少。

非编码键盘主要是由软件来实现对键盘的识别与键值的定义。键盘只提供简单的行、列开关，其检测、识别和编码都由软件完成。这种键盘结构简单，经济实用，被广泛应用于单片机系统中。

因此，下面我们重点介绍的是接触式开关按键、非编码键盘。

2) 按键的结构特点

接触式开关按键是有机械触点的弹性开关。按键按下，开关闭合；按键释放，开关断开。通过机械上的通断，来实现电气上逻辑关系的输出，提供标准的 TTL 逻辑电平。例如：负脉冲按键，常态为高电平 1 输出，在按键按下时输出低电平 0，在按键释放时恢复高电平 1，如图 3-1(a)所示。

但这是理想化的按键输出波形。实际上，由于机械弹性作用的影响，按键的动作通常伴有一定时间的触点机械抖动，然后其触点才稳定下来。这个机械抖动过程可以通过示波器来捕获观测，其抖动过程的示意图如图 3-1(b)所示。抖动时间的长短与开关的机械特性有关，一般为 5～10 ms。

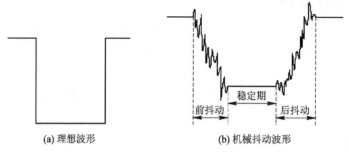

(a) 理想波形　　　　　　(b) 机械抖动波形

图 3-1　按键波形示意图

由于单片机检测按键的速度特别快，在 μs 级，因此这种 ms 级的抖动对于单片机来说影响特别大，会被单片机误认为是多次动作，这种抖动的尖峰脉冲杂波会导致单片机检测的误判，故必须采取消抖措施。一般有硬件消抖和软件消抖两种方法。

(1) 硬件消抖。就是在按键的输出电路上，用双稳态电路、单稳态电路或 RC 滤波电路等去抖动的硬件电路来消除抖信号的影响。利用触发器翻转后进入稳态，触点抖动不再影响。这里我们主要介绍一种简单的 RC 滤波去抖动电路，如图 3-2 所示。

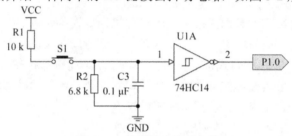

图 3-2　RC 滤波去抖动电路

电路原理分析：当按键没有按下时，电容 C3 两端电压为零，电阻 R2 下拉到地，施密特触发反相器输出高电平 1；当按键按下时，电源 VCC 通过 R1 对电容充电，由于电容两端电压不能突变，在按键按下出现的前抖动信号时间内，电容 C3 两端电压波动没有超过反相器的开启电压时(高电平 1.6 V，低电平 0.8 V)，反相器的输出没有变化。当高于电压 1.6 V 时，反相器输出为低电平 0。

当按键释放时，电容 C3 两端电压不能突变，并通过 R2 进行放电，在按键释放出现的后抖动信号时间内，电容 C3 两端电压波动电压没超过 0.8 V 开启电压时，反相器的输出不变。当放电到电压小于 0.8 V 时，施密特反相器翻转，输出为高电平 1。

由此可见，按键电路在经 RC 滤波电路之后，输出的波形变成了标准的方波，消除了按键抖动的影响。

(2) 软件消抖。常利用脉冲计算、延时响应的方式消除抖动的影响。脉冲计数就是合理设置一个计数值，通过计数来确认按键动作，避免重复响应。延时消抖是根据按键抖动出现的特性，合理利用系统响应时间，规避抖动信号出现的时间段，以达到软件消抖的目的。这两种消抖措施在软件设计中经常用到，单片机系统常选用第二种。

延时去抖动的工作原理分析：系统在检测到有按键按下(负脉冲时，为低电平 0)时，执行一个延时(通常为 10 ms，可根据需要调整)子程序后，再确认该键是否仍保持闭合状态

(低电平 0)，若是，则确认按键真被按下，开关处于闭合状态。同理，在检测到该键释放后，也可以先采用 10 ms 延时，再进行按键释放的高电平确认，从而消除按键的前沿抖动和后沿抖动的影响。

3) 按键的工作原理

在单片机系统中，除了复位功能键外，一般还会设置数字键和其他功能键，用来实现对用户数据的交互。利用开关按键的状态输入数据信息，或设置用户控制指令。

按键的工作原理由按键扫描、按键识别和按键编码三个过程组成。

(1) 按键扫描是单片机以某种算法扫描按键所在的端口，以实现对所有按键的检测，避免出现漏键情况。一般会采用动态扫描查询的方式或中断的方式实现按键的检测，扫描按键的接口结构状态是否有输入。

(2) 按键识别是根据扫描到的按键数据，识别、判断是哪一个按键按下，去抖动干扰，确认按键的有效电平、唯一性、正确性和时效性，防止出现错键、窜键等情况。

(3) 按键编码是在按键扫描、识别成功后，最后都要转换为按键相对应的键值数据的过程。在软件算法的设计上，往往根据键盘结构的不同采用不同的编码方式。

单片机通过键值的判断，用跳转指令转入执行该键的功能程序。在程序设计上需要有可靠的逻辑处理办法，防止出现漏键失灵、错键乱跳、窜键死机的情况。

2. 独立式按键检测原理

在单片机系统中，所需功能键不多的时候大多采用独立式按键结构。

独立式按键是指每个按键单独占用单片机的一根 I/O 口线，单片机端口直接输入按键状态，检测按键，每个按键的工作不会影响其它 I/O 线的状态。其典型应用电路如图 3-3 所示。

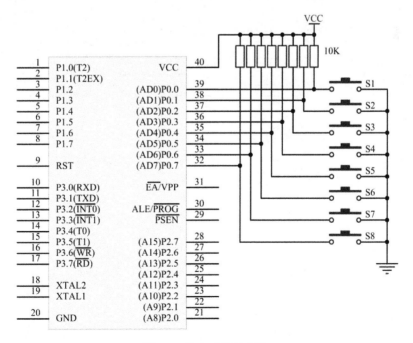

图 3-3　独立式按键电路

由图 3-3 可知，按键输入，低电平有效。这种设计与 89C51 系列单片机内部结构是有关的，作为 I/O 口，P0 口处于开漏输出，外部需要接上拉电阻。而 P1、P2、P3 内部都有上拉"电阻"，无须外接上拉电阻，从而保证在按键没有按下时，端口引脚为高电平"1"的状态；当按键按下时，输入电平为"0"。因此可以通过电平的变化区分按键是否按下。

值得复习回顾的是"欲读先置 1"，即在读取端口按键输入状态时，先要向端口锁存器中写一。

3. 矩阵式按键检测原理

在单片机系统中，当使用按键较多时，常采用矩阵式键盘。

矩阵式键盘由行线和列线组成，按键跨接在行、列的交叉线上。一个 4×4 行列结构可以构成 16 个键的键盘，只占用单片机的 8 根口线。同理，8×8 的行列结构可构成 64 键，可节省很多 I/O 口。

1) 矩阵式按键的工作原理

下面我们以单片机直接拓展 4×4 矩阵键盘为例，讲述矩阵式按键的工作原理。其电路原理图如图 3-4 所示。

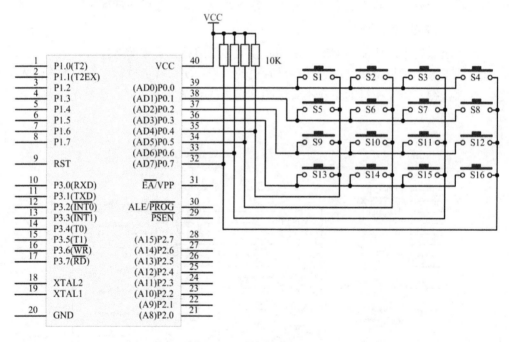

图 3-4   矩阵式按键电路

(1) 按键检测。由图 3-4 可知，按键开关的两端分别连接到所在位置的行线、列线上，列线通过上拉电阻接到电源 VCC。当没有按键按下时，列线处于上拉的高电平状态；当有键按下时，行、列线将导通。此时，列线的电平将由行线、列线短路后的电平决定。一般情况下，由于列线上拉的高电平是弱电平，行线送 0 的低电平是场效应管直接下拉到地的强电平，因此，当按键按下后，由行线决定列线的电平。这是检测按键是否按下的关键。

(2) 按键识别。按键识别的方法很多，最常见的是逐行扫描法。下面以图 3-4 中 S3 键为例来讲述键盘逐行扫描法识别按键的工作过程。

这种方法的原理可以简单概括为：扫行线，读列线。也就是说，用低电平 0 逐行扫描键盘，通过读取列线值判断键位，算出键值。为了方便计算键值，我们假定行列编号都从 0 开始，P0.0～P0.3 分为第 0 行、第 1 行、第 2 行、第 3 行，P0.4～P0.7 分别为第 0 列、第 1 列、第 2 列、第 3 列。当没有按键按下的时候，列线输出全部为高电平 1111B。当有按键按下时，由于行线、列线短路，列线被下拉成低电平 0，因此判断有按键按下。然后，用单片机 P0.0～P0.4 逐行输出低电平 0，读取列线值后，判断具体是哪一行哪一列的按键被按下。例如，当 P0 口发送数据 FEH 时，P0.0 第 0 行输出为 0。假设第 2 列 S3 键按下，则列线 P0.7～P0.0 值变成 1011B，通过数据来判读按键的键位。若该行的 4 个按键都没有按下，则列线值保持 1111B 不变。扫描第 0 行后扫下一行，直到扫描完成所有行，依此循环。这种依次轮流扫描的方法就是键盘扫描识别的原理。

(3) 矩阵式键盘的编码。由于按键的位置可由行号和列号来唯一确定，因此可以利用行号值 H 乘以 4 后加上列号值 L 来计算得出键值(4H + L)。例如，S3 键所在行号为 0，列号为 2，则键值为 $0 \times 4 + 2 = 2$。利用这个算法可以得出图 3-4 所示 S1～S16 的键值分别为 00H、01H、02H、03H、04H、05H、06H、07H、08H、09H、0AH、0BH、0CH、0DH、0EH、0FH，如图 3-5 所示。

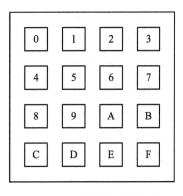

图 3-5   4 × 4 矩阵键盘键值分布

当然，也可以直接用按键识别成功时 P0 的数据来编码。例如，S3 键在识别成功时，P0.3～P0.0 的行线数据为 1110B，P0.7～P0.4 的列线数据为 1011B，它们合在一起构成一个 8 位的编码数据 BEH。同理，其他键也可这样得到编码数据，后面可再利用查表或赋值的形式重新定义键值或功能号。

2) 键盘扫描程序的设计思想

根据上面阐述的矩阵式键盘按键检测、识别和编码原理，我们可以画出键盘扫描的程序设计流程图，如图 3-6 所示。首先，键盘端口初始化是为按键输入做准备，之后输出行扫描数据(FEH)扫描第一行，数据移位后为扫下一行做准备。读入列数据，查询该行是否有按键按下，若没有按键按下，则读入的列数据为 1，没扫描完的继续扫描。若有按键按下，则按照行列号计算键值，查表后等待按键释放，再返回主程序。

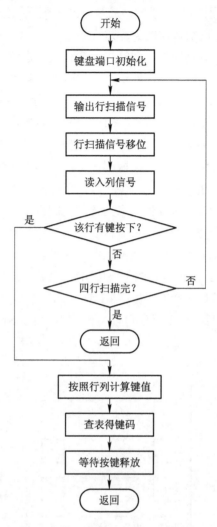

图 3-6　键盘扫描的程序设计流程图

在单片机的应用系统中，键盘一般只是外设之一。单片机的 CPU 也不可能只执行一个按键扫描程序。然而，矩阵键盘的扫描识别原理又决定了 CPU 在用户有按键动作时需要逐行扫描识别按键，不能出现停扫、漏键、键盘不响应的情况。因此，键盘扫描程序的设计，既要保证 CPU 能及时响应按键操作识别得到按键，又不能过多占用 CPU 的工作时间，降低 CPU 的效率。

键盘扫描程序的设计决定了键盘的工作方式。键盘的工作方式有三种，即编程扫描、定时扫描和中断扫描。

(1) 编程扫描。编程扫描的设计思想是在主程序中通过查询键盘接口的状态来决定是否调用键盘扫描程序。例如，在 CPU 完成其它工作的空余，查看键盘接口状态的变化。如图 3-4 电路图所示，当没有按键动作时 P0 口数据保持为 F0H，当不是这个数据时表示有按键动作，再调用键盘扫描识别按键，响应键盘输入的要求和执行键功能程序。

但是，这种方法的缺点，一是查看不及时就会出现漏键，二是调用键盘扫描子程序和执行键功能程序比较占用 CPU 时间，可能会对主程序的其他任务处理不及时，从而造成影响。

因此，这种设计思想和方法只适用于 CPU 主程序任务量不多，在几十 ms 时间内可以完成一次按键任务的查询，或按键对应功能程序的执行不影响主程序的各项任务等情形。

该方法的设计程序一般应包括以下步骤：

① 查询有无键按下。

② 有则调用键盘扫描子程序，取得动作键的行、列值。

③ 用算法或查表得到键值。

④ 等待按键释放后，根据键值调用相应的功能程序。

⑤ 执行完返回主程序。

(2) 定时扫描。定时扫描的方法就是每隔一段时间调用一次按键扫描。常利用单片机内部的定时器产生一定时间的定时，当定时时间到就产生中断，使得 CPU 中断主程序，而执行中断服务子程序，在中断服务中对键盘进行扫描，并在有键按下时识别出该键，调用该键的功能程序。关于中断的概念和处理过程会在下个项目中详细讲到，这里仅作一些铺垫。

定时扫描的硬件电路与编程扫描相同，从原理上讲，两者也相似，后者利用查询的方式调用键盘扫描子程序，前者采用定时中断的方式调用键盘扫描子程序。两者在本质上区别不大，但定时扫描的优点在于，它不影响主程序任务的运行，键盘扫描只是一种定时调度，假设定时时间为 10 ms，则 10 ms 扫描一次键盘，扫描速度够快，也就不会出现漏键情况，甚至还可以每次定时 10 ms 扫描一行，4 次定时中断完成全部键的扫描，这样 CPU 的执行效率就更高，避免了键盘扫描子程序对 CPU 的高占用率。因此，明显弥补了上述编程扫描的两点(漏键和 CPU 高占用率)不足。

该方法的设计程序一般应包括以下步骤：

① 定时器初始化，并启动定时。

② 定时时间到，CPU 中断，调用按键扫描的中断服务子程序。

③ 扫描第一行按键，读取列线。

④ 判断是否有按键按下，若有，用算法或查表得到键值。等待按键释放后，根据键值调用相应的功能程序。

⑤ 若无，返回主程序，等下次定时时间到，响应中断扫描下一行。

(3) 中断扫描。显然，采用上述两种键盘扫描方法，无论是否有按键动作，CPU 都要定时去扫描键盘，而实际上，单片机在工作时绝大部分时间都不需要键盘输入，因此，CPU 经常处于空扫描状态，白白耗费了 CPU 的资源。为了提高 CPU 的工作效率，可采用中断扫描的工作方式。也就是说，当没有按键按下时，CPU 执行主程序。当有按键按下时，触发中断请求，CPU 才转去执行键盘扫描子程序并识别键号。

图 3-7 是一种由中断源 INT0 和四输入与门构成的 4×4 键盘接口电路。键盘的列线与 P0 口的高 4 位相连，键盘的行线与 P0 口的低 4 位相连。P0.4～P0.7 是列输出线，P0.0～P0.3 是行扫描输入线。图中的 4 输入与门用于产生按键中断，其输入端与各列线相连，再通过上拉电阻接至 +5 V 电源，输出端接至单片机的外部中断输入端 INT0。其工作原理为，当键盘无键按下时，与门各输入端均为高电平，输出端保持为高电平；当有一个键按下时，INT0 端为低电平，向 CPU 申请中断，CPU 响应中断后转去执行键盘扫描子程序。

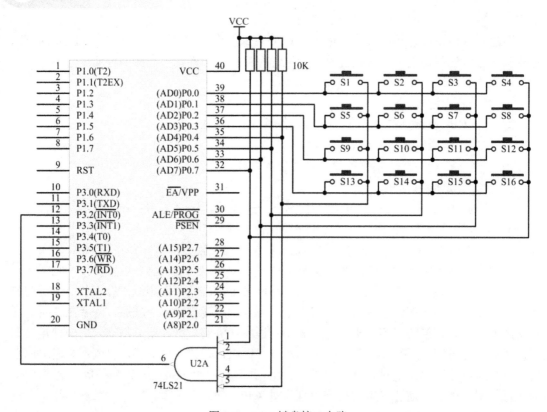

图 3-7　4×4 键盘接口电路

该方法的设计程序一般应包括以下步骤：

① 外部中断初始化，并允许中断。

② 有按键按下，则触发中断。

③ CPU 响应中断，并执行按键扫描子程序。

④ 扫描键位，识别动作键的行号、列号，用算法或查表得到键值。等待按键释放后，根据键值调用相应的功能程序。

⑤ 完成，返回主程序。

3.3.2　数码管显示

1. 数码管的结构

数码管是一种用于数码显示的发光器件。常见的 8 段数码管，在内部结构上是由 8 个发光二极管 a、b、c、d、e、f、g、dp(统称笔段)构成，通过不同的组合可用来显示数字 0~9、字符 A~F、H、L、P、R、U、Y、符号"-"及小数点"."等。实物有 1 位、2 位和多位联体之分，其实物外形如图 3-8(a)所示，尺寸大小也分为 0.28 英寸、0.36 英寸、0.56 英寸等。

数码管又分共阴、共阳两种。共阴是指 8 个发光二极管的阴极连接在一起，作为公共端(K)，共阳则是阳极为公共端(A)，如图 3-8(b)所示，其电路符号如图 3-8(c)所示。

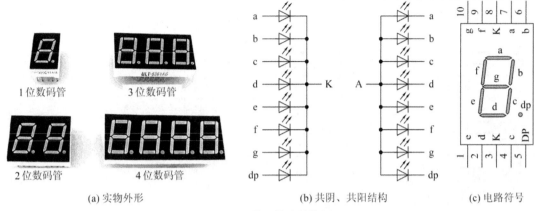

(a) 实物外形   (b) 共阴、共阳结构   (c) 电路符号

图 3-8 数码管的结构图

2. 数码管的工作原理

由图 3-8 的数码管的内部结构可知，对于共阴数码管，每个笔段的二极管阳极给高电平，阴极接低电平，相应的笔段会导通、点亮。同理，共阳的数码管，其公共端的阳极给高电平，阴极给低电平，笔段亮。根据发光的笔段不同，组合起来显示出各种数字或字符。但究其本质，还是 8 个发光二极管。类似于前面流水灯电路中发光二极管的电路结构。

在单片机应用系统中，常用单片机的一个端口来驱动数码管的笔段端，通过发送 8 位数据来控制笔段的亮灭，从而显示各种字符、数字。在实际应用中，还需要考虑驱动电流的问题。可根据二极管额定工作电流的需要选用驱动芯片 74LS245、UL2803 等提高驱动能力，也可以根据需要选用合适的限流电阻来保护二极管和单片机。

以单片机直接驱动共阴数码管的电路设计为例。数码管的公共端 K 接地，笔段的阳极端(以后简称为笔段端)接单片机 P0 口，并分别通过 8 个限流电路上拉到 VCC。如图 3-9 所示。由于单片机 P0 口在作为基本的 I/O 功能时为开漏输出的状态，需要外接上拉电阻才能输出高电平，这里既利用它上拉，又利用它来驱动数码管，同时也起到了对数码管、单片机限流的作用。当电源为 +5 V 时，上拉电阻取 1 kΩ，通常发光二极管的压降在 1.5 V 左右，数码管笔段的导通电流约为 3.5 mA。一般数码管每个笔端的工作电流为 2～20 mA，其种类繁多，低电流的品种(亮度与普通一致)也可以在 2 mA 以下。亮度越大，电流越大。这里若再加大电流，最好选用专门的驱动器。因为若上拉电阻取过小，当单片机低电平输出时，灌电流会较大，单片机可能过热，前面章节介绍过 STC89C51 单片机 P0 口每位引脚的低电平驱动能力为 12 mA，也就是上拉电阻不要小于 500 Ω。当然，若采用 STC89C51 单片机的 P1～P3 口，也可以直接高电平驱动共阴数码管，每位的端口驱动能力为 6 mA，输出限流电阻取 510 Ω，大家可自行设计电路。

数码管的工作原理是单片机 P0 口输出数据 FFH，数码管 DS2 笔段端得到高电平，相应笔段亮，显示字符 "8."。P0 口输出数据 00H，DS2 的笔段端得到低电平，相应笔段灭，数码管消隐、不显示。

在实际应用中，也可以采用低电平驱动的方式来直接点亮共阳的数码管，如图 3-9 中 P2 所接的共阳数码管 DS1。它的工作原理是，P2 口输出低电平 00H，则显示字符 "8."。电平虽不同，但原理是相通的。

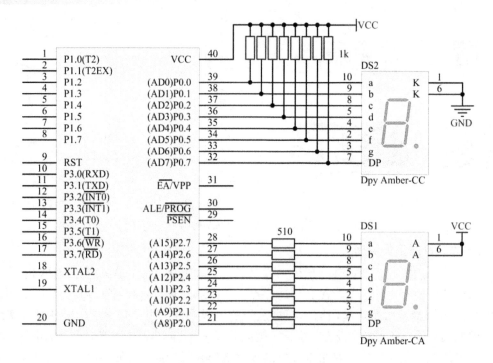

图 3-9　单片机直接驱动共阴数码管电路

3. 数码管的字符编码

由上述数码管的工作原理可知，要使数码管能够显示各种字符、数字，关键是单片机对笔段端 I/O 口输出的编码数据。如图 3-9 所示，以 P0 口共阴数码管为例，数码管 DS2 要显示字符"0"，单片机需要向 P0 口发送数据"3FH"。这个数据就是"0"编码，关键是它怎么来的？

下面，我们一起来回答这个问题，了解字符编码的过程。

首先，务必清楚一个前提，数码管为共阴数码管，笔段 a、b、c、d、e、f、g、dp 分别顺序连接 I/O 口数据线的 D0～D7，即 D0 对应 a 笔段，依此类推。

其次，当 D0 输出为高电平 1 时，a 笔段亮。字符"0"所亮笔段如图 3-10 所示。

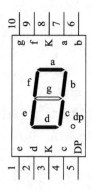

图 3-10　显示字符"0"笔段效果图

最后，由图 3-10 可知，共阴数码管显示字符"0"需要 a、b、c、d、e、f 笔段亮，g

和 dp 笔段灭。因此 P0 口对应的数据 D7～D0 为 0011 1111B，即为 3FH。

显然，若采用共阳数码管，则编码数据的电平需要反过来，应是低电平 0 亮，高电平 1 灭。那么显示字符"0"的共阳极数码管编码数据应为 11000000B(即 C0H)；当然，若 a～dp 笔段与 D0～D7 线位反过来，则数据的位权也要反过来。这里就不再讨论。

依此编码原理，可编出共阴、共阳数码管的所有字符编码数据。数码管常用字符的编码数据如表 3-1 所示。

表 3-1 数码管常用字符的编码数据表

显示字符	共 阴								编码	显示字符	共 阳								编码
	D7	D6	D5	D4	D3	D2	D1	D0			D7	D6	D5	D4	D3	D2	D1	D0	
	dp	g	f	e	d	c	b	a			dp	g	f	e	d	c	b	a	
0	0	0	1	1	1	1	1	1	3FH	0	1	1	0	0	0	0	0	0	C0H
1	0	0	0	0	0	1	1	0	06H	1	1	1	1	1	1	0	0	1	F9H
2	0	1	0	1	1	0	1	1	5BH	2	1	0	1	0	0	1	0	0	A4H
3	0	1	0	0	1	1	1	1	4FH	3	1	0	1	1	0	0	0	0	B0H
4	0	1	1	0	0	1	1	0	66H	4	1	0	0	1	1	0	0	1	99H
5	0	1	1	0	1	1	0	1	6DH	5	1	0	0	1	0	0	1	0	92H
6	0	1	1	1	1	1	0	1	7DH	6	1	0	0	0	0	0	1	0	82H
7	0	0	0	0	0	1	1	1	07H	7	1	1	1	1	1	0	0	0	F8H
8	0	1	1	1	1	1	1	1	7FH	8	1	0	0	0	0	0	0	0	80H
9	0	1	1	0	1	1	1	1	6FH	9	1	0	0	1	0	0	0	0	90H
A	0	1	1	1	0	1	1	1	77H	A	1	0	0	0	1	0	0	0	88H
B	0	1	1	1	1	1	0	0	7CH	B	1	0	0	0	0	0	1	1	83H
C	0	0	1	1	1	0	0	1	39H	C	1	1	0	0	0	1	1	0	C6H
D	0	1	0	1	1	1	1	0	5EH	D	1	0	1	0	0	0	0	1	A1H
E	0	1	1	1	1	0	0	1	79H	E	1	0	0	0	0	1	1	0	86H
F	0	1	1	1	0	0	0	1	71H	F	1	0	0	0	1	1	1	0	8EH
H	0	1	1	1	0	1	1	0	76H	H	1	0	0	0	1	0	0	1	89H
L	0	0	1	1	1	0	0	0	38H	L	1	1	0	0	0	1	1	1	C7H
P	0	1	1	1	0	0	1	1	73H	P	1	0	0	0	1	1	0	0	8CH
R	0	0	1	1	0	0	0	1	31H	R	1	1	0	0	1	1	1	0	CEH
U	0	0	1	1	1	1	1	0	3EH	U	1	1	0	0	0	0	0	1	C1H
Y	0	1	1	0	1	1	1	0	6EH	Y	1	0	0	1	0	0	0	1	91H
—	0	1	0	0	0	0	0	0	40H	—	1	0	1	1	1	1	1	1	BFH
.	1	0	0	0	0	0	0	0	80H	.	0	1	1	1	1	1	1	1	7FH
熄灭	0	0	0	0	0	0	0	0	00H	熄灭	1	1	1	1	1	1	1	1	FFH

4. 数码管的显示方式

数码管的显示方式可分为静态数码显示、动态数码显示。其根本区别在于单片机送数据的方式是静态不变还是动态扫描。下面我们分别加以讲解。

1) 静态显示

当数码管显示某一字符时，相应的发光二极管恒定导通或恒定截止。单片机通过驱动器或锁存器控制数码管的显示，每个数码管的 8 个笔段分别与一个 8 位 I/O 口相连，I/O 口只要有段码数据输出，相应字符即显示出来，并保持不变，直到 I/O 口输出新的段码。其典型特征是，每个数码管用一个 8 位的数据锁存器驱动，单片机发送数据后被锁存显示，数码管相对独立，多采用单只的数码管。在实际中，可以用单片机 P0～P3 口的每个端口直接驱动一位数码管，也可以用 74LS164、74LS595、74LS273、74LS373 等芯片作串并口拓展的方式实现静态显示。

这种静态显示方式的特点是数码管可获得较高的亮度，且程序设计上占用 CPU 时间少，编程简单，显示便于调试和控制，但因其占用的口线多，硬件电路复杂，成本高，一般只适合于数码管显示位数较少的场合。

2) 动态显示

动态显示是单片机应用系统里常用的显示方式。它是指一位一位地轮流循环点亮每位数码管，这种逐位点亮数码管的方式称为位扫描。当循环扫描点亮的频率较高时，人眼的暂留特性使得其看不出数码管的闪烁，从而呈现出整屏显示的效果。

从数码管结构上讲，动态扫描显示的方式采用的是多联体数码，常见的是四联体数码管，如图 3-8(a)所示。四联体的数码管，每位数码管的笔段线都是并联接在一起的，由单片机的一个 8 位 I/O 口控制，用来发送笔段编码数据，它决定了数码管显示什么字符。同时，每位数码管的位选线由单片机的另外 I/O 口控制，单片机用来发送位选数据，它决定了哪位数码管被点亮。

在动态显示时，每位数码管分时轮流点亮，在 ms 级时间某一时刻里，位选数据只选通一位数码管，并送出相应的段码，使其显示字符。依此规律循环送显，可使各位数码管显示将要显示的字符，虽然这些字符是在不同的时刻分别显示，但由于人眼的暂留特性，给我们看来是同时显示的效果。

采用动态显示的方式比较节省 I/O 口，硬件电路也比静态显示更为简单，整体功耗较低，成本也相对较低，但其亮度不如静态显示。程序设计上，编程相对复杂，且需要不停地循环扫描，占用 CPU 的资源和时间较多。

3.3.3　驱动接口电路的设计

一般来说，由于单片机的端口驱动能力有限，在外接其他设备时，需要考虑到驱动接口电路的设计。数码管、LED、点阵等发光部件常需要用数据锁存器 74273、缓冲器 74245、反相器 7406、达林顿管 UL2003 等来做驱动，喇叭、蜂鸣器、继电器等常需要三极管作接口。以三极管驱动喇叭的接口电路，如图 3-11 所示。

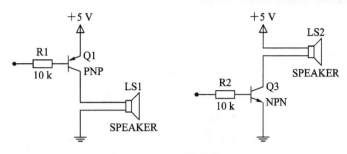

图 3-11　常见的三极管接口电路

在实际中，可以选用 NPN 型或 PNP 型的三极管作喇叭、蜂鸣器、继电器等中小功率部件的驱动接口。该类型接口电路的控制极为三极管的基极，单片机通过一个 10 kΩ 的电阻来控制三极管的导通，实现对负载的驱动、控制。

如图 3-11 所示，其电路工作原理为：当采用 PNP 型三极管电路时，即单片机控制口发送低电平后，三极管发射极正向偏置，Q1 导通，负载 LS1 工作，反之，高电平则不工作；当采用 NPN 型三极管电路时，单片机发送高电平，则 Q3 导通，负载 LS2 工作。

3.3.4　程序设计

1. 按键扫描程序设计

独立式按键的软件设计，主要采用查询式结构。先逐位查询每根 I/O 口线的输入状态，当检测到某一位 I/O 口的状态由初始的高电平变为低电平时，则认为该 I/O 口所对应的按键可能按下，延时去抖动后，再确认按键已按下，然后，等待按键释放后，再转向该键的功能处理程序。

参考程序如下：

```
WAIT:   JB      KEY,WAIT        ; 查询按键的状态
        ACALL   DELAY_10ms      ; 延时去抖动
        JB      KEY,WAIT        ; 确认按键的状态
WAIT1:  JNB     KEY,WAIT1       ; 等待按键释放
        SJMP    Function        ; 转向该键的功能处理程序
```

矩阵式键盘的软件设计在本章的抢答器项目案例中没有应用到，在后续电子琴项目中会具体讲述其应用程序设计。

2. 数码显示程序设计

前面我们已经重点讲述了数码管的两种显示方式，本章的抢答器项目主要用到的是静态数码显示。动态数码显示的应用将在后续项目中陆续讲到，这里先讲静态数码显示的程序设计思想。

静态数码显示程序设计的关键在于字符的编码数据部分，即编码数据的查询与送显。

数码显示程序设计的具体思路是：在程序存储器 ROM 中建立一个编码数据表，即存放要显示的字符编码，存放的顺序与查表指令的偏移量地址相对应。当要显示某字符时，直接通过查表指令获取该字符所对应的编码数据，然后送端口显示即可。

由于单片机的查表指令有两条："MOVC　A，@A+DPTR"和"MOVC　A，@A+PC"，

因此有以下两种程序实现的方法。

假设需要 P1 口所接的共阴数码管显示字符"0",则具体程序可参考如下。

(1) 设计方法一:

```
MOV      A, #0              ; 要显示的字符数据在表中的偏移量地址送 A
MOV      DPTR, #TAB         ; 数据指针指向编码数据表的首地址
MOVC     A, @A+DPTR         ; 查表取得编码数据, 存 A 中
MOV      P1, A              ; 数据送显
TAB:                        ; 共阴数码管的字符编码表
         DB  3FH, 06H, 5BH, 4FH, 66H  ; 0,1,2,3,4
         DB  6DH, 7DH, 07H, 7FH, 6FH  ; 5,6,7,8,9
```

(2) 设计方法二:

```
MOV      A, #0              ; 要显示的字符数据在表中的偏移量地址送 A
ADD      A, #03H            ; 对变址进行调整, 修正值为 MOVC 指令到 TAB 表的地址距离(字节)
MOVC     A, @A+PC           ; 查表获取数码管显示值
MOV      P1, A              ; 数据送显
TAB:                        ; 共阴数码管的字符编码表
         DB  3FH, 06H, 5BH, 4FH, 66H  ; 0,1,2,3,4
         DB  6DH, 7DH, 07H, 7FH, 6FH  ; 5,6,7,8,9
```

3.4 项目实施参考方案

根据抢答器的项目任务,需要基于 Proteus 仿真平台应用单片机技术实现多路抢答器。要求具有 8 路及以上的按键抢答功能,具有数码显示、声光提醒功能,设置主持人的控制键。

根据题目要求,我们在开始设计之前,需要做功能边界的确认。常用的方法是:做项目调研后的小组分析与讨论,甚至需要做一些前期的方案论证、分析与选型,这个过程很重要,但不是本书要阐述的内容。这里仅提供一种项目设计的参考方案。

参考方案要实现的基本功能与工作流程如下:

(1) 开机自动测试数码管和 LED 的显示是否正常。

(2) 禁止抢答时,数码管显示"0",指示灯全亮,抢答键无效。

(3) 主持人按下主持键允许抢答时,蜂鸣器会立刻发出提示,数码管初始显示"-",指示灯初始状态为灭。之后数码管闪烁显示"g""o",表示抢答键开始有效。

(4) 有键抢答后,蜂鸣器会立刻发声提示,数码管和指示灯显示抢答结果,并自动进入禁止抢答状态。

(5) 当有人提前抢答,数码管显示"E",表示 error,8 个指示灯会指示提前抢答的情况,哪一路灯亮表示哪些路出现提前抢答。

(6) 当发光二极管抢答开始有效后,一旦出现并列抢答的情况会数码显示"b",并由 LED 指示哪些路出现了并列第一。

(7) 若抢答超时,蜂鸣器长响,主持人按键后恢复(2)中的初始状态。

3.4.1 Proteus 平台硬件电路设计

如图 3-12 所示，在 Proteus 平台完成硬件电路的设计。其中，单片机可选用 AT89S51 或 AT89C51 替代 STC89C51，C2、C3 采用 10～30 pF 的瓷片电容(CAP)；X1 采用 1.2～12 MHz 的石英晶体(CRYSTAL)；C1 采用 10 V/10 μF 电解电容(GENELECT10u)；R2 采用 1/4 W 10 kΩ，R1 采用 1/8 W 或 1/4 W 的 10 kΩ 的电阻(RES)，R4 用 1/8 W 或 1/4 W 的 10 Ω 的电阻，在实际做实物时可根据数码管的亮度作相应的调整。发光二极管的 8 个限流电阻都是同型号的 100 Ω 电阻，在实际实物中可采用 1 kΩ 的电阻；D1～D8 采用普通的发光二极管(LED)，颜色随意。Q1 采用 9012 或 8550 等 PNP 型三极管；蜂鸣器采用 5 V 的直流蜂鸣器(BUZZER)；按键可用普通的轻触开关(BUTTON)；数码管采用单只共阴的红色七笔段数码管(7SEG-COM-CATHODE)；排阻采用 1 kΩ 的 8R9P(RESPACK-8)；VCC 采用 +5 V 的直流稳压电源。P1 口接 8 路抢答按键，P2 口接抢答结果指示灯，并通过 P0 口的数码管直观显示。P3.0 接主持人键，P3.7 接提醒用的蜂鸣器。

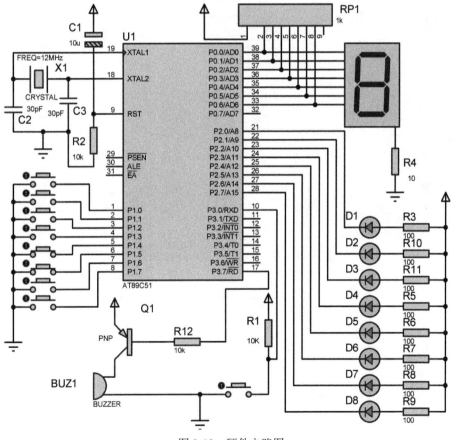

图 3-12　硬件电路图

3.4.2　Keil C 软件程序设计

在前面两个项目中，我们已经重点讲述了程序设计的方法和流程，其最终的关键是画出程序设计流程图。从本章开始，我们不再累述程序设计的方法，而是直接给出参考方案的程序设计流程图和源程序。

1. 程序设计流程图

根据以上硬件电路的仿真设计，抢答器项目的程序设计流程图如图 3-13 所示。

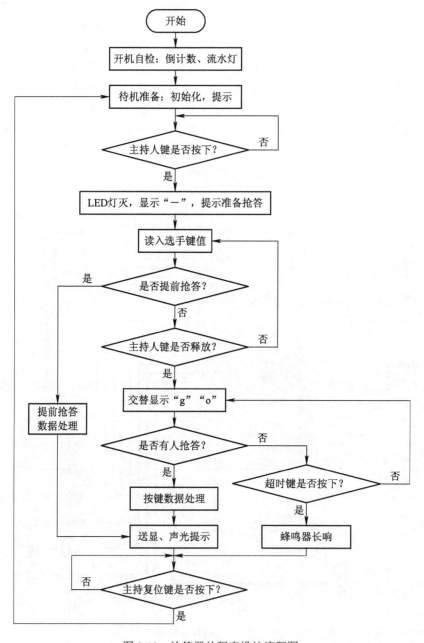

图 3-13　抢答器的程序设计流程图

整个过程由开机自检、待机提示准备抢答、主持人按键允许抢答、提前抢答处理、正常抢答锁定等部分构成。

2. 源程序代码

本项目的源程序代码如下：

```
            FLAG      bit 30H          ；定义标志位
            SPK       BIT P3.7         ；定义喇叭端口
            MKEY      BIT P3.0         ；定义主持人按键
            ORG       0000H
            LJMP      START
            ORG       0030H
START:                                 ；主程序开始初始化
            CLR       FLAG             ；标志位清0
            MOV       P0,#00H
            MOV       SP,#60H
            MOV       DPTR,#TABLE
            MOV       R4,#8
            MOV       R2,#7FH
TEST:                                  ；开机测试，自检：倒计数、流水灯
            MOV       A,R4
            MOVC      A,@A+DPTR
            MOV       P0,A
            MOV       A,R2
            MOV       P2,A
            RR        A
            MOV       R2,A
            MOV       R5,#100          ；延时1 s
            ACALL     DELAY
            DJNZ      R4,TEST
CHUSHI:                                ；待机准备，初始化抢答
            MOV       P0,#3FH          ；数码管显示0
            MOV       P2,#00H          ；发光二极管全亮
            MOV       P1,#0FFH         ；按键初始化，欲读先置1
STOP:       ACALL     DL1              ；调用提示音程序，蜂鸣器发出"滴""嘟"，提示测试完毕
STOP1:      JB        MKEY,STOP1       ；检测主持人键是否按下
            ACALL     DELAY10MS        ；去抖动
            JB        MKEY,STOP1       ；确认按下。主持人按下键后的初始状态
            MOV       P0,#40H          ；数码管显示"-"
            MOV       P2,#0FFH         ；LED灯全灭
            ACALL     DL1              ；调用"滴""嘟"提示音程序
WT:         MOV       A,P1             ；读取选手按键
            CJNE      A,#0FFH,FORWARD  ；是否有提前抢答，若有，跳转FORWARD处理
```

```
            JNB       MKEY,WT              ; 若无，则检测主持人键是否释放
            MOV       R3,#0                ; 释放后开始抢答
START0:                                    ;
            MOV       R4,#0
GO:         JB        FLAG,GONEXT          ; FLAG=1，跳转 GONEXT
            MOV       A,#10H               ; FLAG=0，送 "g" 地址偏移量为 16
            SJMP      GONEXT1
GONEXT: MOV A,#11H                         ; 送 "o" 地址偏移量为 17
GONEXT1:MOVC A,@A+DPTR
            MOV       P0,A                 ; 送显 "g" 或 "o"
            MOV       A,P1                 ; 读取选手按键
            CJNE      A,#0FFH,NEXT         ; 不等于 0FFH，有抢答，就跳 NEXT
            SJMP      NONE                 ; 等于 0FFH，无抢答
NEXT:
            ACALL     DELAY10MS            ; 去抖动
            MOV       A,P1                 ; 再读键，确认抢答
            CJNE      A,#0FFH,NEXT1        ; 有抢答，则就跳 NEXT1，识别键值
NONE:                                      ; 无抢答处理
            JB        MKEY,NONE1           ; 检测主持人键是否按下，没有则 NONE1
            CLR       SPK                  ; 按下表示抢答超时，蜂鸣器长响
            SJMP      RESET                ; 跳到复位
NONE1:
            DJNZ      R4,GO                ; GO 内循环执行 256*256 次
            DJNZ      R3,START0            ; 允许抢答的 START0 外循环执行 256 次
            CPL       FLAG                 ; 标志位取反。为交替显示 "g" "o" 准备
            SJMP      START0
FORWARD:                                   ; 提前抢答处理
            MOV       B,A                  ; 暂存 B 中
            MOV       A,#12                ; 送 "E" 地址偏移量为 12。"E" 表示 "Error"
DISP:                                      ; 显示处理
            MOVC      A,@A+DPTR            ; A 值查表
            MOV       P0,A                 ; 送显
            MOV       P2,B                 ; 提前抢答选手的 LED 发光二极管亮
            ACALL     DL2                  ; 调用 "滴" "嘟" 短音响两次
RESET:                                     ; 复位处理
            JB        MKEY,RESET           ; 检测主持人按键
            ACALL     DELAY10MS
            JB        MKEY,RESET           ; 确认按键，并提示音 "滴" "嘟"
            ACALL     DL
            JNB       MKEY,$               ; 等待按键释放
```

	LJMP	CHUSHI	;跳到待机准备
NEXT1:			;有抢答，键盘逐位扫描处理
	CJNE	A,#0FEH,NEXT2	;是否为1号选手按键，否则 NEXT2
	MOV	B,A	
	MOV	A,#1	
	SJMP	DISP	;送显处理
NEXT2:			
	CJNE	A,#0FDH,NEXT3	;是否为2号选手按键，否则 NEXT3
	MOV	B,A	
	MOV	A,#2	
	SJMP	DISP	;送显处理
NEXT3:			
	CJNE	A,#0FBH,NEXT4	;是否为3号选手按键，否则 NEXT4
	MOV	B,A	
	MOV	A,#3	
	SJMP	DISP	;送显处理
NEXT4:			
	CJNE	A,#0F7H,NEXT	;是否为4号选手按键，否则 NEXT5
	MOV	B,A	
	MOV	A,#4	
	SJMP	DISP	;送显处理
NEXT5:			
	CJNE	A,#0EFH,NEXT6	;是否为5号选手按键，否则 NEXT6
	MOV	B,A	
	MOV	A,#5	
	SJMP	DISP	;送显处理
NEXT6:			
	CJNE	A,#0DFH,NEXT7	;是否为6号选手按键，否则 NEXT7
	MOV	B,A	
	MOV	A,#6	
	SJMP	DISP	;送显处理
NEXT7:			
	CJNE	A,#0BFH,NEXT8	;是否为7号选手按键，否则 NEXT8
	MOV	B,A	
	MOV	A,#7	
	SJMP	DISP	;送显处理
NEXT8:			
	CJNE	A,#07FH,NEXT9	;是否为8号选手按键，否则 NEXT9
	MOV	B,A	
	MOV	A,#8	

```
              SJMP      DISP              ; 送显处理
   NEXT9:                                 ; 并列抢答处理
              MOV       B,A
              MOV       A,#11             ; 字符"b"的地址偏移量 11
              SJMP      DISP              ; 送显处理
   DL1:       MOV       R1,#6             ; 提示音程序,蜂鸣器发出"滴""嘟"短音
   DL:        MOV       R5,#30            ; "滴"音
              ACALL     DELAY
              CPL       SPK
              DJNZ      R1,DL
   DLL:       MOV       R1,#8             ; "嘟"音
   DLLL:      MOV       R5,#10
              ACALL     DELAY
              CPL       SPK
              DJNZ      R1,DLLL
              RET                         ; 返回主程序
   DL2:       MOV       R0,#2             ; "滴""嘟"短音响两次
   DL11:      ACALL     DL1
              DJNZ      R0,DL11
              RET
   DELAY:                                 ; 延时程序
              ACALL     DELAY10MS
              DJNZ      R5,DELAY
              RET
   DELAY10MS:                             ; 延时 10 ms
              MOV       R6,#20
   D1:        MOV       R7,#248
              DJNZ      R7,$
              DJNZ      R6,D1
              RET
   TABLE:
              DB        3FH,06H,5BH,4FH,66H,6DH,7DH,07H      ;0,1,2,3,4,5,6,7
              DB        7FH,6FH,40H,7CH,79H,39H,00H,0FFH     ;8,9,-,b,E,C,全灭, 全亮
              DB        6FH,5CH                              ;g,o
              END
```

3.4.3　Proteus 平台仿真效果

(1) 开机自检,数码管和 LED 测试。开机后,8 个 LED 灯开始做流水灯测试,同时数码管从"8"开始自减到"1"测试,跑动的时间间隔为 1 s,效果如图 3-14 所示。

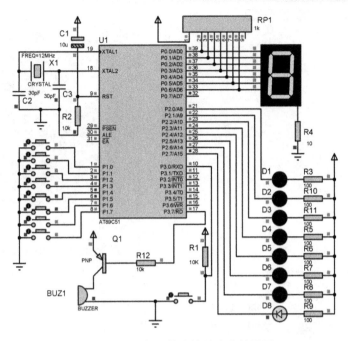

图 3-14 开机硬件自检的仿真效果图

(2) 自检完成后，待机准备时的效果如图 3-15 所示。数码管显示"0"，LED 指示灯全亮，此时，主持人还没按键，P1 口抢答键无效。同时，蜂鸣器发出提示音"滴""嘟"提醒主持人测试完毕，待机准备就位。图 3-16 所示为虚拟示波器监测到的蜂鸣器"滴""嘟"提示音的驱动信号。

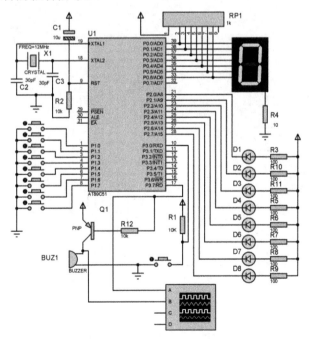

图 3-15 待机准备时的效果图

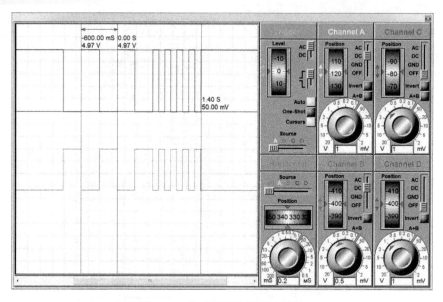

图 3-16 蜂鸣器发声的驱动信号

（3）当按下主持人键后，系统不会立刻允许抢答，LED 灯全灭，数码管显示"-"，如图 3-17 所示。

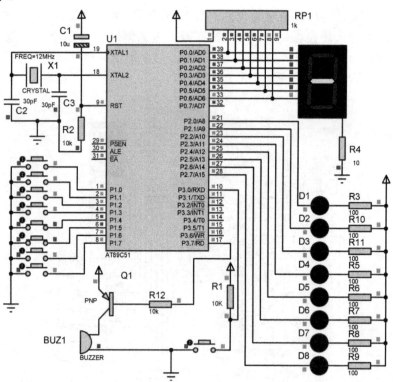

图 3-17 主持人按下键后的初始状态

（4）只有当主持人按键释放后才允许抢答，蜂鸣器发出"滴""嘟"短音提示，数码管交替闪烁"g""o"表示可以抢答，效果如图 3-18 所示。

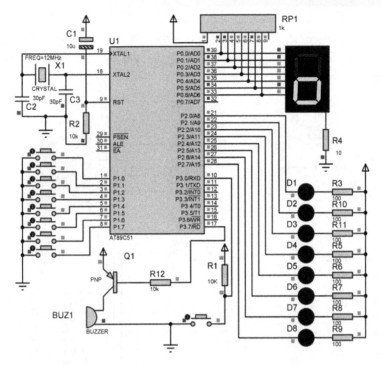

图 3-18　主持人按键释放后允许抢答数码管闪烁提示"g""o"

(5) 当六号选手抢答成功后,数码管显示"6",同时其对应的 LED 灯亮,蜂鸣器发出提示声,如图 3-19 所示。此时禁止抢答,只有等主持人按键才能恢复(2)中的待机准备状态。

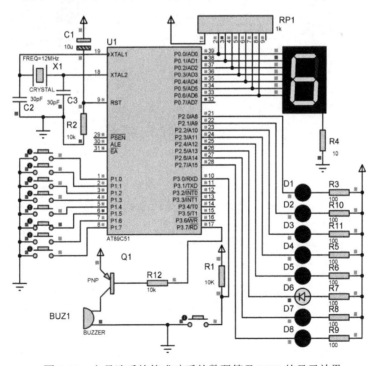

图 3-19　六号选手抢答成功后的数码管及 LED 的显示效果

(6) 图 3-20 所示为五号、六号选手提前抢答后的仿真效果，数码管显示"E"表示"Error"，LED 灯指示的是提前抢答操作的路数。并列第一的情况只是数码管显示为"b"，其他的一样。由于单片机扫描按键速度快，分辨率高，因此仿真和现实都很难出现并列第一的情况。

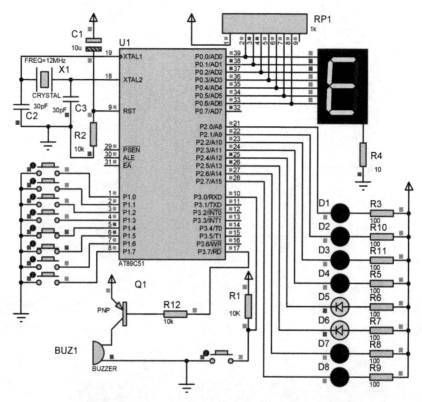

图 3-20　五、六号选手提前抢答后的仿真效果

3.5　项目回顾与总结

按键本质是一个开关元件，动作可分为按下、闭合、释放三个状态，按下和释放是电平的跳变，单片机可以细分这些状态。按键按其识别原理可分为独立式按键和矩阵式按键。独立式按键，常用查询的方式编程，结构简单，配置灵活，又称查询式按键，但其占用的 I/O 口线多，不适合按键较多的系统。矩阵式键盘占用的 I/O 口线少，是利用逐行扫描的方式识别按键，具有效率高，可扩展性强，软件较为复杂的特点。

接触式开关按键，因其机械触点的弹性作用，存在机械抖动的毛刺干扰。在单片机系统中，常利用 10 ms 左右的延时子程序软件消抖。

数码管是一种常用的显示器件，分为共阴、共阳两种。其内部结构是由 8 个发光二极管形成的笔段构成，其工作原理是单片机向数码管的笔段端发送字符编码数据，点亮相应的笔段，组合显示出各种数字或字符。因此，数码管的字符编码数据是数码显示的关键。显示的方式分为静态数码显示和动态数码显示。

之后，以抢答器的项目设计为例，展示了独立式按键检测、静态数码显示和驱动接口电路等在项目中的实际应用，并基于 Proteus 仿真平台实现了软硬件设计的仿真与功能测试。

值得一提的是，在学习中，大家要把主要精力放在项目的仿真实践上，通过实践积累编程经验。在方法上要自己先自主设计，再参考书中案例。通过自己画流程图，锻炼程序设计的思维能力，算法设计的逻辑思考能力，代码的编写能力。实践出真知！唯有在做中学、学中做，边做边学，只有一个一个项目地做出来，才能真正学会单片机。

总结要点如下：

(1) 独立式按键的检测一般需要用查询的方式编程，比较占用 CPU 的资源。

(2) 矩阵式键盘的检测原理简要概括为：扫行线，读列线。

(3) 接触式开关按键常需要软件消抖，即采用 10 ms 左右的延时子程序。

(4) 静态数码管显示的关键在于查询字符编码数据。

(5) 查表指令有两条："MOVC A, @A+DPTR""MOVC A, @A+PC"，多用前者。

(6) 按键、数码管、喇叭、蜂鸣器、继电器等元件常需要用数据缓冲器 74245、数据锁存器 74273、反相器 7406、达林顿管 UL2803 和晶体管等来做驱动接口。

3.6　项目拓展与思考

3.6.1　课后作业、任务

任务 1：基于 Proteus 平台，自己编写程序，设计硬件电路，仿真实现单只数码管做出流水灯的效果。例如，电饭煲数码管的 a、b、c、d、e、f 笔段呈现流水式跑动，提示"煮饭中"。

任务 2：基于 Proteus 平台，自己编写程序，利用数码管静态数码显示自己的学号。

任务 3：基于 Proteus 平台，自己编程完成简化版的八路抢答器设计：能够 8 路抢答、显示，并做出效果图。

3.6.2　项目拓展

拓展一：自己动手查找资料，基于 Proteus 平台，用 C 语言编写程序实现十路抢答器。

拓展二：基于 Proteus 平台，实现具有数码 0～9 的随机抽号功能。

拓展三：基于 Proteus 平台，实现 99 计数器，当按下键时，数码管计数值自动加 1。

项目四   交 通 灯

4.1 学 习 目 标

掌握单片机的外部中断技术，理解单片机中断的特点，熟悉中断服务子程序的关键，重点学习外部中断的特点及应用编程方法。

4.2 项 目 任 务

基于 Proteus 仿真平台，利用 89C51 单片机设计实现一个交通信号灯的模拟控制系统，最终完成实物的设计与制作，实物作品能够独立地正常演示功能。

项目任务的具体要求如下：

(1) 在正常情况下 A、B 道(A、B 道交叉组成十字路口，A 是主道，B 是支道)轮流放行，A 道放行 1 分钟(其中 5 s 用于警告)，B 道放行 30 s(其中 5 s 用于警告)。

(2) 当一道有车而另一道无车(用按键开关 K1、K2 模拟)时，使有车车道放行。

(3) 当有紧急车辆通过(用按键开关 K0 模拟)时，A、B 道均为红灯。

4.3 相关理论知识

中断技术是现代微机系统中一种非常重要的技术，使得 CPU 能够对外部突发事件进行及时处理，体现出微机系统强大的智能性。

那么，什么叫中断？为什么要引入中断系统？单片机的中断系统怎么用？

这就需要从中断的概念、特点，中断系统的结构、工作过程，单片机中断程序的设计等几个方面说起。

4.3.1 中断的概念与特点

中断是指CPU在执行任务过程中被突发事件打断，使得CPU暂时中断当前的任务，转而去处理突发事件，处理完后又返回原程序继续执行的过程。其中，单片机内实现该功能的部件称为中断系统，突发事件称为中断源，向 CPU 发起中断处理的请求称为中断请求(中断申请)，程序中断的位置(地址)称为断点，突发事件的处理过程称为中断服务(中断处理)，从中断服务返回断点的过程称为中断返回。

为了帮助大家快速理解中断的概念，把握中断的特点，这里可以类比一个电话模型。我们把今天上午正在办公室看财务报告的总经理比作 CPU，看财务报告是它的主要任务(主程序)。假定总经理的手机是设置开机的(开了中断允许)正常状态，手机是双卡双待机(2 个中断源)，手机有电(总控制 EA)。总经理在看报告的过程中，电话铃响(中断请求)，秘书突然打电话过来说集团总部要开紧急会议(突发事件)，请他马上参会，并准备发言。总经理放下报告，并随手拿起便签(堆栈 SP)将报告的页码位置(断点)在上面做好标记，提示自己回来继续看。在去总部会议室的路上，总经理的手机依然开机，他突然又接到了一个电话(二级中断)，市长秘书打来，要求他十分钟后参加市里的紧急视频短会(高级突发事件)。这样的话，总经理行程再次被突发情况打断，得先去参加市里的紧急会议，开完后再继续去总部开会，做汇报发言，最后再回到办公室继续看财务报告。

根据上面的流程，我们可以画一个"电话模型"中断的示意图，如图 4-1 所示。

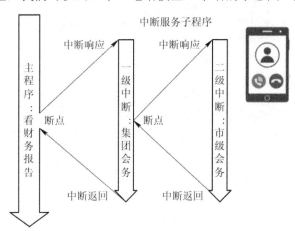

图 4-1 "电话模型"中断的示意图

由上图可知，整个"电话模型"体现出中断的很多特点。

(1) 中断具有突发性。电话什么时候来，提前不清楚，也许一上午、一整天都不会有这样的电话，但也许就在下一秒。

(2) 中断可以嵌套。只要手机有电并且一直开机、待机，任务中也可以多个电话打过来，因此任务可以进行多次中断嵌套。但要想会议中不再打扰(防止中断重入)，可以设置关机或会议模式(暂时不允许中断，设置中断使能控制位)。

(3) 中断具有优先级。多个中断请求的电话进来，需要根据优先级进行响应与处理(优先级 IP 的设置)。

(4) 中断需要设置触发方式。手机铃声是中断请求的载体，什么样的铃声才是有效的中断请求信号也是关键。所以，中断需要设置有效的触发信号。

(5) 中断服务的入口固定。电话号码是中断的来源(中断源)，也是引导中断服务的固定入口。单片机的每个中断源都有固定的中断服务入口地址。

(6) 中断要保护现场和恢复现场。为了会后能继续完成看财务报告的主任务，总经理用便签标记页码和断点的过程，就是为了中断后保护现场和恢复现场。单片机系统为了使主程序不出错，也类似采用了堆栈来实现对断点的保护和恢复，在实际应用中还需要对一些程序运算的中间量、状态量进行保护和恢复。

当我们了解了"电话模型"，体会了中断的特点，后面再理解中断系统的结构，中断的处理过程和寄存器的应用配置就比较容易了。

4.3.2 MCS-51 中断系统

单片机的中断系统是在硬件的基础上配合相应的软件实现的，不同型号的单片机其硬件结构和软件指令也是略有不同的，但工作原理上是相通的。

1. 中断的结构与功能

MCS-51 中断系统的结构框图如图 4-2 所示。

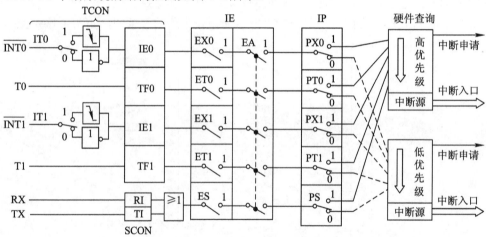

图 4-2 MCS-51 中断系统的结构框图

由图 4-2 可知，89C51 单片机共有 5 个中断源：INT0、INT1、T0、T1 和串口 S，与中断控制相关的寄存器有 4 个：TCON、SCON、IE 和 IP。利用中断控制寄存器我们可以配置中断的使能、触发方式、工作方式和优先级等。其中，中断的触发和硬件的标志由硬件自动完成，每个中断源可配置成两级中断：高优先级和低优先级。

利用这样的结构，单片机可以采用中断技术实现以下功能：

1) 分时操作

当设备对象向 CPU 发出中断请求时，CPU 才去一一处理，从而可以同时为很多设备对象服务。分时处理多个任务，也可以解决 CPU 与外设速度不匹配的问题，使得 CPU 和外设同时工作，从而大大提高了系统的工作效率。

2) 实时处理

在实时系统中，现场环境的各种物理量、参数都是随时间动态变化的，单片机系统利用传感器采集到这些信息后，需要实时进行处理和控制。利用中断技术，各种传感设备和下位机就可以随时根据需要向 CPU 发出中断请求，CPU 及时发现和处理中断并为之服务，从而满足快速响应、实时采集、实时处理和实时控制的要求。

3) 故障处理

单片机中断系统可以针对在复杂环境下出现的难以预料的情况或故障进行处理。例如，电磁干扰、突然断电、存储出错、运算溢出、程序跑飞等，系统可及时发出请求中断，由 CPU 快速作出相应的故障处理，可以提高系统自身的可靠性、安全性。

2．中断源

向 CPU 发出中断请求的信号称为中断源。一般，微机的中断源类型有如下几种：

1) I/O 外设

AD/DA 转换器、LCD 液晶屏、摄像头、键盘、打印机等低速外设在完成自身的工作后向 CPU 发出中断请求。

2) 实时时钟及计数源

在需要实时定时控制和计数领域，CPU 如果通过执行指令延时来实现定时，通过不停地查询来实现计数，就不能进行其他的任何操作，导致效率低下。若采用中断方式进行定时和计数，定时时间到、计数脉冲到或计数完成才向 CPU 发送中断请求进行处理，可以极大提高 CPU 的工作效率。

3) 故障源

当出现外设采样故障、运算结果溢出、设备系统掉电、程序死机等故障时，可通过外设报警、掉电(电压不足)、看门口定时器等信号向 CPU 发出中断请求。

4) 为调试程序而设置的中断源

在调试程序时，为检查中间结果，寻找问题所在，往往利用中断在程序中设置断点或单步运行程序(一次执行一条指令)。

89C51 单片机的中断源，有 2 个外部中断源 INT0 和 INT1，2 个定时器/计数器中断源 T0、T1 和一个串口中断源 S(Serial Interface)，它们的功能基本上都是 P3 口的第二功能，简述如下：

(1) INT0：外部中断 0 请求，由 P3.2 脚输入。

(2) INT1：外部中断 1 请求，由 P3.3 脚输入。

(3) T0：定时器 T0 溢出中断请求。

(4) T1：定时器 T1 溢出中断请求。

(5) UASRT：串行中断请求。当串口接收或发送完一帧数据时，发出中断请求。

3．中断控制寄存器

为了讲述单片机系统中断控制寄存器的应用设置方法，我们这里提出一个简单的小任务(后面简称为"小任务")：要求采用单片机的外部中断 INT0 实现对 P1 口发光二极管的状态取反，每按一次键，LED 取反一次。

带着这样的小任务，我们一起来看中断控制寄存器的配置：

1) 中断允许控制寄存器(Interrupt Enable，IE)

中断允许控制寄存器 IE，字节地址为 A8H，可进行位寻址，其作用是实现对中断的使能和关闭。IE 各位的名称及作用如表 4-1 所示。

表 4-1　中断允许控制寄存器 IE 的位功能设置

IE:	D7	D6	D5	D4	D3	D2	D1	D0
位名称	EA	—	—	ES	ET1	EX1	ET0	EX0
位含义	总允许控制位			串行 S 控制位	T1 控制位	INT1 控制位	T0 控制位	INT0 控制位

控制位为"1"允许中断，为"0"禁止中断。

在表 4-1 中，从最低位 D0 开始，从右往左，先 0 后 1，先外部中断再内部定时器，其顺序分别为 INT0、T0、INT1、T1、串口 S。位名称去掉字母 E(Enable)后为 X0、T0、X1、T1、S，X 是外部的英文"External"缩写，X0 表示的就是外部中断 0，T 是定时器"timer"缩写，S 是串口"Serial"缩写，这样就很好记忆。

最高位 EA 为总允许位，是"Enable Allow"的缩写。当 EA 为 0 时，CPU 将屏蔽所有的中断请求；当 EA 为 1 时，虽然 CPU 已经允许中断，但还需要设置相应中断源的控制位，才可允许哪个中断源中断。

当单片机复位后，IE＝00H，即禁止所有中断。

例如，小任务要求采用 INT0 中断，即 EX0＝1，EA＝1。也可以直接按字节赋值 IE＝81H。

2) 中断优先级控制寄存器(Interrupt Priority，IP)

IP 的字节地址为 B8H，可进行位寻址，其作用是设定每个中断源的中断优先级。IP 的位定义如表 4-2 所示。

表 4-2　中断优先级控制寄存器 IP 的位定义

IP:	D7	D6	D5	D4	D3	D2	D1	D0
位名称	—	—	—	PS	PT1	PX1	PT0	PX0
位含义				串行 S 设定位	T1 设定位	X1 设定位	T0 设定位	X0 设定位

控制位：为"0"表示低级中断，为"1"表示高级中断。若设置为同级，则按自然优先级顺序。

同理，在表 4-2 中，从最低位 D0 开始，从右往左看，其顺序分别为 INT0、T0、INT1、T1、串口 S。位名称去掉字母 P(Priority，优先级)后为 X0、T0、X1、T1、S。显然这个顺序跟上面论述的 IE 顺序是一致，也是中断自然优先级的顺序，也是它们的中断入口地址、中断号的顺序，清楚这个规律就很容易记。

例如："小任务"中采用 INT0 中断，若想设置它的优先级最高，则 PX0＝1，即 IP＝01H。这也意味着其他位都同为"0"，同级按自然优先级，即 5 个中断源由高到低的优先级顺序为 INT0、T0、INT1、T1、串口 S。

3) 中断请求标志及触发设置控制寄存器(Timer/Interrupt Control，TCON)

TCON 的字节地址为 88H，可进行位寻址，其作用是配置外部中断的触发方式、定时器的启动或停止，另外还有它们的中断标志位。TCON 各位的名称及作用如表 4-3 所示。

表 4-3　TCON 各位的名称及作用

TCON:	D7	D6	D5	D4	D3	D2	D1	D0
位名称	TF1	TR1	TF0	TR0	IE1	IT1	IE0	IT0
位含义	T1 中断标志	T1 启动/停止	T0 中断标志	T0 启动/停止	X1 中断标志	X1 触发方式	X0 中断标志	X0 触发方式

在表 4-3 中，高四位用来设置定时器 T0、T1，低四位用来配置中断 INT0、INT1 的触发方式。由 D0 到 D7，可以两两一组，每一组左边 1 位为对应的中断请求标志位(TF1、TF0、IE1、IE0 分别为 T1、T0、INT1、INT0 的中断请求标志位)，它们由硬件自动置 1 和清零，一般不用管就可以了。

TR0(Timer Run)为定时器 T0 的启动/停止位：当 TR0 = 1 时启动，当 TR0 = 0 时停止，TR1 同理。

IT0 为外部中断 INT0 的中断触发方式控制位：IT0 = 0 低电平触发，IT0 = 1 下降沿触发，IT1 同理。

例如："小任务"中外部中断 INT0 配置为下降沿触发，则 IT0 = 1，即 TCON = 01H。

4) 串行口控制寄存器(Serial Control，SCON)

SCON 字节地址为 98H，可进行位寻址，其作用为串行口通信和中断控制，SCON 各位的名称及作用如表 4-4 所示。

表 4-4　SCON 各位的名称及作用

SCON:	D7	D6	D5	D4	D3	D2	D1	D0
位名称	SM0	SM1	SM2	REN	TB8	TB8	TI	RI
位含义	SM0 和 SM1 决定 4 种串行方式选择		多机通信控制位	允许串行接收位	发送数据第 9 位	接收数据第 9 位	发送中断标志位	接收中断标志位

在表 4-4 中，低 2 位 RI 和 TI 分别是串行口接收中断标志位和发送中断标志位。高 6 位主要用于串行通信模式的配置，后面串行通信项目再详细讲述。

RI：串行口接收中断标志位。当串行口接收到一帧数据时，RI 置 1，CPU 响应中断后，硬件不能自动清除 RI，需要由软件清零。

TI：串行口发送中断标志位。当串行口发送一帧数据时，T1 置 1，CPU 响应中断后，硬件不能自动清除 TI，同样需要由软件清零。

为了方便应用，我们对 89C51 单片机的中断系统的配置信息进行了梳理，如表 4-5 所示。

表 4-5　中断系统配置信息

中断要求			中断响应		中断入口	
中断源	触发条件 TCON	中断标志 TCON/SCON	中断允许 IE	优先级 IP	入口地址 (A51)	中断号 (C51)
外部中断 INT0(P3.2)	IT0 = 0 低电平触发 IT0 = 1 下降沿触发	IE0	EX0	PX0	0003H	0
定时器/计数器 T0 中断(P3.4)	T0 计数溢出	TF0	ET0	PT0	000BH	1
外部中断 INT1(P3.3)	IT1 = 0 低电平触发 IT1 = 1 下降沿触发	IE1	EX1	PX1	0013H	2
定时器/计数器 T1 中断(P3.5)	T1 计数溢出	TF1	ET1	PT1	001BH	3
串行口中断 (P3.0/P3.1)	发送完一帧数据	TI	ES	PS	0023H	4
	接收完一帧数据	RI				

注意：当有中断源发出中断请求时，由硬件自动将相应的中断标志位置 1。在中断请求被响应前，相应的中断标志位被锁存在特殊功能寄存器 TCON 或 SCON 中，同时向 CPU 发出中断请求，此标志一直保持到 CPU 响应中断后才由硬件自动清零，但是串口中断是由软件清 0 的。

4.3.3　中断处理过程

单片机工作时，每个机器周期都去查询中断标志位，如果某一标志位被硬件置"1"，就说明产生中断请求；然后 CPU 需要判断中断请求是否满足响应条件。若满足响应条件，CPU 将执行中断服务，执行完后中断返回。若不满足响应条件，CPU 将不响应中断，并继续执行主程序。中断处理整个过程可以分为中断响应、中断服务和中断返回三个阶段。

1. 中断响应

1) 中断响应的条件

CPU 响应中断的基本条件如下：

(1) 有效的中断请求信号，触发中断。

(2) 中断总允许位 EA = 1。

(3) 中断源对应的中断允许位使能。

满足以上响应条件之外，还有以下三种受阻情况不能立刻响应中断：

(1) 当前有同级或更高优先级的中断正在响应执行，需要等中断执行完。

(2) 当前指令未执行完，要等整条指令执行结束，才能响应中断。

(3) CPU 正在执行中断返回指令(RETI)或访问中断寄存器 IP、IE 的指令，那么 CPU 将至少再执行一条指令才能响应中断。

若存在上述任何一种情况，中断查询结果即被取消，CPU 不响应中断请求，而是在下一机器周期继续查询中断标志。

2) 中断响应的时间

中断响应是需要时间的，一般是指从中断请求标志位硬件自动置为"1"到 CPU 开始执行中断服务的第一条指令所持续的时间。中断响应时间形成的过程较为复杂，对于不同的中断请求，其响应时间也是不同的。

以外部中断 INT0 为例，CPU 在每个机器周期的 S5P2 期间采样外部中断 INT0 输入引脚的电平，并由硬件锁存到 TCON 中的标志位 IE0(置"1")。然后在下一个机器周期再对这些值进行查询，意味着中断请求信号低电平至少应维持 1 个机器周期(若是下降沿触发，则高低电平各需要维持 1 个机器周期)。查询结果若满足中断响应条件，CPU 响应中断，则执行一条长调用指令"LCALL"(占用 2 个机器周期)，使 PC 加载中断入口地址，程序转入中断入口。可见，INT0 外部中断响应时间至少需要 3 个机器周期。如果中断请求遇到受阻情况，还需要附加更多的等待时间。若系统中只有一个中断源，则中断响应时间为 3~8 个机器周期。

3) 中断响应的过程

中断响应过程一般由硬件自动完成，包括对断点的保护、PC 加载中断服务的入口地址。中断系统首先自动执行一条长调用指令(LCALL)，该指令把断点地址压入堆栈进行保护，但不保护程序状态寄存器 PSW、累加器 A 和其它寄存器的内容。然后，硬件自动将对应的中断入口地址装入程序计数器 PC，使程序转向该中断入口地址，执行中断服务程序。

2. 中断服务

中断服务就是执行中断服务子程序的过程，从执行入口地址的第一条指令到返回指令"RETI"为止。

由于中断入口地址之间只相隔 8 个字节的存储空间，一般很难放得下完整的中断服务子程序，通常，在入口地址处存放一条绝对转移指令，跳转到中断服务子程序的起始位置，引导中断服务子程序的执行。

中断服务的关键如下：

(1) 保护现场。进入中断服务程序后，为了不使现场数据遭到破坏或造成混乱，一般要先保护现场。可以利用堆栈对累加器 A、状态寄存器 PSW 及其他一些寄存器进行压栈保护(PUSH)，防止中断服务中用到这些寄存器导致主程序混乱。

(2) 必须在中断服务程序中设定是否允许中断重入，设置 EX0 位。一般规定此时 CPU 不再响应新的中断请求。可先用软件关闭 CPU 中断或禁止相应高优先级的中断，在中断返回前再开放中断。

(3) 恢复现场。用 POP 出栈指令恢复现场。在恢复现场前也应先关中断，恢复之后再开中断。

例如："小任务"采用 INT0 中断，中断入口地址为 0003H，中断服务程序名为 INT_INT0，因此，其指令形式为

ORG	0003H	; INT0 中断入口
AJMP	INT_INT0	; 转向中断服务程序 INT_INT0
ORG	0030H	
INT_INT0:		
PUSH	PSW	; 保护现场，程序状态字进栈
PUSH	ACC	; 保护现场，累加器进栈
...		; 具体中断服务内容
POP	ACC	; 恢复现场
POP	PSW	; 恢复现场
RETI		; 中断返回

3. 中断返回

中断返回是指在中断服务完后，CPU 返回原来断点位置，继续执行原来的程序。中断返回由中断返回指令 RETI 来实现。该指令的功能是把断点地址从堆栈中弹出，送回到程序计数器 PC，还通知中断系统已完成中断处理，并同时清除优先级状态触发器。因此，必须用"RETI"指令实现中断的返回。

另外，在中断返回前，应撤除该中断请求，否则，会重复引起中断而导致错误。定时器 T0、T1 的溢出中断和外部中断 INT0、INT1 的下降沿中断，CPU 响应中断后由硬件自动清除其中断标志位，无须采取其它措施。但是串行口中断，在 CPU 响应中断后，硬件不能自动清除中断请求标志位 TI、RI，必须在中断服务程序中用软件将其清除。而低电平触发的外部中断，CPU 在响应中断后，硬件不会自动清除中断请求标志位，也不能用软件将其清除。因此在 CPU 响应中断后，应立即撤除 INT0、INT1 引脚上的低电平。否则，容易引起重复中断。

中断处理过程的整个流程如图 4-3 所示。

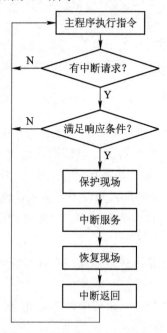

图 4-3　中断处理过程流程图

4.3.4　程序设计

中断程序设计的要点在于中断的初始化和中断服务子程序的设计。

(1) 中断初始化，主要是完成开中断(IE)、设置中断的触发方式(TCON)、设置中断优先级(IP)，以及定时器的启动等。

(2) 中断服务子程序，主要是实现对中断的处理，还包括保护现场、恢复现场和中断返回等。

中断服务子程序的调用过程有点类似于主程序调用子程序，只是中断的调用事先无法预知，调用的过程是由硬件自动完成的，而一般的子程序的调用是预先安排好的执行。

1. 汇编语言中断程序设计

这里以完成前面提出的"小任务"的程序设计为例，来完整展示中断的汇编语言程序设计的要点，结合前面 4.3.3 中的"小任务"案例分析，我们不难写出以下程序：

```
        ORG     0000H
        LJMP    START           ; 跳至主程序
        ORG     0003H           ; INT0 中断入口
        AJMP    INT_INT0        ; 转向中断服务程序 INT_INT0
        ORG     0030H           ; 程序存放的起始位置
INT_INT0:
        PUSH    PSW             ; 保护现场，程序状态字进栈
        CPL     A               ; 具体中断服务内容：取反 A
        MOV     P1,A            ; 送显，取反 LED
        POP     SW              ; 恢复现场
        RETI                    ; 中断返回
START:
        MOV     P1, #00H        ; 初始化 LED
        CLR     A               ; 初始化 A
        MOV     TCON, #01H      ; 设置外部中断 0 触发方式为下降沿
        MOV     IE, #81H        ; 打开 INT0 允许位 EX0 和总中断允许位 EA
        LJMP    $               ; 原地跳转，空操作
        END
```

2. C 语言中断程序设计

为了能在 C 语言源程序中直接编写中断服务函数，C51 编译器对函数的定义有所扩展，增加了一个关键字 interrupt。在 C51 中，中断程序的设计需要注意以下两点：

(1) 在主函数中，设置相关中断允许和优先级。

(2) 中断函数用关键字 interrupt 进行定义，格式如下：

函数返回值　中断函数名()interrupt　[中断号]　using [寄存器组号]

中断号取值为0～4，按5个中断源的自然优先级顺序(也是入口地址顺序)一一对应，如表4-5所示。寄存器组号取值为 0～3，对应着 4 组工作寄存器。

同样，针对"小任务"的程序设计，用 C51 编写的源程序如下：

```
#include <reg51.h>
void INT_0() interrupt 0 using 2          //外部中断 0 中断服务
{
    P1=~P1;
}
void main()
{
    EA=1;                                 //开中断允许总开关
    IT0=1;                                //设定外中断 0 下降沿触发
    EX0=1;                                //外中断 0 打开
    P1=0x00;
    do{
        } while(1);
}
```

4.4　项目实施参考方案

根据交通灯的项目任务，需要基于 Proteus 仿真平台应用单片机技术实现一个交通信号灯的模拟控制系统。除了十字路口交通信号灯正常的 A、B 通道轮流放行外，还设置了两种特殊情况下的交通控制。一种是，一道有车而另一道无车，使有车车道放行。另一种是有紧急车辆通过，A、B 道均为红灯。

交通信号灯的模拟控制系统的基本的功能边界相对比较明显，分三种情况进行方案设计：

(1) 正常情况下运行主程序。由主程序实现交通信号灯正常的 A、B 通道轮流放行。假定，A 道放行 1 分钟，B 道放行 30 s，其中包括 5 s 用于警告，即绿灯变黄灯的闪烁过程：绿灯闪烁 3 次，每次 1 s，变黄灯后延时 2 s 切换为红灯。采用基础的延时时间为 0.1 s，通过反复调用实现红灯、绿灯和黄灯的延时。

(2) 一道有车而另一道无车的情况，一般由传感器检测到车流信息后用中断服务实现。这里打算用按键来模拟这种特殊情况，都通过 INT1 外部中断来触发，并设置该中断为低优先级中断。

(3) 当有紧急车辆通过时，打算采用另外一个按键来触发，用外部中断 0 来实现，并设置该中断为高优先级中断。

4.4.1　Proteus 平台硬件电路设计

在 Proteus 平台完成硬件电路的设计，如图 4-4 所示。现简要分析如下：

(1) 同一通道两个方向的交通灯是需要并联的。例如，南北方向 A 通道红灯是同时亮的，是一样的情况，并联后由单片机的三根口线分别控制。两个通道的交通灯共需要单片机 P1 口的 6 根口线控制。

(2) 交通灯是需要高电平点亮低电平熄灭的，仿真时每个引脚的电平不能空，否则不显示。考虑到单片机的驱动能力，这里选用了 74LS04 作为驱动器，单片机的 P1 口输出低电平有效，经驱动器反相后变成高电平驱动交通灯亮。

(3) 用开关按键 K1、K2 分别模拟 A、B 道的车辆检测信号。不按键为高电平，表示通道传感器检测到有车。按下开关为低电平，表示无车。同时有车或同时无车，按正常交通灯运行就可以，不响应特殊处理。当只有一个按键按下时，才属于一通道有车另一通道无车的情况，才需要中断处理为有车通道放行。因此，这里采用异或门来实现中断的输入，如图 4-4 所示，采用了 74LS86 与 74LS04 组合来实现了异或非的逻辑。另外，还需将 K1、K2 信号接入单片机，以便单片机查询哪个是有车的车道，这里用的是单片机的 P3.0 口和 P3.1 口来检测车道。

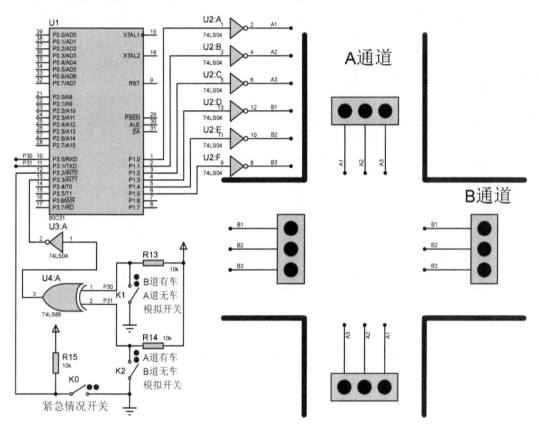

图 4-4 交通灯控制系统电路图

(4) 图 4-4 中的 K0 是用来实现紧急车辆通过的应急开关，当 K0 按下为低电平时，属紧急车辆需要通过的情况，利用外部中断 0 中断，实现 A、B 两个通道都同时为红灯。

4.4.2 Keil C 软件程序设计

首先，主程序需要实现正常的 A、B 通道轮流放行交通灯，分配 R2 寄存器来决定调用 0.1 s 延时子程序的次数，决定交通灯的各种延时时间。

正常时，各口线的控制功能及相应控制码(P1 端口数据)如表 4-6 所示。

表 4-6　控 制 码 表

P1.7	P1.6	P1.5	P1.4	P1.3	P1.2	P1.1	P1.0	控制码 (P1 端口数据)	状态说明
(空)	(空)	B 线绿灯	B 线黄灯	B 线红灯	A 线绿灯	A 线黄灯	A 线红灯		
1	1	1	1	0	0	1	1	F3H	A 线放行，B 线禁止
1	1	1	1	0	1	0	1	F5H	A 线警告，B 线禁止
1	1	0	1	1	1	1	0	DEH	A 线禁止，B 线放行
1	1	1	0	1	1	1	0	EEH	A 线禁止，B 线警告

其次，一道有车另一道无车的中断服务程序首先要保护现场，因需用到延时子程序和 P1 口，故需保护的寄存器有 R3、P1，保护现场时还需关中断，以防止高优先级中断(紧急车辆通过所产生的中断)出现导致程序混乱。然后开中断，由软件查询 P3.0 口和 P3.1 口，判别哪一道有车，再根据查询情况执行相应的服务。待交通灯信号出现后，保持 5 s 的延时。然后关中断，恢复现场，再开中断，返回主程序。

再次，紧急车辆出现时的中断服务程序也需保护现场，但无须关中断(因其为高优先级中断)，然后执行相应的服务，待交通灯信号出现后延时 20 s，确保紧急车辆通过交叉路口。

最后，恢复现场，返回主程序。

交通灯模拟控制系统主程序及中断服务程序的流程图如图 4-5 所示。

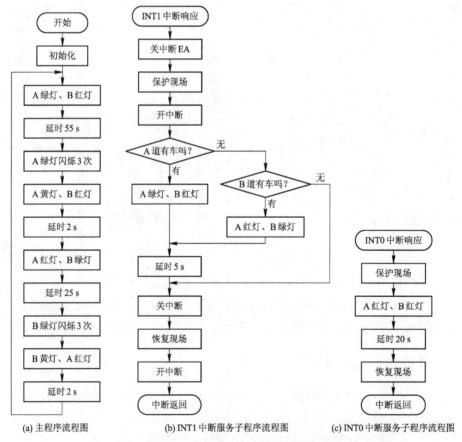

(a) 主程序流程图　　(b) INT1 中断服务子程序流程图　　(c) INT0 中断服务子程序流程图

图 4-5　交通信号灯模拟控制系统程序流程图

源程序设计如下：

	ORG	0000H	
	AJMP	MAIN	; 指向主程序
	ORG	0003H	
	AJMP	INT00	; 指向紧急车辆出现中断程序
	ORG	0013H	
	AJMP	INT11	; 指向一道有车另一道无车中断程序
	ORG	0100H	
MAIN:			
	SETB	PX0	; 置外部中断 0 为高优先级中断
	MOV	TCON, #00H	; 置外部中断 0、1 为电平触发
	MOV	IE, #85H	; 开 CPU 中断，开外中断 0、1 中断
DISP:	MOV	P1, #0F3H	; A 绿灯放行，B 红灯禁止
	MOV	R2, #55	; 延时 55 s，置 1 s 循环次数 55
DISP1:	MOV	R1, #10	; 置 0.1 s 循环次数 10
DELAY_1s:			
	ACALL	DELAY	; 调用 0.1 s 延时子程序
	DJNZ	R1, DELAY_1s	
	DJNZ	R2, DISP1	; 55 s 不到继续循环
	MOV	R2, #06	; 置 A 绿灯闪烁循环 3 次，则 LED 取反 6 次
WARN1:	CPL	P1.2	; A 绿灯闪烁
	ACALL	DELAY	; 调用 5 次共延时 0.5 s
	ACALL	DELAY	
	ACALL	DELAY	
	ACALL	DELAY	
	ACALL	DELAY	
	DJNZ	R2, WARN1	; 闪烁次数未到继续循环
	MOV	P1, #0F5H	; A 黄灯警告，B 红灯禁止
	MOV	R2, #20	; 延时 2 s，调用 0.1 s 延时 20 次
YEL1:			
	ACALL	DELAY	
	DJNZ	R2, YEL1	; 2 s 未到继续循环
	MOV	P1, #0DEH	; A 红灯，B 绿灯
	MOV	R2, #250	; 延时 25 s，调用 0.1 s 延时 250 次
DISP2:	ACALL	DELAY	
	DJNZ	R2, DISP2	; 25 s 未到继续循环

```
              MOV      R2，#06H           ; 置 B 绿灯闪烁循环 3 次，则 LED 取反 6 次
WARN2：CPL      P1.5              ; B 绿灯闪烁
              ACALL    DELAY             ; 调用 5 次共延时 0.5 s
              ACALL    DELAY
              ACALL    DELAY
              ACALL    DELAY
              ACALL    DELAY
              DJNZ     R2，WARN2
              MOV      P1，#0EEH          ; A 红灯，B 黄灯
              MOV      R2，#20            ; 黄灯延时 2 s，调用 0.1 s 延时 20 次
YEL2：
              ACALL    DELAY
              DJNZ     R2，YEL2
              AJMP     DISP              ; 循环执行主程序
INT00：
              PUSH     P1                ; P1 口数据压栈保护
              MOV      P1，#0F6H          ; A、B 道均为红灯
              MOV      R3，# 220          ; 延时 22 s，置 0.1 s 循环初值 220
DELAY0：ACALL   DELAY
              DJNZ     R3，DELAY0         ; 20 s 未到继续循环
              POP      P1
              RETI                       ; 返回主程序
INT11：
              CLR      EA                ; 关中断
              PUSH     P1                ; 压栈保护现场
              SETB     EA                ; 开中断
              JNB      P3.0，BP           ; A 道无车转向 BP
              MOV      P1，#0F3H          ; A 绿灯，B 红灯
              SJMP     DELAY1            ; 转向 5 s 延时
BP：    JNB      P3.1，EXIT         ; B 道无车退出中断
              MOV      P1，#0DEH          ; A 红灯，B 绿灯
DELAY1：
              MOV      R4，#50            ; 延时 5 s，置 0.1 s 循环初值 50
NEXT：
              ACALL    DELAY
              DJNZ     R4，NEXT           ; 5 s 未到继续循环
```

```
EXIT:    CLR     EA
         POP     P1
         SETB    EA
         RETI
DELAY:                        ; 延时 0.1 s
         MOV     R6, #200
LP1:     MOV     R7, #248
         DJNZ    R7, $
         DJNZ    R6, LP1
         RET
         END
```

4.4.3 Proteus 平台仿真效果

图 4-6 所示为交通灯正常运行情况下 A 通道绿灯、B 通道红灯的效果图。

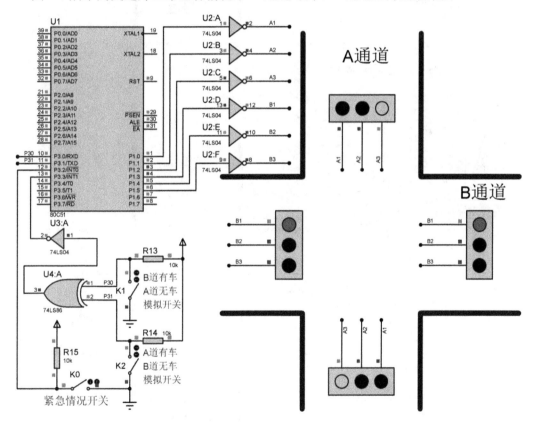

图 4-6　交通灯正常运行情况下 A 通道绿灯、B 通道红灯的效果图

图 4-7 所示为交通灯正常运行情况下 A 通道黄灯、B 通道红灯的效果图。

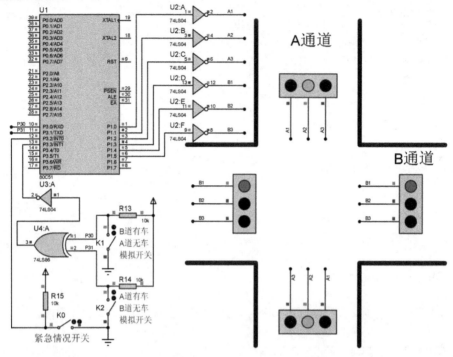

图 4-7　交通灯正常运行情况下 A 通道黄灯、B 通道红灯的效果图

图 4-8 所示为 B 通道有车 A 通道无车中断 1 放行的效果图。

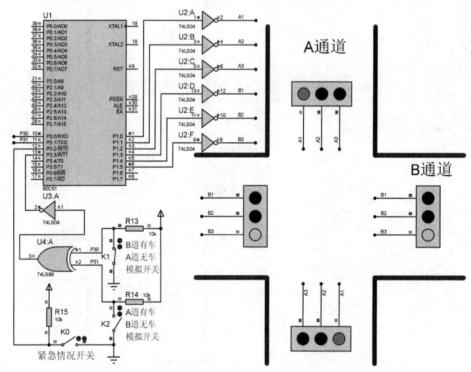

图 4-8　B 通道有车 A 通道无车中断 1 放行的效果图

图 4-9 所示为 A 通道有车 B 通道无车中断 1 放行的效果图。

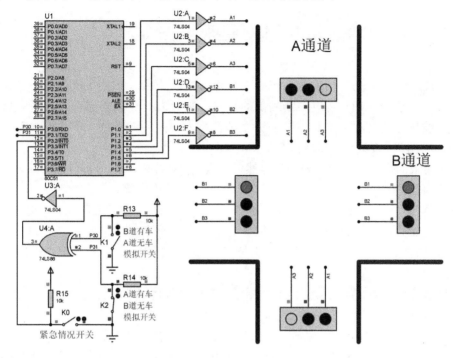

图 4-9　A 通道有车 B 通道无车中断 1 放行的效果图

图 4-10 所示为紧急情况下中断 0 中断服务的效果图。

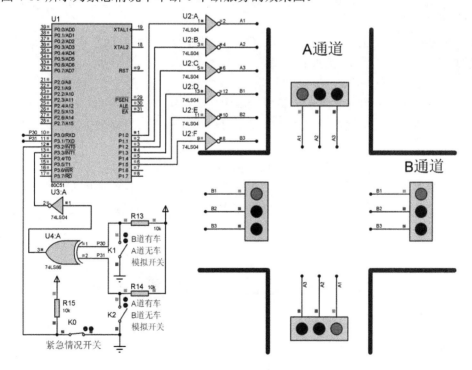

图 4-10　紧急情况下中断 0 中断服务的效果图

4.5　项目回顾与总结

中断技术是单片机的一项非常重要的技术。中断是指 CPU 在执行任务过程中被突发事件打断，使得 CPU 暂时中断当前的任务，转而去处理突发事件，处理完后又返回原程序继续执行的过程。引起中断的突发事件称为中断源，89C51 单片机共有 5 个中断源：INT0、INT1、T0、T1 和串口 S。

中断请求的优先级由用户编程和自然优先级共同确定，中断编程包括中断入口地址设置、中断源优先级设置、中断开放或关闭、中断服务子程序等。

定时器 T0、T1 溢出中断和外部中断 INT0、INT1 的下降沿中断，CPU 响应中断后由硬件自动清除其中断标志位，无须采取其它措施。但是串行口中断，在 CPU 响应中断后，硬件不能自动清除中断请求的标志位 TI、RI，必须在中断服务程序中用软件将其清除。

本项目通过交通灯控制实例详细介绍了中断的过程、中断编程的方法及应用。

总结要点如下：

(1) 通过"电话模型"快速理解中断的概念，掌握中断的特点。

(2) 中断的特点有突发性、可以嵌套、有优先级、需要设置触发方式、入口固定、要保护现场和恢复现场等。

(3) 中断的触发和硬件标志由硬件自动完成，每个中断源可配置成两级中断：高优先级、低优先级。

(4) 中断控制实质上是对 4 个与中断有关的特殊功能寄存器 TCON、SCON、IE 和 IP 进行管理和控制，其具体功能如下：

① 中断允许控制寄存器 IE：CPU 的开、关中断。

② 中断优先级控制寄存器 IP：各中断源优先级别的控制。

③ 中断请求标志及触发设置控制寄存器 TCON：外部中断触发方式设定，定时器启停位。

④ 串行口控制寄存器 SCON：串行口通信和中断控制。

(5) 中断处理的整个过程可以分为中断响应、中断服务和中断返回三个阶段。

(6) 中断服务的关键是保护现场，必须在中断服务程序中设定是否允许中断重入，恢复现场。

4.6　项目拓展与思考

4.6.1　课后作业、任务

任务 1：基于 Proteus 平台，完成 4.3.2 中"小任务"的软硬件设计，也就是说，要求采用单片机的外部中断 INT0 实现对 P1 口发光二极管的状态取反，每按一次键，LED 取反一次。

任务 2：基于 Proteus 平台，利用中断技术实现家庭防盗门的防盗报警器的设计。

任务 3：基于 Proteus 平台，完成交通灯的设计，要求加入"左转弯"功能。

4.6.2 项目拓展

拓展一：自己动手查找资料，基于 Proteus 平台，每个通道采用两位数码管显示交通灯的倒计时时间，加入左转弯功能，加入人行横道红绿灯等，实现功能完整的交通灯。

拓展二：基于 Proteus 平台完成多路报警器的设计，要求具有 2 路及以上检测功能，并能分辨入侵线路，通过数码管直观地显示出来，要求具有声光报警功能。

提示：入侵检测可以采用断线检测、红外遮挡检测、热释电检测、声强检测等多种方式，鼓励创新。

项目五　定　时　器

5.1　学习目标

掌握单片机的定时器/计数器的结构与原理,理解定时器中断的特点;熟悉定时中断服务子程序的关键,进一步学习单片机的中断技术、数码显示的编程方法;重点掌握定时器工作方式的设置、定时常数的计算及其具体应用编程。

5.2　项目任务

基于 Proteus 仿真平台和单片机技术实现秒定时器,最终设计完成实物作品。

项目任务的具体要求如下:

(1) 可预设的最大定时时间值为 9 分 59 秒,通过三位数码管实时显示倒计时值。

(2) 要求具有按键调整功能,可以对预设值进行步进调整。

(3) 具有声光提醒功能,发光二极管 1 s 闪烁 1 次,倒计时为零,定时时间到,蜂鸣器长响。

(4) 基于 Keil C 开发环境完成项目的创建与源程序的开发。

(5) 完成实物的设计与制作,要求实物作品能够独立地正常演示定时器功能。

5.3　相关理论知识

单片机在实时监测、智能控制等领域,常需要实时时钟来实现定时、延时、同步控制、实时数据采集和外部计数等功能。单片机内部的定时器/计数器可以很好地实现这些功能,结合定时中断技术,编程灵活方便,CPU 使用效率高。

5.3.1 定时器/计数器的结构与原理

1. 定时器/计数器的组成结构

89C51 单片机内部有两个 16 位的可编程定时器/计数器，称为定时器 0(T0)和定时器 1(T1)，其逻辑结构如图 5-1 所示。

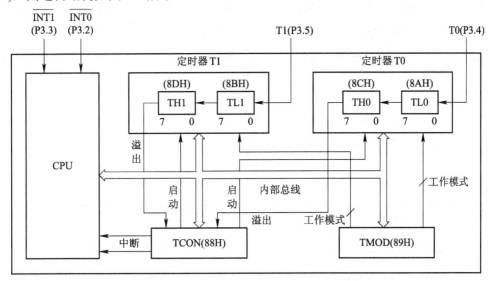

图 5-1 89C51 定时器/计数器的逻辑结构图

由图 5-1 可知，定时器 T0 和定时器 T1 均由两个 8 位专用寄存器组成：T0 由 TH0 和 TL0 构成，T1 由 TH1 和 TL1 构成。每个寄存器均可单独访问，其本质是构成两个 16 位的加法计数器。

当 T0 或 T1 用作计数器功能时，是对芯片引脚 T0(P3.4)或 T1(P3.5)外部输入的脉冲进行计数，每输入一个脉冲，加法计数器(TH0、TL0 或 TH1、TL1)加 1；当 T0 或 T1 用作定时器功能时，是对内部机器周期脉冲进行计数，由于机器周期的时间是定值，当计数值确定，计时时间也就确定，因此可以用来定时。

定时器的工作模式寄存器 TMOD 主要用来确定定时器/计数器的工作方式和模式功能，定时器控制寄存器 TCON 主要用来控制 T0、T1 的启动、停止以及溢出标志位的设置。

2. 定时器/计数器的工作原理

定时器/计数器主要有定时和计数两种工作模式，其工作原理如下：

(1) 当定时器/计数器设置为定时模式时，其本质还是计数，由计数器对单片机的内部振荡器输出的 12 分频脉冲进行计数，即每过一个机器周期，计数加 1，直至计数器的寄存器加满溢出而产生中断。当单片机系统采用 12 MHz 晶振时，机器周期为 1 μs，这是最短的定时时间单位，但显然与系统的时钟频率有关，后面再通过设置定时器的起始计数初值，就可以获得各种定时时间。

(2) 当定时器/计数器设置为计数模式时，计数器对来自引脚 T0(P3.4)和 T1(P3.5)的外部输入信号计数，外部脉冲的下降沿将触发计数。在每个机器周期的 S5P2 期间采样引脚输入电平，若前一个机器周期的采样值为 1，后一个机器周期的采样值为 0，则计数器加 1，并在下一个机器周期的 S3P1 期间装载入计数器中。因此，检测一个由 1 到 0 的下降沿跳变需要两个机器周期，对外部计数的最高频率为振荡频率的 1/24。虽然计数器对外部输入信号的占空比没有特别的要求，但必须保证输入信号的高电平、低电平的持续时间在一个机器周期以上，在电平变化前至少能被采样一次。

当设置了定时器/计数器的工作模式后，不管在哪种工作模式下，定时器启动后就独立工作，不再占用 CPU 的时间，只有在溢出中断时才需要 CPU 进行操作。

3. 定时器/计数器的控制寄存器

由工作原理可知，在启动定时器/计数器工作之前，必须配置它的工作模式。CPU 将控制字写入控制寄存器的过程称为定时器/计数器的初始化。这里需要初始化的控制寄存器是 TMOD 和 TCON。

1) 工作模式控制寄存器 TMOD

TMOD 的具体格式和功能如表 5-1 所示。

表 5-1　TMOD 的格式和功能

(a)

TMOD	D7	D6	D5	D4	D3	D2	D1	D0
位定义	GATE	C/$\overline{\text{T}}$	M1	M0	GATE	C/$\overline{\text{T}}$	M1	M0
功能	用于设置定时器 T1				用于设置定时器 T0			

(b)

M1	M0	工作方式	功　能　说　明
0	0	方式 0	13 位计数器
0	1	方式 1	16 位计数器
1	0	方式 2	自动重装载 8 位计数器
1	1	方式 3	T0：分成两个 8 位计数器 T1：停止工作或波特率发生器

高四位控制 T1，低四位控制 T0。这里对高四位进行简要介绍。

GATE：门控位。当 GATE = 0 时，软件控制位 TR1 置 1 即可启动定时器 T1(TR0 置 1 时启动 T0)；当 GATE = 1 时，除了 TR1 必须置 1 外，还必须使 P3.3 口 INT1(定时器 T0 对应为 P3.2 口 INT0)为高电平方可启动定时器，即允许外中断 INT0、INT1 启动定时器。

C/$\overline{\text{T}}$：工作模式选择位。当 C/$\overline{\text{T}}$ = 0 时，设置为定时器工作模式；当 C/$\overline{\text{T}}$ = 1 时，设置为计数器工作模式。

M1、M0：工作方式选择位。M1、M0 共同设置定时器/计数器的四种工作方式(方式 0～方式 3)。

注意：TMOD 不能进行位寻址，只能用字节指令设置。当复位时，TMOD = 00H。

2) 定时器/计数器控制寄存器 TCON

TCON 的格式和功能如表 5-2 所示。TCON 的低四位在项目四中已经进行了讲述，这里只对高四位进行简单的介绍。

表 5-2　TCON 的格式和功能

TCON	D7	D6	D5	D4	D3	D2	D1	D0
位名称	TF1	TR1	TF0	TR0	IE1	IT1	IE0	IT0
功能	T1 中断标志	T1 启停控制	T0 中断标志	T0 启停控制	用于设置外部中断			

TCON 的作用是控制定时器的启动、停止，以及标志定时器的溢出、中断情况。

TF1：T1 溢出标志位。当 T1 计数满产生溢出时，由硬件自动置 TF1 = 1。在中断允许时，向 CPU 发出 T1 中断请求，进入中断服务程序后，由硬件自动清 0。在中断屏蔽时，TF1 可用于查询，此时只能由软件清 0。

TR1：T1 启停控制位。当 TR1 = 1 时，T1 启动；当 TR1 = 0 时，T1 停止。

TF0：T0 溢出标志位。其功能及操作情况同 TF1。

TR0：T0 启停控制位。其功能及操作情况同 TR1。

5.3.2　定时器/计数器的工作方式

下面我们对定时器/计数器的 4 种工作方式进行逐一讲述。

1. 方式 0

方式 0 是由 THX 和 TLX(X 为 0 或 1)构成一个 13 位定时器/计数器。T0、T1 的结构和功能完全相同，以 T0 为例，其逻辑结构如图 5-2 所示。

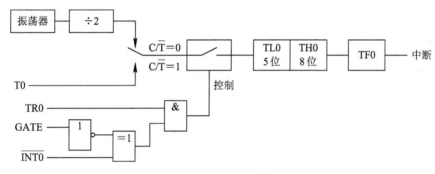

图 5-2　方式 0 的逻辑结构图

由图 5-2 可知，16 位加法计数器(TH0 和 TL0)只用了 13 位。其中，TH0 占高 8 位，TL0 占低 5 位(只用低 5 位，高 3 位未用)。当 TL0 低 5 位溢出时，自动向 TH0 进位，而当 TH0 溢出时，则向中断位 TF0 进位(硬件自动置位)，并申请中断。

13 位计数器的最大计数值为 2^{13} = 8192。若振荡器的时钟频率 f_{osc} = 12 MHz，则机器周期为 1 μs，方式 0 的最大定时时间为 8192 μs。

当 C/$\overline{T}$ = 0 时，多路开关连接 12 分频器输出，T0 对机器周期计数，此时，T0 为定时器功能。

当 C/$\overline{T}$ = 1 时，多路开关与 T0(P3.4)相连，外部计数脉冲由 T0 脚输入，当外部信号电平发生由 0 到 1 的负跳变时，计数器加 1，此时，T0 为计数器功能。

当 GATE = 0 时，或门被封锁，$\overline{INT0}$ 信号无效。或门输出常 1，打开与门，TR0 直接控制定时器 0 的启动和关闭。TR0 = 1，接通控制开关，定时器 0 从初值开始计数直至溢出。溢出时，16 位加法计数器为 0，TF0 置位，并申请中断。TR0 = 0，则与门被封锁，控制开关被关断，停止计数。

当 GATE = 1 时，与门的输出由 $\overline{\text{INT0}}$ 的输入电平和 TR0 位的状态来确定。若 TR0 = 1，则与门打开，外部信号电平通过 $\overline{\text{INT0}}$ 引脚直接开启或关断定时器 T0，当 $\overline{\text{INT0}}$ 为高电平时，允许计数，否则停止计数；若 TR0 = 0，则与门被封锁，控制开关被关断，停止计数。

2. 方式 1

方式 1 是由 THX 和 TLX(X 为 0 或 1)构成一个 16 位定时器/计数器。T0、T1 的结构和功能完全相同，以 T0 为例，其逻辑结构如图 5-3 所示。

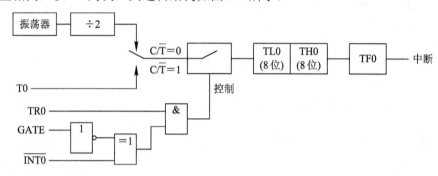

图 5-3　方式 1 的逻辑结构图

由图 5-3 可知，方式 1 的结构、功能与方式 0 基本相同，只是计数的位数不同。16 位计数器的最大计数值为 $2^{16} = 65\ 536$。

3. 方式 2

方式 2 是由 TLX 构成一个 8 位定时器/计数器，THX 用于自动重装载。T0、T1 的结构和功能完全相同，以 T0 为例，其逻辑结构图如图 5-4 所示。

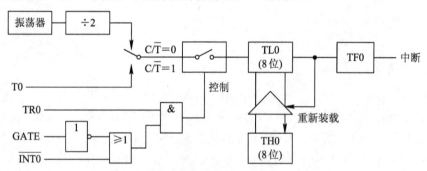

图 5-4　方式 2 的逻辑结构图

由图 5-4 可知，T0 是一个 8 位自动重装功能的定时器/计数器，只有低 8 位的 TL0 用作计数(8 位的最大计数值为 $2^8 = 256$)，高 8 位的 TH0 用于保存初值。

若 TL0 计数已满发生溢出，在 TF0 置 "1" 的同时，TH0 中的初值将自动装载入 TL0。方式 2 这个初值自动重装载的功能，避免了新一轮计数时需要重置计数初值的麻烦，适合用作较精确的定时脉冲信号发生器。

因此，在程序初始化时，TL0 和 TH0 必须由软件赋予相同的初值。一旦 TL0 计数溢出，TF0 将被置位，同时，TH0 中的初值装入 TL0，进入新一轮计数。

4. 方式 3

在方式 3 时，T0 被拆成两个独立的 8 位计数器 TL0 和 TH0 使用，其逻辑结构如图 5-5 所示。

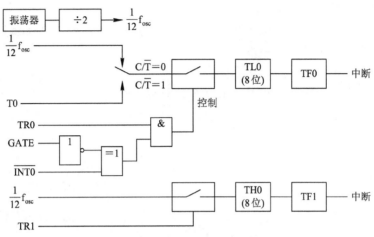

图 5-5　方式 3 的逻辑结构图

由图 5-5 可知，TL0 占用原 T0 的控制位、引脚和中断源，可作为 8 位定时器/计数器；TH0 占用原 T1 的控制位 TR1 和标志位 TF1，同时还占用了 T1 的中断源，其启动和关闭又受 TR1 置 1 或清 0 控制，且 TH0 只能对内部脉冲计数，仅作为定时器使用。

在方式 3 时，T1 的 TR1、TF1 及 T1 的中断源已被定时器 T0 占用，但 T1 还可以用作串行口波特率发生器使用，或不需要中断的使用场合，可设置在方式 0、方式 1 或方式 2，当计数器计满溢出时，将输出送往串行口。其启动和关闭较为特殊：当工作方式设置完成时，T1 就开始运行；将 T1 的工作方式设置为方式 3 时，T1 停止工作。

5.3.3　定时器/计数器的初始化

前面我们已经知道，在使用定时器/计数器之前，需要进行初始化操作，以配置好定时器/计数器的工作状态。初始化的一般步骤如下：

(1) 将控制字写入 TMOD，配置定时器的工作模式。

首先，需要根据实际任务确定工作方式、操作模式以及启动控制方式，计算出 TMOD 控制字，然后，利用字节操作指令将控制字写入到 TMOD。

例如：MOV　TMOD，#10H；设置 T1 工作在定时模式，方式为 1。

(2) 设置定时或计数的初值(写 TH0、TL0 或 TH1、TL1 初值)。

定时器/计数初值的计算方法如下。

设最大计数值为 M，则各种工作模式下的 M 值为

① 方式 0：$M = 2^{13} = 8192$。

② 方式 1：$M = 2^{16} = 65\ 536$。

③ 方式 2：$M = 2^8 = 256$。

④ 方式 3：T0 分成 2 个 8 位计数器 TL0、TH0，所以 M = 256。

应装入的计数初值为

$$X = M - (T/T_M)$$

其中，M 为最大计数值，T 为所要求的定时时间，T_M 为机器周期。

例如，假设 T1 采用方式 1 工作在定时模式，晶振频率 f_{osc} = 12 MHz，要求每 50 ms 溢出中断一次，则具体数值如下：

机器周期 T_M = 1 μs，M = 65 536，$X = M - (T/T_M)$ = 65 536 - (50 000 μs/1 μs) = 15 536 = 3CB0H，即 TH1 = 3CH，TL1 = B0H。

(3) 根据需要开启定时器/计数器中断。

设置中断允许控制寄存器 IE 中的相关位，开启中断允许。

(4) 将 TR0 或 TR1 置 "1"，启动定时器/计数器工作。

5.3.4　程序设计

这里假定晶振频率 12 MHz，以实现 1 s 的定时为例，讲述定时器的应用编程方法。

1. T1 工作在方式 0

分析：方式 0 为 13 位计数器，每次溢出中断的最大定时时间为 8192 × 1 μs = 8.192 ms。假设每次定时时间选为 5 ms，200 次溢出就是定时 1 s。因此，定时初值为 8192 - (5000/1) = 3192 = 0C78H。

又因为 13 位计数器中 TL1 的高 3 位未用，应填写 0，TH1 占高 8 位，所以，X 的实际填写值应为 0110001100011000B = 6318H，即 TH1 = 63H，TL1 = 18H。

采用 T1 工作在方式 0 定时，TMOD = 00H。

具体程序如下：

```
DELAY:  MOV    R3, #200        ; 设置 5 ms 溢出 200 次的计数初值
        MOV    TMOD, #00H      ; 设置定时器 1 为方式 0
        MOV    TH1, #63H       ; 设置定时器初值
        MOV    TL1, #18H
        SETB   TR1             ; 启动 T1
LP1:    JBC    TF1, LP2        ; 查询计数溢出
        SJMP   LP1             ; 未到 5 ms 继续检测溢出
LP2:    MOV    TH1, #63H       ; 重新置定时器初值
        MOV    TL1, #18H
        DJNZ   R3, LP1         ; 未到 1 s 继续检测溢出
        RET                    ; 返回主程序
```

2. T0 工作在方式 1

分析：方式 1 为 16 位计数器，每次溢出中断的最大定时时间为 65 536 × 1 μs = 65.536 ms。假设每次定时时间选为 10 ms，100 次溢出就是定时 1 s。因此，定时初值为 65 536 - (10 000/1) = 55 536 = D8F0H，即 TH0 = D8H，TL0 = F0H。而采用 T0 工作在方式 1 定时模式，则 TMOD = 01H。

具体程序如下：

DELAY：	MOV	R3，#100	；设置 10 ms 溢出 100 次的计数初值
	MOV	TMOD，#01H	；设置定时器 0 为方式 1
	MOV	TH0，#0D8H	；设置定时器初值
	MOV	TL0，#0F0H	
	SETB	TR0	；启动 T0
LP1：	JBC	TF0，LP2	；查询计数溢出
	SJMP	LP1	；未到 10 ms 继续检测溢出
LP2：	MOV	TH0，#0D8H	；重新置定时器初值
	MOV	TL0，#0F0H	
	DJNZ	R3，LP1	；未到 1 s 继续检测溢出
	RET		；返回主程序

3. T1 工作在方式 2

分析：方式 2 是 8 位计数器，每次溢出中断最大定时时间为 $256 \times 1\ \mu s = 256\ \mu s$。假设每次定时时间选为 $100\ \mu s$，再溢出 10 000 次就是定时 1 s，确定计数值为 100，则 T1 的初值为 $256 - (100/1) = 156$。采用定时器 1 方式 2 工作，因此，TMOD = 20H。

具体程序如下：

DELAY：	MOV	R5，#100	；设置 100 μs 溢出计数初值 10000=100×100
	MOV	R6，#100	；
	MOV	TMOD，#20H	；设置定时器 1 为方式 2
	MOV	TH1，#156	；设置定时器初值
	MOV	TL1，#156	
	SETB	TR1	；启动定时器
LP1：	JBC	TF1，LP2	；查询计数溢出
	SJMP	LP1	；无溢出则继续计数
LP2：	DJNZ	R6，LP1	；未到 10 ms 继续检测溢出
	MOV	R6，#100	
	DJNZ	R5，LP1	；未到 1 s 继续检测溢出
	RET		

4. T0 工作在方式 3

分析：在方式 3 中，T0 分为两个 8 位计数器，TL0 可为定时、计数模式，TH0 只能为定时模式。这里设置 TH0 为定时模式，TL0 为外部计数模式，则 TMOD 的初值为 00000111B = 07H。

假设，TH0 每次溢出定时 $250\ \mu s$，则其计数初值 $X = 256 - 250 = 6$，即 TH0 = 6。

TL0 的计数值设为 200，则 TL0 的计数初值 $X = 256 - 200 = 56$，即 TL0 = 56。

在 TH0 计满溢出后，用软件清零、置位的方法使 T0(P3.4)引脚产生负跳变，TL0 对跳变的脉冲进行计数。TH0 每溢出一次，T0 引脚便产生一个负跳变，TL0 便计数一次。TL0 计满溢出时，延时时间为 $250\ \mu s \times 200 = 50\ ms$，循环 20 次便可得到 1 s 的延时。

具体程序如下：

```
DELAY：  MOV    R3，#20       ；置 50 ms 循环次数 20，50 ms × 20 = 1 s
         MOV    TMOD，#07H    ；置定时器 0 为方式 3，TH0 定时模式，TL0 外部计数模式
         MOV    TH0，#6       ；置 TH0 初值 6，则计数值为 250，即 250 μs
         MOV    TL0，#56      ；置 TL0 初值 56，则计数值为 200
         SETB   TR0          ；启动 TL0
         SETB   TR1          ；启动 TH0
LP1：    JBC    TF1, LP2      ；查询 TH0 计数溢出
         SJMP   LP1          ；未到 250 μs 继续计数
LP2：    MOV    TH0，#06H     ；重置 TH0 初值
         CLR    P3.4         ；T0 引脚产生负跳变
         NOP                 ；负跳变持续
         NOP
         SETB   P3.4         ；T0 引脚恢复高电平
         JBC    TF0, LP3      ；查询 TH0 计数溢出
         SJMP   LP1          ；250 μs × 200 = 50 ms 未到继续计数
LP3：    MOV    TL0,#56      ；重置 TL0 初值 56
         DJNZ   R3，LP1       ；未到 1 s 继续循环
         RET
```

5.4 项目实施参考方案

根据定时器的项目任务，需要基于 Proteus 仿真平台和单片机技术实现秒定时器。要求可预设的最大定时时间值为 9 分 59 秒，通过三位数码管实时显示倒计时值。

在开始设计之前，需要做功能边界的确认。这里打算用三个按键分别实现分钟、秒钟可调以及"开始/取消"。具体项目实施参考方案设计的功能和工作流程如下：

(1) 开机显示"101"，表示当前初始值为 1 分零 1 秒。默认进入预设定时时间的状态，可按按键设置定时时间。

(2) 定时时间设置完毕后，按"开始键"启动定时器，倒计时开始。可利用定时器产生 1 秒的定时。发光二极管每过 1 秒闪烁 1 次，数码管显示秒位减 1。

(3) 当所设定时间到时，数码管减为零，LED 灯灭，蜂鸣器长响以示提醒。

5.4.1 Proteus 平台硬件电路设计

图 5-6 所示为 Proteus 平台的硬件设计电路图，通过 P3 口外接共阴数码管来显示分钟值，同理，采用 P0、P2 口分别静态显示秒钟的个位与十位。三个数码管的驱动分别用三个 1 kΩ 的排阻通过 VCC 上拉简单地实现，按键采用独立式按键。预设时间的调整通过 P1.0、P1.1 两个按键完成，P1.2 口外接按键进行定时开始的确认与取消。P1.7 口 0.5 s 取反

一次，使 LED 发光二极管 1 s 闪烁一次。定时时间到后，计时器停止工作。P1.7 口输出高电平，LED 灯灭。P1.3 口输出低电平，PNP 三极管导通，驱动有源蜂鸣器长响以示提醒。

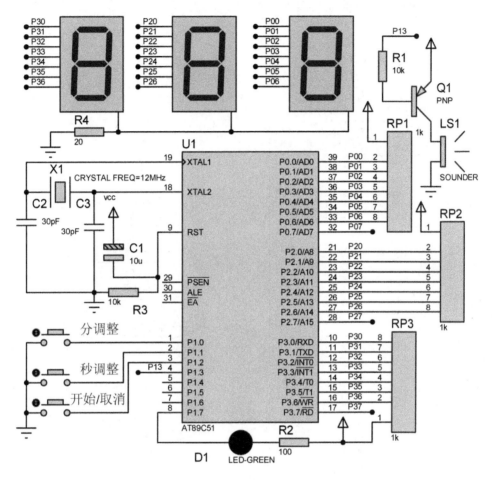

图 5-6　Proteus 平台硬件设计电路图

5.4.2　Keil C 软件程序设计

主程序采用查询方式实现按键的扫描，完成对预设时间的调整与定时器的启动、停止。中断服务子程序采用定时器 0 工作在方式 2，实现 1 s 的定时并做秒变量的减 1 及送显操作等。程序设计流程图如图 5-7 所示。

对于分钟和秒钟我们分别用两个变量 minite、second 来表示。1 秒定时利用定时器 T0 完成，定时初值配置为 TL0 = 0x06，则每次溢出中断时间为 250 μs，对中断次数进行计数，达到 4000 次即为 1 s。

在主程序初始化时，完成对变量的初始赋值，"101"显示数据处理，设置定时器的工作模式为 TMOD = 0x02，开中断允许，ET0 = 1，EA = 1 等。

1. 程序设计流程图

定时器的程序设计流程图如图 5-7 所示。

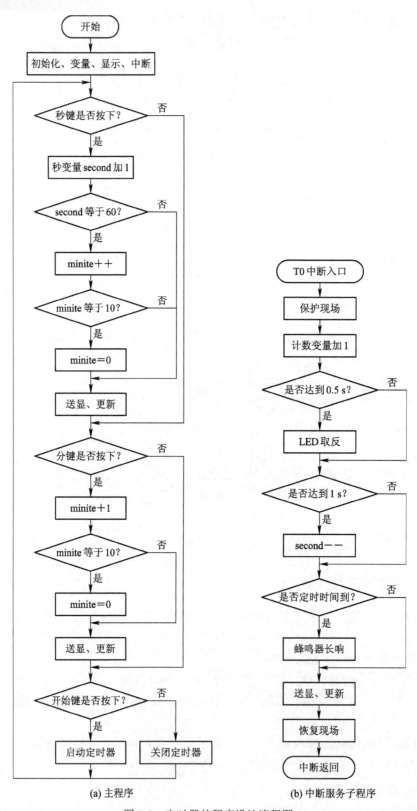

(a) 主程序   (b) 中断服务子程序

图 5-7 定时器的程序设计流程图

2. 源程序代码

根据以上程序设计流程图,可以很有条理地写出本项目的源程序,汇编语言、C 语言都可以实现。这里我们提供 C 语言源程序参考如下:

```
#include <AT89X51.H>                                    //头文件
unsigned char code dispcode[]={ 0x3f,0x06,0x5b,0x4f,    //数码显示字符编码表
                     0x66,0x6d,0x7d,0x07,
                     0x7f,0x6f,0x77,0x7c,
                     0x39,0x5e,0x79,0x71,0x00};

signed char second;                                     //定义计时变量
unsigned char minite;
unsigned int mstcnt;
unsigned int count;
bit flag;                                               //定义标志位
sbit mkey=P1^0;                                         //定义按键
sbit skey=P1^1;
sbit qkey=P1^2;
sbit BUZ=P1^3;                                          //定义蜂鸣器端口
sbit LED=P1^7;                                          //定义 LED 灯端口
void delay10ms(void)                                    //延时 10 ms 子程序
{ unsigned char a,b;
   for(a=20;a>0;a--)
   for(b=248;b>0;b--);
}
void main(void)
{
   flag=0;                                              //主程序初始化
   TMOD=0x02;                                           //T0 工作在方式 2,定时模式
   TH0=0x06;                                            //配置定时初值
   TL0=0x06;
   ET0=1;                                               //开中断允许
   EA=1;
   second=1;                                            //初始化计时变量
   minite=1;
   mstcnt=0;
   P0=dispcode[second%10];                              //初始化送显处理
   P2=dispcode[second/10];
   P3=dispcode[minite%10];
   while(1)                                             //主循环
     {
        if(skey==0)                                     //秒按键扫描
          {
```

```
        delay10ms();                              //延时去抖动
        if(skey==0)
          {
            second++;                             //秒变量加 1
            if(second==60)                        //秒变量是否达到 60
              {
                second=0;
                minite++;                         //分变量加 1
                if(minite==10)                    //分变量是否加到 10
                {minite=0;
                }
              }
            P0=dispcode[second%10];               //送显示处理
            P2=dispcode[second/10];
            P3=dispcode[minite%10];
            while(skey==0);                       //等待按键释放
            }
          }
      if(mkey==0)                                 //分按键扫描
        {delay10ms();                             //延时去抖动
          if(mkey==0)
            {
            minite++;                             //分变量加 1
            if(minite==10)                        //分变量是否加到 10
              {
                minite=0;
              }
            P3=dispcode[minite%10];               //送显示处理
            while(mkey==0);                       //等待按键释放
            }
        }
      if(qkey==0)                                 // "开始" 键扫描
        {
        delay10ms();                              //延时去抖动
        if(qkey==0)
          {flag=~flag;                            //标志位取反
          while(qkey==0);                         //等待按键释放
          }
        }
      if(flag==1)                                 //是否启动定时器
        {TR0=1;                                   //启动定时器 T0
```

```
            BUZ=1;                              //蜂鸣器关闭
            }
        else{   TR0=0;                          //关闭定时器 T0
             LED=1;                             //LED 关闭
             }
        }
    }
void t0(void) interrupt 1 using 0               //中断服务子程序
{
    mstcnt++;                                   //中断计数变量加 1

    if(mstcnt==2000)                            //中断 2000 次*250 μs = 500 ms
        {
        LED=~LED;                               //取反 LED
        }
    if(mstcnt==4000)                            //中断 4000 次*250 μs = 1 s
        {
        mstcnt=0;                               //计数变量清零
        second--;                               //秒变量减 1
            if((second==0)&&(minite==0))        //是否定时时间到
                {
                BUZ=0;                          //蜂鸣器响，LED 熄灭
                LED=1;
                flag=0;
                }
        else{
            if(second==-1)                      //当秒变量减为 -1 时，借位处理
            {second=59;
                minite--;
                }
            }
        P0=dispcode[second%10];                 //送显示处理
        P2=dispcode[second/10];
        P3=dispcode[minite%10];
        }
    }
}
```

5.4.3 Proteus 平台仿真效果

如图 5-8 所示，定时器开机进入预设定时值"1 分 01 秒"的仿真效果，"分调整"按键每按一下分钟位"0～9"则进行步进加一。"秒调整"按键每按一下秒钟位"00～59"则进行步进加一。

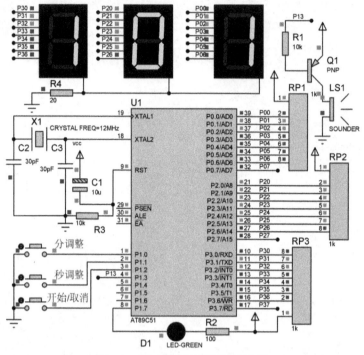

图 5-8　定时器开机预设值的效果

当按一下"开始"键后，定时器倒计时开始，LED 灯一秒闪烁一次，数码管减计数显示，其仿真效果如图 5-9 所示。

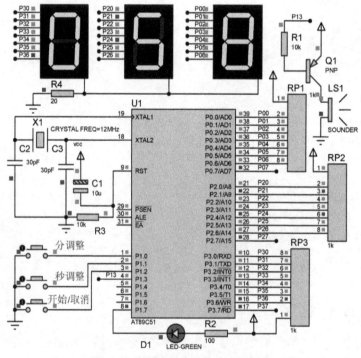

图 5-9　定时器倒计时的仿真的效果

当数码管减为零时，定时时间到，LED 灯灭，蜂鸣器长响，仿真效果如图 5-10 所示，在此过程中，可以随时按取消键，取消定时，定时器不工作，也可以随时恢复定时。

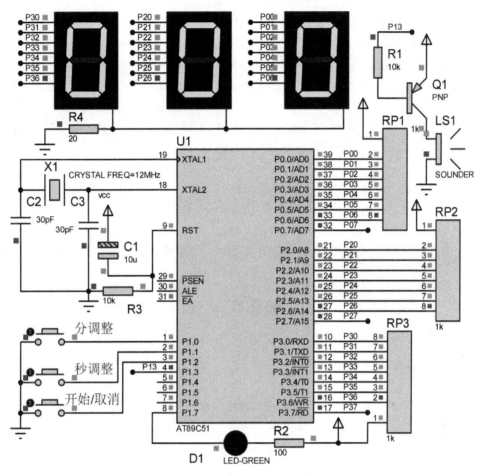

图 5-10 定时时间到的仿真效果

仿真结果分析：定时预设值的按键调整可以如期实现步进加一，定时器倒计时启动后，数码管倒计时显示正常，定时时间到，数码管归零，基本实现预定功能目标。但是依然存在的仿真问题是：蜂鸣器一直在响，其控制电平逻辑是正确的，可以断定的是 Q1 器件的仿真配置问题，故更换仿真元件，后改为 PNP 三极管"PN4258"，即正常工作，预计在实物制作中基本不会出现这样的问题。

5.5 项目回顾与总结

89C51 单片机内部有两个 16 位的定时器/计数器 T0 和 T1。T0 由 TH0 和 TL0 构成，T1 由 TH1 和 TL1 构成，其本质是两个 16 位的加法计数器。当用作计数器功能时，是对芯片引脚 T0(P3.4)或 T1(P3.5)外部输入的脉冲进行计数；当用作定时器功能时，是对内部机器周期脉冲进行计数。通过寄存器 TMOD 用来确定定时器/计数器的工作方式和模式，TCON 用来控制 T0、T1 的启动、停止以及指示溢出标志位。

每个定时器/计数器的 4 种工作模式如下：

(1) 方式 0：13 位计数器，最大计数值 $M = 2^{13} = 8192$。

(2) 方式 1：16 位计数器，最大计数值 $M = 2^{16} = 65\ 536$。

(3) 方式 2：自动重装载 8 位计数器，最大计数值 $M = 2^8 = 256$。

(4) 方式 3：T0 分为 2 个独立的 8 位计数器 TL0、TH0，$M = 256$，T1 为串行口波特率发生器。

对于定时器/计数器的编程主要包括：配置 TMOD 选择工作模式，设置定时初值和启动定时器。初值由定时时间及计数器的位数决定。

总结要点如下：

(1) 定时器的本质是 16 位的加法计数器。

(2) 定时器初始化包括：将控制字写入 TMOD，配置工作模式；设置计数的初值；根据需要开启中断；置位 TR0 或 TR1，启动定时器。

(3) 中断服务程序，保护现场，屏蔽中断请求，重装定时初值，中断处理和恢复现场。

5.6　项目拓展与思考

5.6.1　课后作业、任务

任务 1：基于 Proteus 平台，利用定时器/计数器 T1 工作在方式 1 实现 1 秒钟取反一次 LED。

任务 2：基于 Proteus 平台，99 s 定时器的设计。

5.6.2　项目拓展

拓展一：自己动手查找资料，基于 Proteus 平台，设计实现数字钟的设计。

拓展二：基于 Proteus 平台，完成低频频率计的设计。

拓展三：基于 Proteus 平台，设计实现简易的脉冲宽度测量仪。

项目六 串口通信

6.1 学习目标

掌握单片机的串行通信口的特点；熟悉串行通信的基础知识，理解串行通信与并行通信的工作方式；重点掌握单片机串行通信工作方式的设置、通信协议及其具体应用编程。

6.2 项目任务

基于 Proteus 仿真平台和单片机技术实现 PC 与单片机串口通信。

项目任务的具体要求如下：

(1) PC 发送数据给单片机，单片机要能够把接收到的数据反馈回来。

(2) 要对单片机串口接收的数据与发送的数据进行校验，校验结果相同表示通信成功。

(3) 通过 PC 键盘输入的数据可以是数字或字符。

(4) 自己约定串口通信协议的波特率、数据格式、停止位、奇偶校验位等。

(5) 交互界面良好，具有显示部分。

(6) 基于 Keil C 开发环境和 Proteus 仿真平台完成项目创建与程序开发。

6.3 相关理论知识

在 89C51 单片机内部有一个全双工的串行通信 I/O 口，通过该端口可以实现与其他计算机系统的串行通信。下面我们从串行通信基础、单片机串口结构和串口通信的应用等方面了解单片机串行通信口的特点与应用方法。

6.3.1　串行通信基础

通信，简单来说就是数据交换。人们的语言沟通也是一种通信，语音可以通过空气、手机等不同的媒介、工具来传输，而计算机通信是通过各种线路电缆、通信设备来实现传输。人的语言有普通话、地方方言和外语等，计算机系统中的数据格式也有多种，需要通过不同的通信协议来彼此"理解与沟通"的。

1. 并行通信和串行通信

在微机系统中，单片机的通信协议很多，但通信方式一般只有两种：并行通信和串行通信。这两种通信方式的示意图如图 6-1 所示。

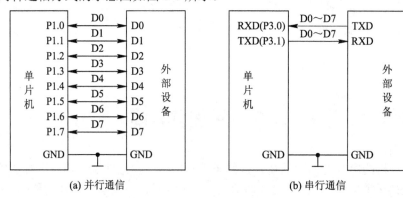

图 6-1　两种通信方式的示意图

并行通信，即多位数据同时传送。其特点是：传送控制简单，通信速度快，但线路复杂，硬件成本高，特别是在远距离传输时更为明显，且容易产生信号干扰。因此，并行通信较适合于短距离的数据通信，例如板载级系统内部的通信。

串行通信中数据是一位一位地按顺序传送的。其特点是：传送控制复杂，通信速度较慢；但串行通信传输线少，成本低，往往只需一根数据信号线，可以较大地节约通信成本。因此，串行通信在远距离数据通信中应用十分广泛。目前，由于串口协议的快速发展，设备间的串行通信应用十分普遍，串口设备随处可见。

2. 同步通信和异步通信

按照串行通信传送数据的时钟控制方式不同，串行通信可分为同步通信(Synchronous Communication)和异步通信(Asynchronous Communication)两类。

1) 异步通信

在异步通信中，收、发设备的时钟独立，互不同步，数据以字符帧为单位进行传输。每一帧数据都是低位(D0)在前，高位(D7)在后，通过传输线被接收端一帧一帧地接收。每发完一个字符帧后，可经过任意长的时间间隔再发送下一帧。

在异步通信中，接收端依靠字符帧的格式来判断发送端何时开始发送、何时结束发送，因此，字符帧格式是异步通信的一个重要指标。

(1) 字符帧(Character Frame)。字符帧也叫数据帧，由起始位、数据位、校验位和停止位等四部分组成，如图 6-2 所示。

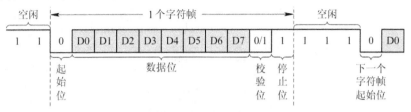

图 6-2　异步通信的字符帧格式

① 起始位：为逻辑 0(占 1 位)，表示一个字符帧的开始，用于向接收设备表示开始发送一帧信息，同步接收方的时钟，以确保能够正确接收随后的数据。

② 数据位：字符帧中真正需要传输的用户数据，紧跟起始位之后，用户可根据情况取 5～8 位，且低位在前、高位在后，从低位开始传送。

③ 校验位：位于数据位之后，仅占一位，也可以没有，用来校验数据传输的准确性。实际中可采用奇偶校验的方式，由用户决定奇偶校验位。

④ 停止位：为逻辑 1(占用 1～2 位)，表示一个字符帧的结束，用于向接收设备表示一个字符帧已经发送完，为下一帧作准备。

⑤ 空闲位：为逻辑 1，当无字符传递时，表示空闲。可以没有空闲位，也可以有若干空闲位，这由用户来决定。

在串行通信中，接收端不断检测线路的状态，在连续接收到逻辑“1”后收到一个逻辑“0”，表示新的字符帧开始传送。

(2) 波特率(Baud)。波特率指每秒钟传送码元(符号)的个数，单位为波特(Bd)，1 波特即指每秒钟传输 1 个码元。在计算机串口通信中，波特率用来表征有效数据信号调制载波的速率，它是对码元传输速率的一种度量。比特率是指每秒钟传送的二进制位数，单位为 bit/s，即位/秒，用来表示有效数据的传输速率。

对于串行异步通信，因为码元是一位的二进制数字 1 或 0，是用高低电平来传输的，所以波特率和比特率在数值上是相等的。1 波特 = 1 位/秒，当波特率为 9600 Bd 时，串口每秒传输 9600 bit 的数据量，即为 9600 b/s。

通常，串行异步通信的波特率为 50～115 200 Bd，波特率越高，数据传输速度越快，它是衡量异步通信传输通道频宽的一个重要指标。

异步通信的缺点是字符帧中包含起始位、停止位等附加位较多，用户数据传送效率较低。但其优点是不需要传送同步时钟，字符帧长度不受限制，对硬件的要求也较低，实现起来比较容易。因此，异步通信是单片机中常用的数据传送方式。

2) 同步通信

同步通信是一种连续串行传送数据的通信方式。当通信时，接收端和发送端必须先进行同步(即双方的时钟要调整到同一个频率)，才能进行数据的传送。在数据开始传送前用同步字符(1～2 个)来指示，当检测到规定的同步字符后，就按顺序连续地传送数据，直到通信结束。在同步通信时，字符数据与字符数据间没有间隙，没有起始位和停止位，仅在数据块开始时用同步字符来指示。其字符帧格式如图 6-3 所示。

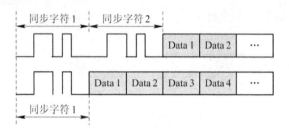

图 6-3　同步通信的字符帧格式

由图 6-3 可知，同步字符可以是单同步字符或双同步字符帧结构。同步字符可以采用统一的标准 SYNC 代码，也可以由用户约定。在同步通信时，先发送同步字符，接收方检测到同步字符后就准备接收数据。

同步通信虽然数据传输速率较高，可达 56 000 b/s(56 kb/s)或更高，但是发送时钟和接收时钟必须保持严格同步，这对硬件要求较高，成本大。同步通信一般适合于需要传送大量数据的场合。

3. 串行通信的制式

串行通信按数据传送的方向可分为单工(simplex)通信、半双工(half duplex)通信和全双工(full duplex)通信三种制式，如图 6-4 所示。

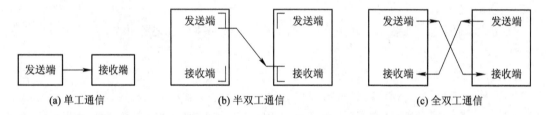

(a) 单工通信　　　　　　(b) 半双工通信　　　　　　(c) 全双工通信

图 6-4　单工通信、半双工通信和全双工通信三种通信制式的示意图

在单工通信制式下，数据只能单向传输，从发送端发给接收端。

在半双工通信制式下，数据可发可收，但在通信过程中只能有一个方向上的传输信道存在，不能同时在两个方向上传送，即同一时刻只能一端发送，一端接收。

在全双工通信制式下，通信双方都可以同时发送和接收数据，在两个方向上实现数据双向同时传输。

目前在实际应用中，绝大多数通信设备都具备全双工通信的功能，89C51 单片机的串口就具有全双工的通信能力。

4. 串行通信 232 总线接口

在串行通信接口部件中，能够完成异步通信的总线接口，称为通用异步接收器/发送器(Universal Asychronous Receiver/Transmitter，UART)。能够完成同步通信的总线接口，称为通用同步接收器/发送器(Universal Sychronous Receiver/Transmitter，USRT)。

在单片机应用系统中，数据通信主要采用异步串行通信(UART)，常用的是 RS-232C 总线接口，采用 RS-232C 串行通信标准协议，可以方便地将单片机、外设、测量仪器等连接起来，构成一个完整的测控系统。需要注意的是，当单片机和 PC 通信时，由于 RS-232C 电气特性的逻辑电平规定不同，需要利用 RS-232 接口芯片进行电平转换。

1) RS-232C 接口概述

RS-232C 是美国电子工业协会(EIA)1962 年公布的，是目前使用最早、应用广泛的一种异步串行通信总线标准。其中"RS"是 Recommended Standard(推荐标准)的缩写，"232"是该标准的标识，"C"表示该标准的版本号(已修订了三次)。

RS-232C 定义了数据终端设备(DTE)和数据通信设备(DCE)之间的物理接口规范，适合于短距离或带调制解调器的通信场合。例如，工业监控系统的通信，单片机与 PC 的通信等。

RS-232C 接口标准规定采用一个 25 脚的 DB-25 连接器，制定了其电气特性和引脚的功能。后来 IBM 的 PC 将 RS-232C 简化成了 DB-9 连接器，在实际中得到了大量的应用，并成为了事实标准。

2) RS-232C 的电气特性

RS-232C 协议中逻辑电平采用负逻辑，规定如下：

逻辑"1"：$-5 \sim -15 \text{ V}$。

逻辑"0"：$+5 \sim +15 \text{ V}$。

该电气标准的目的在于提高抗干扰能力，提高通信距离。噪声容限为 2 V，能将 +3 V 识别为逻辑"0"，将 −3 V 识别为逻辑"1"，−3～+3 V 是未定义的过渡区。

RS-232C 接口的电气规范与 TTL 电路不同，不能直接和 TTL 电平相连，在使用时必须加上适当的电平转换电路，否则将使 TTL 电路烧坏。常用的电平转换芯片有 MAX232、MC1488 和 MC1489 等。

3) RS-232C 的引脚功能

如图 6-5 中(a)所示，标准 RS-232C 接口采用的是 25 针 D 型连接器，但在大部分的通信系统中只用到了其中的 9 个引脚，因此，在实际应用中常采用 9 针串口，如图 6-5(b)和(c)所示。

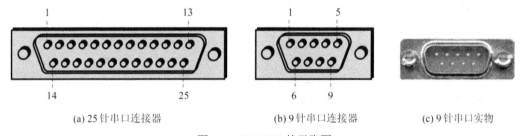

(a) 25 针串口连接器　　　(b) 9 针串口连接器　　　(c) 9 针串口实物

图 6-5　RS-232C 的引脚图

RS-232C 的引脚功能可以分为数据发送/接收和联络两部分。其中，RXD 和 TXD 是数据发送与接收信号线，用于 DTE 与 DCE 之间交换信息。其他信号属于联络信号，用于保证信息正确无误地传输。9 针串口引脚的定义如表 6-1 所示。

在一些简单的通信系统中，只需使用 TXD、RXD 和地共 3 个引脚就可以完成串行通信。例如，工业控制领域的 RS-232C 一般只用 RXD、TXD、GND 三根线。对于 89C51 单片机，也是利用其 RXD、TXD 和 GND 就可以构成符合 RS-232C 接口标准的全双工通信。

表 6-1   9 针串口引脚的定义

9针引脚号	简写	功 能
1	DCD	数据载波侦测(Data Carrier Detect)
2	RXD	接收数据(Receive Data)
3	TXD	发送数据(Transmit Data)
4	DTR	数据终端准备(Data Terminal Ready)
5	GND	地线(Ground)
6	DSR	数据装置准备好(Data Set Ready)
7	RTS	请求发送(Request To Send)
8	CTS	清除发送(Clear To Send)
9	RI	振铃指示(Ring Indicator)

4) RS-232C 的通信距离和速度

RS-232C 规定最大的负载电容为 2500 pF，这个电容限制了传输距离和传输速率。在近距离通信时，不需要使用调制解调器(Modem)，RS-232 能够可靠进行数据传输的最大通信距离为 15 m。若采用光电隔离 20 mA 的电流环进行传输，其通信距离最大可以达到 1000 m。在远程通信时，RS-232C 接口通过调制解调器(Modem)进行远程通信连接，通信距离甚至可以更远。

RS-232C 接口的最大传输速率为 20 kb/s，常用的通信波特率主要有 1200 Bd、2400 Bd、4800 Bd、9600 Bd、19 200 Bd 等。由于传输距离与传输速度成反比关系，适当地降低传输速度，可以延长 RS-232 的传输距离，提高通信的稳定性。在仪器仪表、工业控制等场合，9600 b/s 是最常见的传输速率。

EIA 后来推出的 RS-485 总线标准改善了传输特性。通信距离为 10 m 时可以达到 35 Mb/s，为 50 m 时的在线速度为 2 Mb/s，1200 m 时可以达到 100 kb/s，特定条件下可以达到 64 Mb/s，应用十分广泛。

6.3.2   单片机的串行口

89C51 单片机的串行口是一个可编程的全双工串行通信口，它具有通用异步收发器(UART)的全部功能，不仅可以同时进行数据的接收和发送，也可作同步移位寄存器使用。

1. 串行口的结构与原理

89C51 单片机的串行口主要由串行口数据缓冲器 SBUF、串行控制寄存器 SCON、输入移位寄存器和定时器 T1 等几部分构成，其内部结构如图 6-6 所示。

SBUF 是物理空间相互独立的两个缓冲器，包括发送 SBUF 和接收 SBUF，它们共用一个逻辑地址 99H。发送 SBUF 只能写入不能读出，接收 SBUF 只能读出不能写入。SCON 是串行控制寄存器，用于定义串行口的工作方式及串行的接收和发送控制。输入移位寄存器用于将从外设输入的串行数据转换为并行数据。定时器 T1 用于产生接收和发送数据所需的移位脉冲，称为波特率发生器。T1 的溢出频率越高，波特率越高，其接收和发送数据的速度也越快。

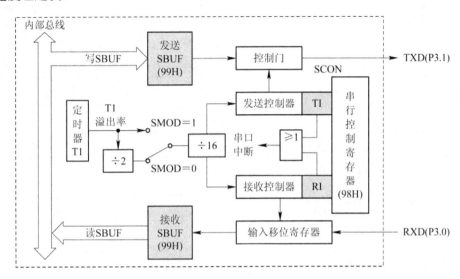

图 6-6　串行口的结构示意图

串行口的工作原理如下：

当串行口发送数据时，CPU 通过内部总线将 8 位数据写入发送 SBUF(用"MOV SBUF，A"指令)，在发送控制器的控制下，按设定好的波特率，每来一次移位脉冲，通过引脚 TXD 向外输出 1 位数据。一帧数据发送完成后，SCON 的 TI 位由硬件置 1，向 CPU 发出中断请求。CPU 在响应中断后，开始准备发送下一帧数据。

当串行口接收数据时，CPU 不停地检测引脚 RXD 上的信号，采样到起始位低电平为"0"时，在接收控制器的控制下，按设定好的波特率，每来一次移位脉冲，读取 RXD 引脚上的 1 位数据到移位寄存器。一帧数据接收完成后，数据被存入接收 SBUF，SCON 的 RI 位由硬件置 1，向 CPU 发出中断请求。CPU 在响应中断后，把接收 SBUF 中的数据读入累加器(用"MOV A，SBUF"指令)，软件清除 RI 后，准备接收下一帧数据。

2. 串行口工作寄存器

与单片机串行口工作有关的特殊功能寄存器主要有 SBUF、SCON 和 PCON。

1) 串行口数据缓冲器 SBUF

串行口的两个 SBUF 缓冲器彼此独立，一个用于存放要发送的数据，另一个用于存放已接收到的数据。CPU 通过写数据到 SBUF 启动串行发送(用"MOV SBUF，A"指令)。当允许串行接收时，CPU 收到串行接收中断请求(或查询 RI)，通过读 SBUF 缓冲器获取串行口接收到的数据。串行口接收或发送数据是通过串行口对外的两条独立收发信号线 RXD(P3.0)、TXD(P3.1)来实现的，因此可以同时发送、接收数据。

2) 串行口控制寄存器 SCON

SCON 的字节地址为 98H，可位寻址，用来控制串行口的工作方式和状态，其定义如表 6-2 所示。

表6-2　串行口控制寄存器 SCON 的定义

SCON	D7	D6	D5	D4	D3	D2	D1	D0
位名称	SM0	SM1	SM2	REN	TB8	RB8	TI	RI
功能	工作方式选择位		多机通信控制位	允许串行接收使能位	发送数据第9位	接收数据第9位	发送中断标志位	接收中断标志位

(1) SM0、SM1：串行口工作方式选择位，可选择的 4 种工作方式如表 6-3 所示。

表6-3　串行口的工作方式

SM0	SM1	工作方式	功　能	波特率
0	0	方式 0	8 位同步移位寄存器	$f_{osc}/12$
0	1	方式 1	10 位 UART	可变(T1 溢出率)
1	0	方式 2	11 位 UART	$f_{osc}/64$ 或 $f_{osc}/32$
1	1	方式 3	11 位 UART	可变(T1 溢出率)

(2) SM2：多机通信控制位。

当 SM2 = 1 时，接收机地址帧甄别使能。若 RB8 = 1，接收的信息可进入 SBUF，并使 RI 为 1，进而在中断服务中再进行地址号比较；若 RB8 = 0，该帧不接收，丢弃掉，且保持 RI = 0。

当 SM2 = 0 时，接收机地址帧甄别禁止。不论收到的 RB8 为 0 或 1，均可以使接收帧进入 SBUF，并使 RI = 1。此时的 RB8 通常为校验位。

(3) REN：允许串行接收使能位，由软件置 1 或清 0。当 REN = 1 时，允许接收；当 REN = 0 时，禁止接收。

(4) TB8：发送数据的第 9 位。在方式 2 和方式 3 中，作为要发送的第 9 位数据，可根据需要由软件置 1 或清 0，可用作奇偶校验位。在多机通信中，可作为区别地址帧或数据帧的标志位，一般约定地址帧时 TB8 为 1，数据帧时 TB8 为 0。

(5) RB8：接收数据的第 9 位，功能同 TB8。在方式 0 中不使用 RB8；在方式 1 中，若 SM2 = 0，RB8 为接收到的停止位；在方式 2 或方式 3 中，RB8 为接收到的第 9 位数据。

(6) TI：串行发送中断标志位。TI 是发送完一帧数据的中断标志位，由硬件置 1，用软件清 0。可以用指令"JBC TI, rel"来查询是否发送结束，也可向 CPU 申请中断。

(7) RI：串行接收中断标志位，即接收完一帧数据的中断标志位，其功能基本同 TI。

3) 电源及波特率选择寄存器 PCON

PCON 在前面的表 2-6 中已经进行了介绍，这里只对其中与串口通信相关的 SMOD 位(PCON 中的 D7 位，且不能进行位寻址)进行说明。

SMOD 为串行口的波特率倍增位。当 SMOD = 1 时，串行口方式 1、2、3 的波特率加倍；当 SMOD = 0 时，波特率不变。

3. 串行口的工作方式

由表 6-3 可知，89C51 串行口的 4 种工作方式可通过设置 SCON 中的 SM1、SM0 位来进行选择。

1) 方式 0：同步移位寄存器

串口工作在方式 0 模式下，为同步移位寄存器功能，其波特率固定为 $f_{osc}/12$，这种方式常用于扩展并行 I/O 口。

RXD(P3.0)：串行数据的输入或输出口。

TXD(P3.1)：同步移位脉冲的输出口。

(1) 发送数据(移位输出)。

当 CPU 将一个 8 位数据写入串行口并发送至 SBUF 时，串行口将以 $f_{osc}/12$(f_{osc} 指晶振频率)的波特率从 RXD 引脚移位输出数据，且低位在前高位在后。发送完后，中断标志 TI 置 1，请求中断。软件对 TI 清 0 后可以再次发送下一个数据。

例如，采用串入并出移位寄存器 74LS164 扩展一个 8 位的 LED 灯，电路如图 6-7 所示。

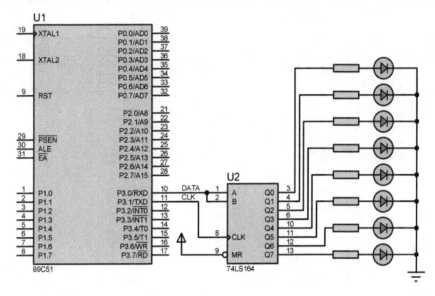

图 6-7　方式 0 用于扩展 I/O 口的数据输出电路

在该模式下，输出数据时其工作时序图如图 6-8 所示。

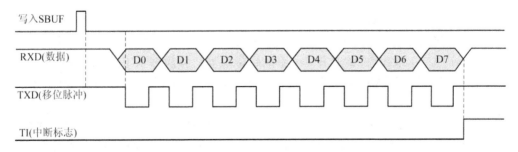

图 6-8　方式 0 输出数据串行口的工作时序图

写 SUBF 指令产生一个正脉冲后，在下一个机器周期中，数据最低位 D0 通过 RXD (P3.0)脚开始输出，同时通过 TXD(P3.1)脚输出移位脉冲，频率固定为 $f_{osc}/12$，在 8 位数据发送完后，TI 置 1。

(2) 接收数据(移位输入)。

当接收数据时，在满足 REN = 1 和 RI = 0 的条件下，串行口将以 $f_{osc}/12$ 的波特率从 RXD 引脚移位输入数据(低位在前，高位在后)。当接收完 8 位数据后，将其写入接收数据缓冲器 SBUF 中，中断标志 RI 置 1，请求中断。软件对 RI 清 0 后可以再次接收下一个数据。

例如，采用并入串出移位寄存器 74LS165 扩展一个 8 位的开关，其电路如图 6-9 所示，其中 SH/LD 下降沿将并行数据装入，高电平启动数据移入。

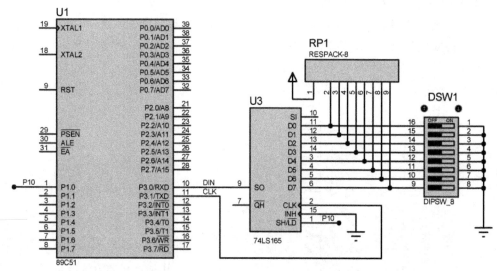

图 6-9　方式 0 用于扩展 I/O 口的数据输入电路

在该模式下，当输入数据时其工作时序图如图 6-10 所示。

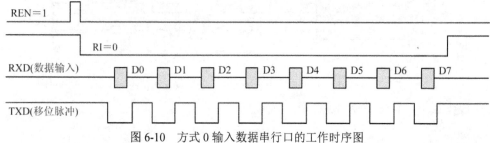

图 6-10　方式 0 输入数据串行口的工作时序图

当写 SCON 指令使 REN = 1(同时使 RI = 0)时，产生一个正脉冲后，启动数据接收，在下一个机器周期 TXD(P3.1)脚输出低电平的移位脉冲，接收器从 RXD(P3.0)脚采样，并将采样值移位接收到输入移位寄存器中，8 个脉冲后数据接收完并装载到 SBUF 中，RI 置 1。

另外，串行控制寄存器 SCON 中的 TB8 和 RB8 在方式 0 中未用。值得注意的是，每当发送或接收完 8 位数据后，硬件会自动置 TI 或 RI 为 1，CPU 在响应 TI 或 RI 中断后，必须由用户用软件清 0。方式 0 时，SM2 必为 0。

2) 方式 1：10 位 UART

串口工作在方式 1 模式下，为波特率可调的 10 位通用异步接口 UART。其字符帧由

10 位组成，包括 1 位起始位"0"、8 位数据位和 1 位停止位"1"。其帧格式如图 6-11 所示。

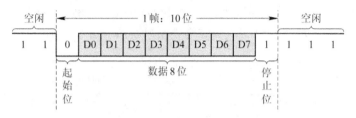

图 6-11   10 位的帧格式

(1) 发送数据。

发送时，数据从 TXD(P3.1)输出，串行发送数据的工作时序如图 6-12 所示。

当 CPU 将数据写入发送缓冲器 SBUF 后，产生的正脉冲就启动了发送器开始发送。发送的速度由移位时钟决定，它是由定时器 T1 的溢出信号经 16 分频或 32 分频后提供的。当发送完一帧数据后，置中断标志 TI 为 1。

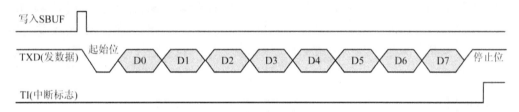

图 6-12   方式 1 串行发送数据的工作时序图

(2) 接收数据。

接收时，数据从 RXD(P3.0)输入，串行接收数据的工作时序如图 6-13 所示。

当 REN = 1 时，接收器开始采样 RXD 上的电平，当检测到高电平到低电平(起始位"0")的跳变时开始接收数据。为了确保接收数据的准确无误，在正式接收数据前还要判断这个跳变是否由干扰引起的，因此需要对 RXD 上的电平连续采样 3 次。当确认是起始位"0"后，就开始接收一帧数据。当一帧数据接收完，还需要判断两个条件才接收有效，否则信息将丢失：RI = 0，表示上一帧的数据已经接收完成，CPU 已从 SBUF 取走数据，清除了 RI；SM2 = 0 或 RB8 停止位为 1(在方式 1 模式下，停止位进入 RB8 位)。当满足这两个条件后，接收的数据进入 SBUF，中断标志 RI 置 1。因此，工作在方式 1 接收数据前，应先用软件清除 SM2 和 RI 标志。

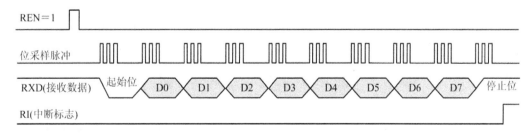

图 6-13   方式 1 串行接收数据的工作时序图

3) 方式 2：11 位 UART

在方式 2 模式下，串行口为 11 位 UART，波特率固定为 $f_{osc}/64$(SMOD = 0)或 $f_{osc}/32$ (SMOD = 1)。字符帧由 11 位组成，包括 1 位起始位"0"、8 位数据位、1 位可编程位(常用于奇偶校验)和 1 位停止位"1"。其帧格式如图 6-14 所示。

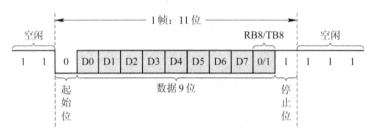

图 6-14   11 位的帧格式

(1) 发送数据。

在方式 2 模式下，串行发送数据的工作时序如图 6-15 所示。

当发送数据时，需要先根据通信协议设置 TB8 位(奇偶校验位或地址/数据标志位)，然后将要发送的数据写入 SBUF 缓冲器，就启动了发送。串口自动将 TB8 装入发送移位寄存器的第 9 位，再逐一将其从 TXD 发送出去，当一帧数据 11 位发送完后，TI 被自动置 1。

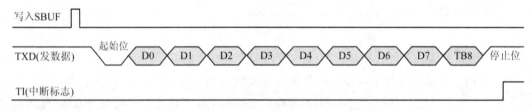

图 6-15   方式 2 串行发送数据的工作时序图

(2) 接收数据。

在方式 2 模式下，串行接收数据的工作时序如图 6-16 所示。

方式 2 接收数据与方式 1 类似。当 REN = 1 时，接收器采样到 RXD 端的负跳变，判断为有效的起始位"0"后，开始接收数据。当接收器接收到第 9 位数据后，若 RI = 0、SM2 = 0 或接收到的第 9 位为"1"，则接收数据有效，8 位数据装入 SBUF，第 9 位送入 RB8，并置 RI = 1，否则信息丢失。

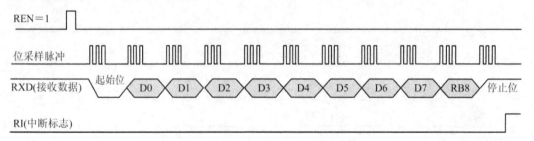

图 6-16   方式 2 串行接收数据工作时序图

4) 方式 3: 11 位 UART

在方式 3 模式下，串行口也为 11 位 UART，波特率可变。除波特率外，方式 3 和方式 2 完全相同，适用于多机通信。

4. 串行口波特率

在串口通信中，收发双方常需要对收发数据的速度进行约定，即设置同一个波特率 (Baud)。我们知道，单片机串口四种工作方式的波特率设置是不同的，其中方式 0 和方式 2 的波特率是固定的，方式 1 和方式 3 的波特率是可变的，主要由定时器 T1 的溢出率决定。

那么，波特率具体怎么计算？常见的波特率如何快速设置？下面我们来分析。

1) 方式 0 和方式 2

在方式 0 中，波特率固定为时钟频率的 1/12，即 $f_{osc}/12$。例如，时钟为 12 MHz，则波特率为 1 MHz。

在方式 2 中，波特率取决于 PCON 中的 SMOD 值。

当 SMOD = 0 时，波特率为 $f_{osc}/64$。例如，时钟为 12 MHz，则波特率为 187 500 Bd。

当 SMOD = 1 时，波特率为 $f_{osc}/32$。例如，时钟为 12 MHz，则波特率为 375 000 Bd。

因此，波特率：

$$Baud = \frac{2^{SMOD}}{64} \cdot f_{osc} \tag{6-1}$$

2) 方式 1 和方式 3

在方式 1 和方式 3 下，波特率由定时器 T1 的溢出率和 SMOD 共同决定：

$$Baud = \frac{2^{SMOD}}{32} \cdot T1溢出率$$

其中，T1 溢出率 $= \frac{f_{osc}}{12(256-X)}$，X 为定时器 T1 的定时初值。所以

$$Baud = \frac{2^{SMOD}}{32} \cdot \frac{f_{osc}}{12(256-X)} \tag{6-2}$$

当定时器 T1 用作波特率发生器时，常设置在定时模式 2 的自动重装载的 8 位定时器。TL1 作计数用，自动重装载的初值 X 设置在 TH1 内，即 TH1 = X。每过 256 − X 个机器周期，定时器溢出一次。显然，当 T1 用作波特率发生器时，应禁止 T1 中断，避免不必要的中断。

在实际应用中，常需要根据确定好的波特率来设置 T1 的定时初值 X，由波特率计算公式反推可得到计算公式如下：

$$X = 256 - \left(\frac{2^{SMOD}}{32} \cdot \frac{f_{osc}}{12 \times Baud} \right) \tag{6-3}$$

这样，我们就可以方便地计算出常用波特率所对应的定时初值，如表 6-4 所示。通过

查表就可以快速得到常见的波特率设置参数。

表 6-4　定时器 T1 产生的常用波特率所对应的定时初值

波特率/Bd	f_osc/MHz	串口工作方式	T1 方式 2 初值 SMOD=0	T1 方式 2 初值 SMOD=1	误差/%	f_osc/MHz	串口工作方式	T1 方式 2 初值 SMOD=0	T1 方式 2 初值 SMOD=1	误差/% SMOD=0	误差/% SMOD=1
300	11.0592	方式 1、3	A0H	40H	0	12	方式 1、3	98H	30H	0.16	0.16
600	11.0592	方式 1、3	D0H	A0H	0	12	方式 1、3	CCH	98H	0.16	0.16
1200	11.0592	方式 1、3	E8H	D0H	0	12	方式 1、3	E6H	CCH	0.16	0.16
1800	11.0592	方式 1、3	F0H	E0H	0	12	方式 1、3	EFH	DDH	2.12	−0.79
2400	11.0592	方式 1、3	F4H	E8H	0	12	方式 1、3	F3H	E6H	0.16	0.16
3600	11.0592	方式 1、3	F8H	F0H	0	12	方式 1、3	F7H	EFH	−3.55	2.12
4800	11.0592	方式 1、3	FAH	F4H	0	12	方式 1、3	F9H	F3H	−6.99	0.16
7200	11.0592	方式 1、3	FCH	F8H	0	12	方式 1、3	FCH	F7H	8.51	−3.55
9600	11.0592	方式 1、3	FDH	FAH	0	12	方式 1、3	FDH	F9H	8.51	−6.99
14 400	11.0592	方式 1、3	FEH	FCH	0	12	方式 1、3	FEH	FCH	8.51	8.51
19 200	11.0592	方式 1、3	—	FDH	0	12	方式 1、3	—	FDH	—	8.51
28 800	11.0592	方式 1、3	FFH	FEH	0	12	方式 1、3	FFH	FEH	8.51	8.51
62 500						12	方式 1、3		FFH	—	0

例如，若晶振采用 11.059 MHz，设定串行通信的波特率为 9600 Bd，要求误差为 0%，允许串行接收数据，求定时器的定时初值，并编写串行口的初始化程序。

串行口一般初始化步骤如下：

(1) 确定 T1 的工作方式(TMOD)。

定时器 T1 用作波特率发生器时，通常配置其工作在定时模式 2，即自动重装载的 8 位定时器，则 TMOD = 20H。

(2) 计算 T1 的初值，装载 TH1、TL1。

由表 6-4 可知，当波特率为 9600 Bd 时，f_osc = 11.059 MHz，其误差为 0%，可设置 SMOD = 0，则定时初值为 TH1 = FDH，TL1 = FDH。

由于 SMOD 位于 PCON 中的最高位 D7，且不能进行位寻址，因此，PCON = 00H。

(3) 启动 T1(置位 TR1)。

采用位操作指令启动定时器 T1：SETB　TR1。

(4) 确定串行口工作方式(SCON)。

由表 6-4 可知，可配置串行口的工作方式为方式 1 或方式 3，若选为方式 1，则 SM0 = 0，SM1 = 1；允许串行口接收数据，且 REN = 1；清除中断标志，TI = 0，RI = 0。所以，SCON = 50H。

(5) 进行串口中断设置(IE、IP)。

配置串口中断优先级为高级中断，PS = 1，则 IP = 10H。不允许 T1 中断，ET1 = 0；允许串口中断，ES = 1；开总中断，即设置 EA = 1。因此，IE = 90H。

经上述分析过程，可写出串行口初始化程序如下：

```
INIT_UART:
        MOV     TMOD, #20H      ; T1 工作在定时模式 2，自动重装载 8 位模式
        MOV     TL1, #0FDH      ; 波特率 9600 Bd，定时初值为 FDH
        MOV     TH1, #0FDH      ; 设置定时初值
        MOV     PCON, #00H      ; 设置 SMOD=0
        SETB    TR1             ; 启动定时器 T1
        MOV     SCON, #50H      ; 配置串口工作方式 1，允许接收，清除 TI、RI 中断标志
        MOV     IP, #10H        ; 配置串口中断优先级为高级中断
        MOV     IE, #90H        ; 允许串口中断，开总中断
```

6.3.3 单片机串口通信的应用

单片机的串行通信主要应用于单片机与 PC 通信、单片机与单片机的通信。

1. 单片机与 PC 通信

早期的 PC 一般都配置异步通信适配器，拥有九针串口，通过串口连接线可以很方便地与单片机进行串口通信。PC 与 89C51 单片机连接最简单的方法是 3 线经济型零调制，即采用 RXD、TXD、GND 三根线进行全双工通信。这种方法最简单，但通信距离一般不超过 15 米，远距离就需要进行调制，或采用 RS422、RS485 协议，20 mA 电流环，光电隔离等方式进行串行口通信。

由于 89C51 单片机的输入输出电平是 TTL 电平，而 PC 配置的是 RS-232C 标准串行接口，它们的电气规范不一致，要实现单片机与 PC 的串口通信就必须进行电平转换。电平转换的芯片有很多，比较典型的是 MAX232 芯片。

1) MAX232 电平转换

MAX232 芯片是 MAXIM 公司生产的采用 +5 V 单电源供电的两路收发驱动器芯片。MAX232 芯片内部含有电压倍压、升压器、电压反相器等电压变换电路，能够将 +5 V 的 TTL 电平变换输出为 ±10 V 的 RS-232 逻辑电平。MAX232 芯片外围电路简单，适应性强，在实际中被广泛使用，其典型应用电路如图 6-17 所示。

由图 6-17 可知，MAX232 芯片的外围只有 5 个电容，其中 C1、C2、C3、C4 是 1 μF/16 V 的电解电容，用于升压变换，C5 是 0.1 μF 的退耦电容，用于滤去电源噪声。在 PCB 电路设计时，应尽量靠近 MAX 芯片引脚并使用钽电容，以提高电路抗干扰能力。

在如图 6-17 所示的电路中，两路收发器可任意选用一路作为接口使用，注意发送、接收的引脚一定要对应。例如，采用 MAX232 的 T1IN 脚接单片机的串行发送端 TXD，则 PC 的 RS-232C 的接收端 RXD 一定要接 MAX232 的 T1OUT 脚。同理，R1OUT 脚接单片机的串行接收端 RXD，则 PC 的 RS-232C 的发送端 TXD 一定要接 MAX232 的 R1IN 脚。

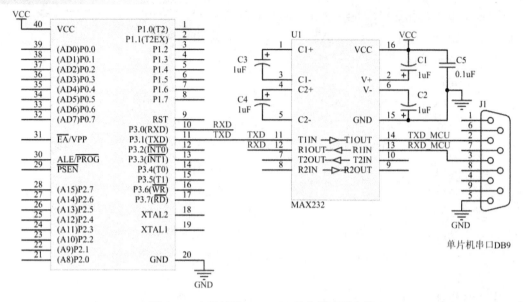

图 6-17 电平转换 MAX232 的典型应用电路

实际中，常采用串口线连接单片机的串口和 PC 的串口，然而串口线常有两种规格：一是直连线，二是交叉线，如图 6-18 和图 6-19 所示。

在电路图 6-17 中，单片机串口 J1 的 2 脚(RXD)是直连到 MAX232 的 T1OUT 输出。因此，应该配用图 6-18 串口直连线的接法连接到 PC 端串口。

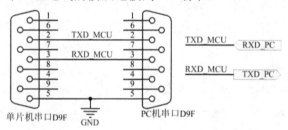

图 6-18 串口直连线电路的接法

而采用串口交叉线的接法，则电路图 6-17 中 MAX232 的 T1OUT 输出端(标签为 TXD_MCU)应交叉接到单片机串口 J1 座的 3 脚，如图 6-19 所示。

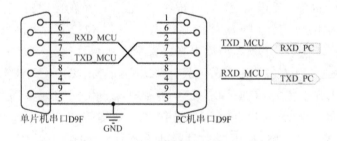

图 6-19 串口交叉线电路的接法

2) USB 转串口 CH340

现在，随着个人计算机接口的精简，大多数用户为非开发人员，因此，PC 端九针串口逐渐取消。取而代之的方法是利用 USB 转串口的方式实现串口通信。

常用的 USB 转串口芯片有 CH340、FT232，PL2302 等，也可以直接用一个 USB 转串口 TTL 模块或 USB 转串口线，这样就可以方便地与 PC 进行通信。这里以 CH340 的 USB 转串口模块为例，其实物图如图 6-20 所示。

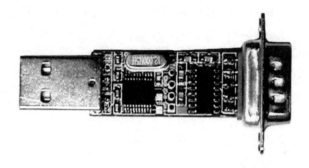

图 6-20　CH340 的 USB 转串口模块实物图

由实物图可以看出，其右端是串行口 DB9 插座，其引脚定义及外观形式都与计算机的普通串口一样，但未提供 MODEM 信号，只有最常用的 GND、TXD 和 RXD 信号，实现三线制的 RS-232 串口。其具体的电路图如图 6-21 所示。

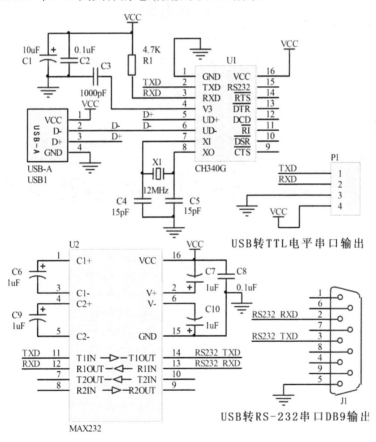

图 6-21　CH340G 的 USB 转串口电路图

由电路图 6-21 可知，在实际中采用的 CH340G 芯片也可以提供全部 MODEM 信号，实现 9 线制的 RS-232 串口，从而与计算机的普通串口的引脚完全相同，只是电路图中 CH340G 芯片的相关引脚(9~15 脚)并没有接出。电路中提供了 TTL 电平 5 V 的 USB 转异步串口输出端 P1，类似于 PC 串口，也利用电平转换芯片 MAX232 实现了 DB9 插座/三线制 RS-232 串口 J1，这样就可以通过 USB 总线为计算机扩展出更多的异步串口，以满足实际需要。

另外，电路图 6-21 中的 R1 电阻仅在远程串口通信时需要，在近距离通信时可以不要。

实物在首次插入电脑 USB 口时，计算机需要安装 CH340 的驱动程序，识别 USB 硬件并分配串口号，如图 6-22 所示。计算机在联网时可自动获取并安装其驱动程序，或从网上手动下载后安装。

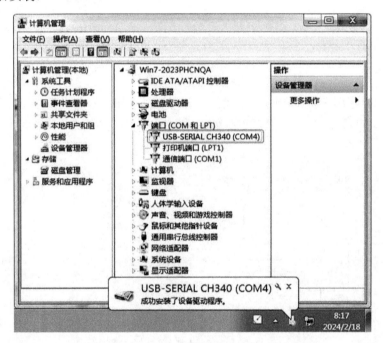

图 6-22　计算机识别 USB 串口硬件并分配串口号

2. 单片机与单片机通信

89C51 单片机之间的串行通信主要分为双机通信和多机通信。

1) 双机通信

两个单片机近距离通信时，可以将串行口直接相连，实现双机通信，如图 6-23 所示。

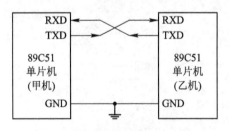

图 6-23　双机近距离直接通信

　　远距离通信时，需要采用光电隔离20 mA电流环等方法，减少通道和电源干扰，增加通信距离，也可以采用RS-232、RS-422、RS-485等标准进行双机通信，如图6-24所示。

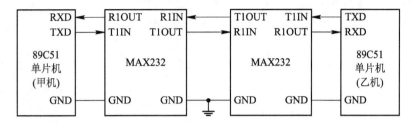

图6-24　双机远距离通信

　　由图6-24可知，采用RS-232标准接口的双机通信电路中，数据是以单端输入的方式进行传输的，线路容易受噪声干扰，导致通信出错，一般通信距离小于15 m。而采用RS-485标准的双机通信电路则以平衡的差分输入方式进行传输，抗共模信号能力强，具有良好的抗噪声性，因此通信距离可以达到1500 m，且在电气特性上，逻辑电平可以与TTL电平兼容，可以直连TTL电路，不容易损坏接口芯片。这种电路常用的接口芯片为MAX485，其具体应用电路这里不再累述，感兴趣的读者可自行查找资料完成设计。

　　2) 多机通信

　　多机通信主要是指采用主、从模式进行多机之间的通信，即一个单片机作为主机，其他多个单片机作为从机的通信模式。多机通信中，主机可以发送信息给每一个从机或指定的从机，而从机发送的信息只能被主机接收，从机与从机之间不能进行通信。多机通信常见的连接示意图如图6-25所示。

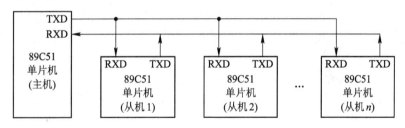

图6-25　多机通信连接示意图

　　多机通信时，单片机的串行口工作在方式2或方式3(11位UART模式)，主要是依靠主、从机之间正确设置与判断SM2(SCON中多机通信控制位)，以及发送或接收的第9位数据(SCON中TB8或RB8)来实现的。具体实现流程如下：

　　当串行口工作在方式2或方式3时，设置SM2 = 1，表示多机通信模式。在该模式下，串行口在接收数据时对接收到第9位数据(RB8)进行判断：若RB8 = 1，则将接收到的数据装入SBUF，并置RI = 1，向CPU发中断请求；若RB8 = 0，则不产生中断，不接收数据。而当SM2 = 0时，串行口对接收到第9位数据(RB8)，无论是1还是0，都将其装入SBUF，并产生中断请求，标志位RI = 1。

　　根据这个控制功能可以设置SM2，利用发送的TB8来区别数据或控制指令，通过对从机编址来实现多机通信，其工作流程如图6-26所示。

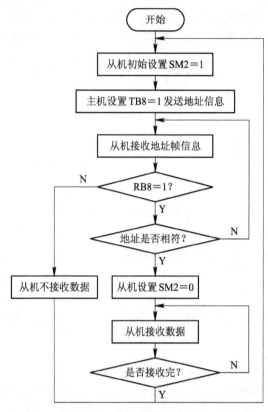

图 6-26　多机通信工作流程

首先，我们对各个从机进行地址编号，例如，从机地址为 00H、01H、02H、03H、FFH 等。主机在发送数据之前先发送一个从机地址，从机辨认地址相符后，建立通信链路，完成数据传输。

由图 6-26 可知，多机通信的过程分为以下几个重要环节。

(1) 从机初始化设置，准备接收。

所有从机初始化，设置 SM2 = 1，处于准备接收一帧地址信息的状态。

例如：MOV　SCON，#0F0H　　；设串行口为方式 3，SM2 = 1，REN = 1，允许串行接收。

(2) 主机发送地址信息。

主机发送一帧地址信息，与所需的从机联络。主机设置 TB8 为 1，表示发送的是地址帧。

例如：MOV　SCON，#0D8H　　；设串行口为方式 3，TB8 = 1，REN = 1，允许接收。

(3) 从机校验地址信息，建立链路。

各从机接收到地址帧信息后，因为 RB8 = 1，中断标志 RI 置 1，产生中断请求。响应中断后，比较主机送过来的地址信息与自己的地址是否相符。对地址相符的从机，置 SM2 = 0，以便连续接收主机随后发来的所有数据信息。对于地址不相符的从机，保持 SM2 = 1 的状态，对主机随后发来的信息不理睬，直到发送新的一帧地址信息。

(4) 建立通信后，发送数据。

主从机建立通信，从机持续接收数据。当主机发送控制指令和数据信息给被寻址的从机时，主机可以置 TB8 为 0，表示发送的是数据。对于没选中的从机，因为 SM2 = 1，RB8 = 0，所以不会产生中断，对主机发送的信息不接收。而从机持续接收数据后，根据双方约定协议就可以判断是否结束传输。

6.3.4 程序设计

串行口异步通信的程序设计通常采用两种方法：查询方式和中断方式。下面通过双机通信的案例来展示这两种编程方法。

1. 查询方式

案例 1：要求甲机将片外地址 0200H～022FH 单元的数据通过串行口发送给乙机，乙机串行接收后依次存入片内 60H～7FH 单元。

假设双机通信波特率为 9600 Bd，采用奇偶校验位，晶振采用 11.059 MHz，则定时器 T1 工作在定时模式 2，定时初值为 FDH；串行口工作在方式 3，11 位 UART 模式。

(1) 甲机发送端的设计。

甲机发送端参考程序如下：

```
INIT_UART:                      ; 初始化
        MOV     TMOD, #20H      ; T1 工作在定时模式 2，自动重装载 8 位模式
        MOV     TL1, #0FDH      ; 波特率 9600 Bd，定时初值为 FDH
        MOV     TH1, #0FDH      ; 设置定时初值
        MOV     PCON, #00H      ; 设置 SMOD=0
        SETB    TR1             ; 启动定时器 T1
        MOV     SCON, #0C0H     ; 配置串行口工作方式 3，清除 TI、RI 中断标志
        MOV     DPTR, #0200H    ; 设数据块指针指向首地址
        MOV     R7, #30H        ; 设数据块长度
SEND:
        MOVX    A, @DPTR        ; 取数据给 A
        MOV     C, P            ; 数据的奇偶位 P 送给 TB8
        MOV     TB8, C
        MOV     SBUF, A         ; 启动发送
WAIT:
        JBC     TI, NEXT        ; 查询 TI，判断一帧是否发送完。若发送完清除 TI，转 NEXT
        AJMP    WAIT            ; 未发送完则等待
NEXT:
        INC     DPTR            ; 指针加 1，更新数据单元
        DJNZ    R7, SEND        ; 循环发送至结束
        RET
```

(2) 乙机接收端的设计。

乙机接收甲机发送过来的数据，并存入片内 60H～7FH 单元。接收过程要求判断 RB8，若出错则置 F0 标志为 1，若正确则置 F0 标志为 0，然后返回。

乙机接收端参考程序如下：

```
INIT_UART:                      ; 初始化
        MOV     TMOD，#20H      ; T1 工作在定时模式 2，自动重装载 8 位模式
```

```
        MOV     TL1, #0FDH          ; 波特率 9600 Bd，定时初值为 FDH
        MOV     TH1, #0FDH          ; 设置定时初值
        MOV     PCON, #00H          ; 设置 SMOD=0
        SETB    TR1                 ; 启动定时器 T1
        MOV     SCON, #0C0H         ; 配置串行口工作方式 3，清除 TI、RI 中断标志
        MOV     R0, #60H            ; 设置数据指针，指向首地址 60H
        MOV     R7, #30H            ; 设置数据块长度
        SETB    REN                 ; 启动串行接收
WAIT:
        JBC     RI, READ            ; 查询 RI，判断是否接收完一帧。若完成则清除 RI，转 READ
        AJMP    WAIT                ; 未完则等待
READ:
        MOV     A, SBUF             ; 读入一帧数据
        JNB     PSW.0, PZ           ; 奇偶位为 0 则转 PZ
        JNB     RB8, ERR            ; P=1，若 RB8=0，则转 ERR，奇偶校验不一致，出错
        SJMP    RIGHT               ; P=1，RB8=1，都为 1，则正确
PZ:     JB      RB8, ERR            ; P=0，RB8=1，则转 ERR，奇偶校验不一致，出错
RIGHT:                              ; P=0，RB8=0，都为 0，则正确
        MOV     @R0, A              ; 正确，则向指定地址存放数据
        INC     R0                  ; 更新地址指针
        DJNZ    R7, WAIT            ; 判断数据是否接收完
        CLR     PSW.5               ; 接收完，清除 F0 标志
        RET                         ; 返回
ERR:    SETB    PSW.5               ; 出错，置 F0 标志为 1
        RET                         ; 返回
```

2. 中断方式

为提高 CPU 的工作效率，双机通信的双方都采用中断的方式来发送、接收数据。

案例 2：要求甲机将片内 60H～6FH 单元的数据块从串行口发送出去。在发送之前将数据块的长度发送给乙机，发送完 16 个字节后，再发送一个累加校验和。乙机接收到数据后将其存入以 1000H 开始的片外数据存储器中，并进行累加和校验，然后根据校验结果向甲机发送一个状态字。用 "00H" 表示正确，"FFH" 表示出错，出错则甲机重发。

分析：假设双机通信的波特率采用 4800 Bd，晶振采用 11.059 MHz。串行口工作在方式 1，10 位 UART 模式，允许接收，则 SCON = 50H。再查表 6-4 可知，定时器 T1 工作在定时模式 2，设定定时初值为 FAH，SMOD = 0。

甲机采用查询方式发送数据，乙机采用中断方式接收数据。

(1) 甲机发送端参考程序如下：

```
INIT_UART:                         ; 初始化
        MOV     TMOD, #20H          ; T1 工作在定时模式 2，自动重装载 8 位模式
        MOV     TL1, #0FAH          ; 波特率 4800 Bd，定时初值为 FAH
        MOV     TH1, #0FAH          ; 设置定时初值
```

```
                MOV      PCON, #00H        ; 设置 SMOD=0
                SETB     TR1               ; 启动定时器 T1
                MOV      SCON, #50H        ; 配置串行口工作方式 1, 允许接收, 清除 TI、RI 中断标志
                MOV      IP, #10H          ; 配置串口中断优先级为高级中断
                MOV      IE, #90H          ; 允许串口中断, 开总中断
                MOV      R0, #60H          ; 设置数据指针, 指向首地址 60H 单元
                MOV      R5, #10H          ; 设置数据长度为 16
                MOV      R4, #00H          ; 累加校验和初始化
SEND:                                      ; 启动发送
                MOV      SBUF, R5          ; 发送数据长度 16
WAIT:
                JBC      TI, T_DATA        ; 查询一帧是否发送完, 发送完清除 TI, 转 T_DATA
                AJMP     WAIT              ; 等待
T_DATA:
                MOV      A, @R0            ; 从首地址取数据
                MOV      SBUF, A           ; 发送数据
                ADD      A, R4             ; 累加到 A 中
                MOV      R4, A             ; 形成累加和, 存入 R4
                INC      R0                ; 修改数据指针
WAIT1:
                JBC      TI, NEXT          ; 等待发送完第一帧数据
                AJMP     WAIT1
NEXT:
                DJNZ     R5, T_DATA        ; 循环发送下一个数据, 并判断数据是否发送完
                MOV      SBUF, R4          ; 发送累加校验和
WAIT2:
                JBC      TI, WAIT4         ; 等待累加和发送完
                AJMP     WAIT2
WAIT3:                                     ; 累加和发送完毕后
                JBC      RI, READ          ; 等待接收乙机应答信号(00H 或 FFH)完毕
                AJMP     WAIT3
READ:
                MOV      A, SBUF           ; 将接收的数据读入类加器
                JZ       RIGHT             ; A 为 00H, 则转移 RIGHT, 发送正确
                AJMP     SEND              ; A 不为 0, 则发送出错, 重发数据
RIGHT:          RET                        ; 返回
```

(2) 乙机发送端参考程序如下:

```
                FLG_L    BIT    7FH        ; 定义长度标志位
                FLG_D    BIT    7EH        ; 定义数据块标志位
                SUM      EQU    40H        ; 定义存放累加和存储单元
```

```
            D_LEN    EQU      41H        ; 定义存放长度数据存储单元
            ORG      0000H
            LJMP     INIT_UART           ; 转初始化程序
            ORG      0023H               ; 串口中断入口地址
            LJMP     INTS                ; 转串行口中断程序
            ORG      0100H
INIT_UART:                              ; 初始化
            MOV      TMOD, #20H          ; T1 工作在定时模式 2, 自动重装载 8 位模式
            MOV      TL1, #0FAH          ; 波特率 4800 Bd, 定时初值为 FAH
            MOV      TH1, #0FAH          ; 设置定时初值
            MOV      PCON, #00H          ; 设置 SMOD=0
            SETB     TR1                 ; 启动定时器 T1
            MOV      SCON, #50H          ; 配置串行口工作方式 1, 清除 TI、RI 中断标志
            MOV      IP, #10H            ; 配置串口中断优先级为高级中断
            MOV      IE, #90H            ; 允许串口中断, 开总中断
            SETB     FLG_L               ; 置长度标志位为 1
            SETB     FLG_D               ; 置数据块标志位为 1
            MOV      DPTR, #1000H        ; 指针指向外部存储器首地址
            MOV      SUM, #00H           ; 清累加和寄存器
            LJMP     MAIN
MAIN:                                   ; MAIN 为主程序, 暂空, 可以完成其他任务
            LJMP     $
INTS:                                   ; 串口中断服务
            CLR      EA                 ; 关中断
            CLR      RI                 ; 清中断标志
            PUSH     ACC                ; 保护现场
            JB       FLG_L, R_LEN       ; 判断是否为接收的数据长度,若 FLG_L=1,则转接收 R_LEN
            JB       FLG_D, R_DATA      ; 判断是否为接收的数据块,若 FLG_D=1,则转接收 R_DATA
CHECK:                                  ; FLG_L=0, FLG_D=0, 表示接收的是校验和
            MOV      A, SBUF            ; 读取校验和, 准备校验
            CJNZ     A, SUM, ERR        ; 比较校验和, 判断接收是否正确, 不相等转 ERR
            MOV      A, #00H            ; 相等, 表示接收正确, 向甲机发送状态字 00H

            MOV      SBUF, A            ; 启动发送状态字 00H
WAIT1:
            JNB      TI, WAIT1          ; 等待发送完
            CLR      TI                 ; 发送完, 清除 TI 标志
            SJMP     RETURN             ; 转到返回
ERR:        MOV      A, #0FFH           ; 校验和不相等, 出错, 向甲机发送出错状态字 FFH
            MOV      SBUF, A            ; 启动发送状态字 FFH
```

```
WAIT2:
        JNB     TI, WAIT2       ; 等待状态字 FFH 发送完
        CLR     TI              ; 发送完, 清除 TI 标志
        SJMP    AGAIN           ; 发送完, 转重新开始接收
R_LEN:                          ; 接收长度值
        MOV     A, SBUF         ; 读取长度值
        MOV     D_LEN, A        ; 长度值存入 D_LEN(41H)单元
        CLR     FLG_L           ; 清长度标志位
        SJMP    RETURN          ; 转返回
R_DATA:                         ; 接收数据
        MOV     A, SBUF
        MOVX    @DPTR, A
        INC     DPTR            ; 修改片外指针指向的 RAM 地址
        ADD     A, SUM          ; 形成累加和, 放在 SUM(40H)单元
        MOV     SUM, A
        DJNZ    D_LEN, RETURN   ; 判断数据是否接收完, 未接收完, 转返回, 等下一个数据
        CLR     FLG_D           ; 接收完, 清数据块标志位
        SJMP    RETURN
AGAIN：
        SETB    FLG_L           ; 接收出错, 恢复标志位, 重新开始接收
        SETB    FLG_D
        MOV     DPTR, #1000H    ; 恢复指针, 指向外部存储器首地址
        MOV     SUM, #00H       ; 累加和寄存器清零
RETURN:
        POP     ACC             ; 恢复现场
        SETB    EA              ; 开中断
        RETI                    ; 中断返回
```

上述程序中, 收发双方的串行口都工作在方式 1, 即 10 位 UART 模式, 没有奇偶校验位, 采用的是累加和校验法, 出错有应答, 可以重新发送和重新接收, 因此更加实用。但是实际中累加和的值很可能会超过 255, 因此, 应该根据需要分配更大的存储单元并进行多字节校验和的比较。

6.4　项目实施参考方案

根据串口通信的项目任务, 需要基于 Proteus 仿真平台和单片机技术实现 PC 与单片机的串口通信。要求 PC 发送数据给单片机, 单片机要能够把接收到的数据反馈回来, 通过 PC 键盘输入的数据可以是数字或字符。

在设计之前, 需要做功能边界的确认。这里打算先用 Proteus 平台的串口调试虚拟仿真终端对串口进行调试与仿真, 分别监视 PC 串口端 RXD、TXD 收发的数据, 以及单片机

端的 RXD、TXD 口的收发数据。仿真通过后，再利用虚拟串口驱动软件"Virtual Serial Port Driver"生成关联 Proteus 平台的串口对，利用 PC 端上位机的串口调试助手实现 Proteus 平台单片机串口的异步通信。

具体项目实施参考方案的功能如下：

(1) 将 PC 键盘输入的数据先发送给单片机，单片机收到 PC 发来的数据后，回送同一数据给 PC，通过串口调试虚拟终端将其显示出来。

(2) 单片机同时将接收到的 30H~39H 之间的数据转换成 0~9 的数字显示在数码管上，其他的字符则直接显示为其 ASCII 码。

(3) 当串口调试虚拟终端显示的字符与所键入的字符相同时，说明二者之间的通信正常。

6.4.1 Proteus 平台硬件电路设计

根据前面讲解的单片机与 PC 通信的知识，在硬件设计上，我们可以直接采用最简单的零调制三线经济型连接，直接采用 MAX232 芯片进行电平转换。图 6-27 所示为 Proteus 平台 PC 和单片机串行通信接口电路，其与 PC 相连采用 9 芯标准 DB9 插座。该电路采用两位带 BCD 译码功能的数码管显示单片机接收到的数据。同时，串口调试虚拟仿真终端也可以实时监视收发的数据。

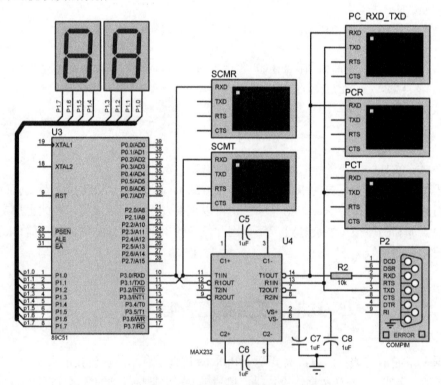

图 6-27　PC 和单片机串行通信仿真电路

由图 6-27 可知，两位 BCD 译码功能的数码管分别接在单片机 P1 口的低四位和高四位，用来显示接收到的数据。SCMR、SCMT、PCT、PCR、PC_RXD_TXD 等是 Proteus

平台的串口调试虚拟终端，用来对串口进行调试与仿真。

放置串口调试虚拟终端的方法是：在 Proteus 原理图设计界面的左侧工具箱里，可以找到"Virtual Instruments Mode"按钮"📷"，在对象选择器中列出了各种虚拟仪器，如示波器、逻辑分析仪、频率计、串口调试虚拟终端、SPI 总线调试器、I2C 总线调试器和信号发生器等，选择其中的"Virtual terminal"(串口调试虚拟终端)，如图 6-28 所示。为了方便监视，我们共选取了 5 个串口调试虚拟终端。实际上，一个串口调试虚拟终端可以同时监测串口 RXD、TXD 收发两根线，就像图中 PC_RXD_TXD 的接法，取这个终端的目的也是为了做对比。

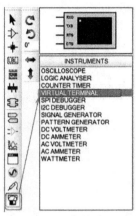

图 6-28   放置串口虚拟调试终端

在图 6-27 中，PCT 表示计算机的数据发送窗口，PCR 用来监视 PC 接收到的数据，PC_RXD_TXD同时仿真 PC 端串口的发送和接收数据窗口。SCMR、SCMT 分别用来监视单片机接收和发送的数据，它们的属性设置完全一样的，遵循双方的通信约定。

这里约定串口通信协议如下：波特率为 9600 Bd，信息格式为 8 个数据位，1 个停止位，无奇偶校验位。

但需要注意的是，PC 串口调试虚拟终端与单片机串口调试虚拟终端在 RX/TX Polarity (Polarity，极性)上的属性设置是相反的，因为信号经过器件 MAX232 时要反相。虚拟终端属性设置如图 6-29 和图 6-30 所示。

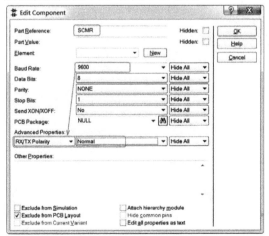
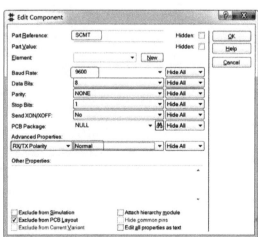

图 6-29   单片机串口调试虚拟终端属性设置

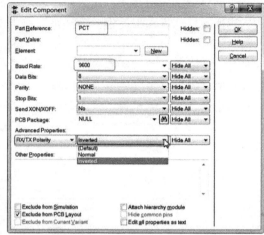

图 6-30　PC 串口调试虚拟终端属性设置

如图 6-30 所示，RX/TX Polarity 的属性设置在下拉列表里应选择"Inverted(反相的)"。

6.4.2　Keil C 软件程序设计

89C51 单片机通过串口查询的方式接收 PC 串口发送来的数据并进行回传。设定串行口工作在方式 1，10 位 UART 模式，波特率为 9600 Bd。约定信息格式为 8 个数据位，1 个停止位，无奇偶校验位。利用定时器 T1 作为波特率信号发生器，工作在方式 2 自动重装 8 位模式，晶振为 11.0592 MHz。经查表 6-4 可知，预设 SMOD = 1 时，定时初值为 FAH，即 TH1 = 0FAH，TL1 = 0FAH，PCON = 80H，SCON = 50H。

另外，数码管显示部分采取的数据处理方式为：将数据 0~9 的 ASCII 码转换为数字 0~9，其余字符保持 ASCII 码不变。

1. 程序设计流程图

本项目的串口通信程序设计流程图如图 6-31 所示。

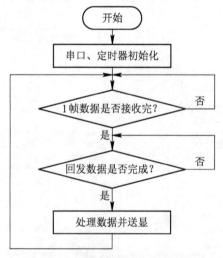

图 6-31　串口通信程序设计流程图

2. 源程序代码

根据以上流程图，可以采用汇编语言或 C 语言实现程序设计，这里提供两种语言进行程序设计，给大家做对比和参考。

(1) 汇编语言源程序参考如下：

```
           ORG     0000H
           LJMP    START
           ORG     0030H
INIT_UART:                      ;初始化
           MOV     SP, #60H            ;SP 初始化
           MOV     TMOD, #20H          ;T1 工作在定时模式 2，自动重装载 8 位模式
           MOV     TL1, #0FAH          ;波特率为 9600 Bd，定时初值为 FAH
           MOV     TH1, #0FAH          ;设置定时初值
           MOV     PCON, #80H          ;设置 SMOD=1，波特率加倍
           MOV     SCON, #50H          ;串行口方式 1，10 位 UART，允许接收，清除 TI、RI
           MOV     IP, #10H            ;配置串口中断优先级为高级中断,采用中断方式编程才要
           MOV     IE, #90H            ;允许串口中断，开总中断，采用中断方式编程才要
           SETB    TR1                 ;启动定时器 T1
           MOV     P1, 00H             ;关掉数码显示
           RET

START:
           ACALL   INIT_UART          ;调用初始化
LOOP:
           JNB     RI, $              ;等待接收完成
           CLR     RI                 ;清除接收标志
           MOV     A, SBUF            ;读取数据
           PUSH    ACC                ;压栈暂存数据
;以下程序为显示数据处理：将数据 0～9 的 ASCII 码转换为数字 0～9，其余字符保持不变
           CJNE    A, #30H, SET1      ;若 A 不等于 30H，则跳 SET1(A<30H 则 CY=1)
           SJMP    SET3               ;A=30H，跳 SET3
SET1:      JC      SET4               ;若 CY=1(表示 A<30H)，则跳 SET4
           CJNE    A, #39H, SET2      ;CY=0(表示 A>30H)，则 A 若不等于 39H，则跳 SET2
           SJMP    SET3               ;A=39H，跳 SET3
SET2:      JNC     SET4               ;若 CY=0(表示 A>39H)，跳 SET4
           CLR     C                  ;若 CY=1(表示 A<39H)，清除 CY
SET3:      SUBB    A, #30H            ;减去 "0" 的 ASCII 码，转换为数字 0～9
SET4:      MOV     P1, A              ;送显
           POP     ACC                ;出栈恢复数据
           MOV     SBUF, A            ;发送接收到的数据
```

```
        JNB     TI, $              ; 等待发送完成
        CLR     TI                ; 清除 TI 标志
        SJMP    LOOP              ; 继续接收数据
        END
```

(2) 单片机 C 语言源程序参考如下:

```c
#include <REG51.H>              //51 头文件
#define uchar unsigned char
void init(void)
{
    TMOD  = 0x20;               //置 T1 为 8 位自动重装方式
    TL1   = 0xfa;               //波特率为 9600 Bd，定时初值为 FAH
    TH1   = 0xfa;               //定时初值
    PCON  = 0x80;               //SMOD=1，波特率加倍
    SCON  = 0x50;               //方式 1(N,8,1)，接收允许
    TR1   = 1;                  //启动定时器 T1
    P1    = 0x00;               //关掉数码显示
}
uchar ReceiveChar()            //接收函数
{
    uchar ch;
    while (!RI);               //等待接收完
    ch = SBUF;
    RI = 0;
    return (ch);
}
void SendChar(uchar ch)        //发送函数
{
    SBUF = ch;                 //发送字符
    while (!TI);               //等待发送完
    TI = 0;                    //清标志
}
void Display(uchar ch)
{
    if((0x30<=ch)&&(ch<=0x39))
    {
    ch = ch-0x30;              //将 0～9 的 ASCII 码转换为数字 0～9，其余字符不变
    }
    P1 = ch;                   //送显示
```

```
    }
    void main(void)
    {
     uchar temp;
     init();                          //调用初始化函数
     while (1)
      {
        temp = ReceiveChar();         //接收数据
        SendChar(temp);               //发送数据
        Display(temp);                //显示数据
      }
    }
```

6.4.3　Proteus 平台仿真效果

1. Proteus 平台虚拟终端的仿真效果

我们用 Proteus 平台的虚拟仿真终端对串口进行调试与仿真。运行仿真后，系统会弹出 5 个黑色的虚拟终端"Virtual Terminal"调试窗口，默认窗口是字符显示模式。在"Virtual Terminal-PCT"的调试窗口中勾选右键菜单里的"Echo Typed Characters(回显键入的字符)"选项，否则窗口不显示键入的字符，如图 6-32 所示。

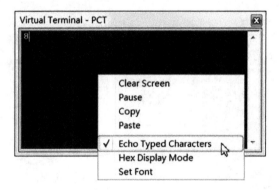

图 6-32　Virtual terminal-PCT 窗口的右键菜单

在图 6-32 中，右键菜单里还有"Clear Screen(清屏)""Pause(暂停)""Hex Display Mode(十六进制显示模式)"等。若需要显示输入字符的 ASCII 码，也勾选上"Hex Display Mode"即可。

如图 6-33 所示，在 PCT 终端的窗口单击鼠标，从键盘输入要发送的数据"5"，模拟 PC 串口发送数据"35H"（"5"的 ASCII 码）。SCMR 马上显示单片机串口接收到的字符"5"，数码管显示"05"，同时单片机又将原数据发送回来，在 SCMT 窗口显示串口发送了字符"5"。紧接着 PCR 和 PC_RXD_TXD 窗口显示"5"，表示 PC 的 RXD 线接收到"5"。

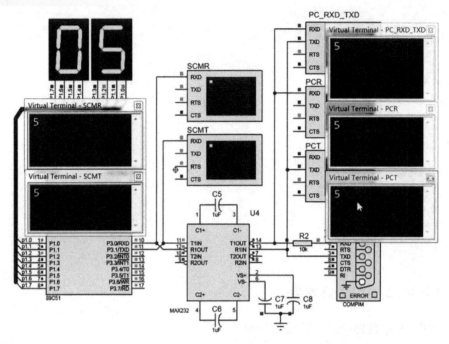

图 6-33　PC 发送数据 "5"

根据设计，当我们在 PC 终端上发送 0～9 以外的字符数据时，接收、发送虚拟终端显示字符正常(注意，若要显示 ASCII 码，虚拟终端还需要勾选右键菜单里的 "Hex Display Mode" 选项)，单片机输出到数码管上显示的是该字符的 ASCII 码，如图 6-34 所示。

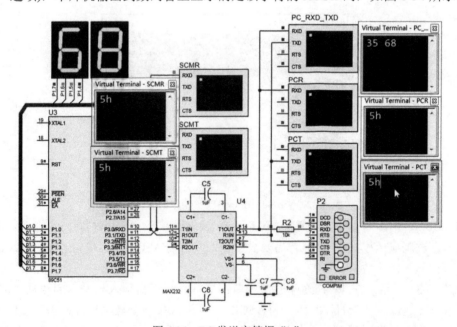

图 6-34　PC 发送字符据 "h"

当PC 发送字符 "h"，单片机接收到 "h"，并回传 "h"，PC串口收到后显示 "h"，这里将 PC_RXD_TXD 的显示模式改为了十六进制显示模式，则显示 h 的 ASCII 码为 68H。

单片机接收到字符"h"，数码管显示其 ASCII 码"68"的仿真效果如图 6-35 所示。

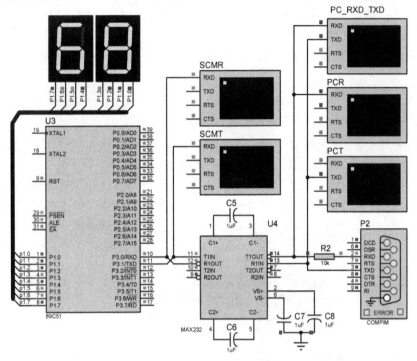

图 6-35 单片机接收到"h"显示 ASCII 码的仿真效果图

2. PC 端虚拟串口联机 Proteus 的仿真效果

在 Proteus 平台打开之前设计好的原理图，删除 MAX232 转换器，单片机的串口 RXD、TXD 直连串行接口 P2"COMPIM"的 RXD、TXD，如图 6-36 所示。

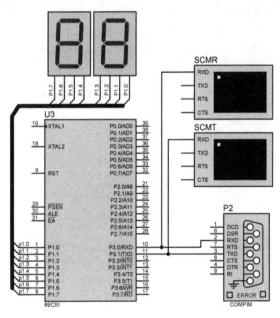

图 6-36 单片机直连串行接口仿真电路

这次我们是通过 PC 端 COM3 口的上位机软件串口调试助手来与 Proteus 平台的单片机进行串口通信，通过 PC 端串口调试助手(COM3)来发送和接收数据给 Proteus 平台的 COM2 口所直连的单片机。

单片机的源程序与功能依然不变，单片机串口接收到数据后再发送回传，并显示在数码管上。

具体操作分为以下两步：

1) PC 端添加虚拟串口

虚拟串口驱动软件"Virtual Serial Port Driver"生成关联 Proteus 平台的串口对，利用 PC 端的串口调试助手上位机软件负责串口的数据收发。

这里需要安装虚拟串口驱动软件"Virtual Serial Port Driver"(简称 VSPD)，在网络上下载 VSPD 后，以管理员身份运行"vspd.exe"，弹出安装向导，如图 6-37 所示。

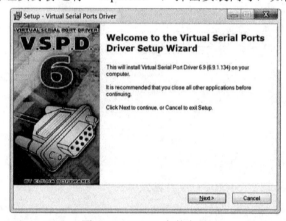

图 6-37　VSPD 安装向导

直接点击下一步按钮【Next】，连续按默认设置完成安装后，运行虚拟串口驱动软件，如图 6-38 所示，点击右侧的【添加端口】按钮，添加一组虚拟串口 COM2-COM3 用于串口通信。

图 6-38　虚拟串口驱动软件配置

2) Proteus 平台关联虚拟串口

首先，打开 Proteus 原理图文件中的串行接口"COMPIM"的属性对话框，将其端口号改成"COM2"，如图 6-39 所示，波特率等通信协议的设置跟之前的设置相同。

如图 6-39 所示，当串行接口属性设置完成后，即可运行 Proteus 程序进行仿真。

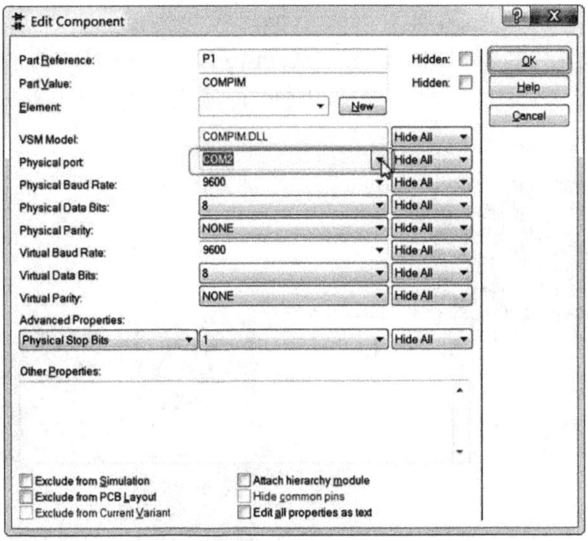

图 6-39　串行接口"COMPIM"的属性对话框

其次，打开串口调试助手，设置通信串口号为"COM3"，通信波特率为 9600 Bd，无校验位，数据位为 8，停止位为 1，与之前的串口协议一致。设置完成后，点击鼠标打开串口按钮，然后发送数据。观察 Proteus 仿真界面的虚拟终端和串口调试助手的数据接收区，如图 6-40 所示。

图 6-40　串行通信调试助手界面

最后，如图 6-40 所示，当在串口调试助手的数据发送区键入"123456789""hello 89c51!"字符数据时，Proteus 仿真平台的虚拟终端显示接收到数据"123456789""hello 89c51!"，并通过 COM2 口将其发回给 PC 的 COM3 口，串口调试助手的数据接收区显示接收到的数据"123456789""hello 89c51!"。数码管显示字符串最后一个字符"换行符"的 ASCII 码值 0AH。Proteus 平台仿真效果如图 6-41 所示。

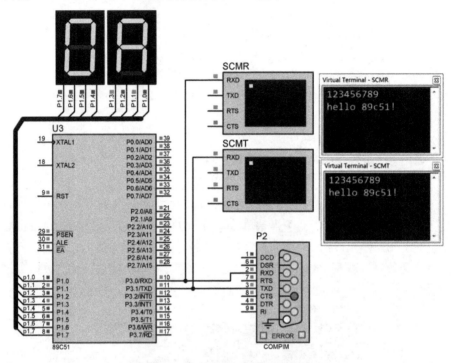

图 6-41　Proteus 平台仿真效果

3. 仿真结果分析

前述两种方法都实现了 PC 与单片机串行口的通信。前者完全采用 Proteus 仿真平台的串口调试虚拟终端监视或仿真串口来收发数据，虚拟终端 PCT 的作用就是仿真 PC 串口的发送过程，其串口 P1"COMPIM"的 RXD 线用于模拟 PC 串口接收单片机的数据。而后者是通过虚拟串口进行上位机串口与单片机串口异步通信的仿真，其中串口"COMPIM"的作用是模拟单片机串行口收发数据，其 RXD 线是接收上位机串口调试助手串口发过来的数据。PCT 不能同时占用 TXD 线发送数据给单片机，因此 PCT 和 COMPIM 不能同时使用。这也是两者仿真电路有一点点差别的直接原因，理论上也可以保留 MAX232 的电平转换电路，单片机串口调试虚拟终端 SCMR 可以接收到数据，但是会出现大量的 FFH 等混乱数据。因此，后者就采用了简易的直连方式，异步通信就正常工作了。

需要注意的问题如下：

(1) 在图 6-27 所示电路图中 10 kΩ 的电阻 R2 不能少，否则虚拟终端 PCR 接收不到信息。

(2) 在 Proteus 仿真中，单片机与 COMPIM 之间可以不加 MAX232 电平转换器。

(3) Proteus Professional 8.13 版本的 MCS8051 单片机在仿真串口异步通信时，建议先用其他版本 DLL 文件替换模型库里的"MCS8051.DLL"文件，默认替换路径是：C:\Program Files (x86)\Labcenter Electronics\Proteus 8 Professional\DATA\MODELS，软件安装路径不同 DLL 文件的路径也略有不同，也可以直接更新软件版本，避免出错。

6.5　项目回顾与总结

微机的通信方式一般有并行通信和串行通信两种，串行通信可分为同步通信和异步通信两类。

89C51 单片机内部具有一个全双工的异步通信串行口(UART)，可配置为四种工作方式：方式 0、1、2、3。其中，方式 0 是 8 位同步移位寄存器的收发功能，方式 1 是 10 位帧格式的 UART，方式 2 和方式 3 是 11 位帧格式的 UART。方式 0 和方式 2 的通信波特率是固定的，方式 1 和方式 3 的波特率是可变的，由定时器 T1 的溢出率决定。

单片机的串行通信主要应用于单片机与 PC、单片机与单片机之间的通信。通常采用 RS-232 协议，精简的九针串口，通过简单连接的 3 线经济型零调制方法实现异步通信。应用编程主要有两种方法：查询方式和中断方式。

总结要点如下：

(1) 确定串行口通信协议：波特率、帧格式(数据位)、停止位、奇偶校验位等。

(2) 通过 SCON 设置串行通信模式，SM0、SM1 为选择通信方式，SM2 为多机通信控制，REN 允许接收等。

(3) 通过 TMOD 设置定时器的工作模式，并且设置 PCON 的 SMOD 位，设定串口通信的波特率，查表或计算 TH1 的定时初值。

(4) 配置中断源优先级 IP，中断使能 IE，定时器控制 TRX。允许中断，启动定时器。

(5) 启动发送数据，执行指令：MOV A，SBUF。检测中断标志位 TI，以中断或查询的方式发送下一个数据。

(6) 检测中断标志位 RI，以中断或查询的方式接收下一个数据。接收数据完成后读数据指令：MOV SBUF，A。

6.6　项目拓展与思考

6.6.1　课后作业、任务

任务 1：基于 Proteus 平台，完成双机通信，要求设计并编程实现将甲机片外 RAM1000H～100FH 的数据块通过串行口传送到乙机的 20H～2FH 单元。

任务 2：自己动手查找资料，基于 Proteus 平台，利用串行 I/O 口扩展 5 位数码管，静态显示"89C51"，画出电路图并编写程序，做出仿真效果。

任务 3：基于 Proteus 平台，实现：检查单片机检测按键是否按下，要求每按下一次，串口发送十六进制数据 FAH 给 PC 端串口，并通过串口调试助手显示出来。设计原理图并编写程序，做出仿真效果。

6.6.2　项目拓展

拓展一：基于 Proteus 平台，通过单片机串口向 PC 发送"You are welcome !"，并通过串口调试助手显示。

拓展二：基于 Proteus 平台设计双机通信，要求实现对甲乙机编程完成甲机键盘扫描，通过串行口将键号送给乙机，并在乙机最右边的 LED 中显示键号。

下篇 应用设计

基础知识概述

上篇我们通过六个基础项目的学习，已经知道了单片机的概念、基本结构和工作原理，基本掌握了单片机资源的配置方法，通过指令系统的学习，了解了单片机基本的程序设计方法和一般开发流程。下篇我们将着力于单片机应用系统的设计，重点在单片机技术的实践实训方面展开学习。这里依然是采取基于 Proteus 平台进行项目仿真实训的方法，但是重点应该是先做出项目仿真效果，再动手做出实物，落脚点应该是动手能力的培养，包括 Proteus 平台硬件电路的设计能力、编程能力和实物制作、调试能力。

在开篇部分，我们已讲过单片机应用系统的概念。从微机结构的角度来讲，单片机的应用系统包括硬件系统和软件系统两个方面。

但是，从应用设计的角度来讲，单片机的应用系统是为了完成某一特定任务而设计的用户系统。主要是以单片机最小系统为核心，由输入通道、输出通道，通信接口，人机接口等部分构成的实用系统，它能够实现的一种或多种应用功能。单片机最小系统是应用程序的载体，是系统智能化的核心所在；输入通道主要完成模拟物理量到数字量的转换，在应用设计上，通常体现为传感器对物理世界信息的采集；输出通道则是将数字量转换成为驱动外围设备的信号，体现为对外设、执行部件的驱动控制；通信接口是单片机与其他设备进行信息交换的桥梁，体现为双机通信、多机通信；操作人员通过人机接口了解系统的状况、控制系统的行为，体现为人机交互的各种操作。

单片机应用系统的本质是实现以单片机为核心的智能化产品。智能化体现在以单片机为核心的微控系统，它保证了产品的智能化处理与智能化控制能力。智能化产品广泛应用于数据采集、过程控制、网络通信、智能化管理和智慧决策等各个方面，也必将随着人工智能技术的更迭换代不断发展，相互促进。

对于单片机应用而言，在硬件上，同一系列、不同型号的单片机，通常具有相同的内核、相同或兼容的指令系统，差别在于片内配置了一些不同种类、不同数量的功能部件，以适应不同的应用场景。在软件上，不同的控制系统配置的不同软件固件，就形成用途不同的专用智能芯片。硬件是通用平台，软件决定功能，这是单片机应用开发的必然趋势。而且，随着嵌入式 C 语言开发系统库的快速发展，通用软件开发平台已经成熟，库开发必定成为未来应用开发的主流模式。

本篇将以学习单片机的应用接口技术和综合设计方法为目的，通过 6 个项目式案例，使我们重点掌握一键多任务、动态扫描、点阵显示、A/D 转换、键盘识别等应用技术，通过电子琴、数字钟和液晶显示万年历等项目的学习体会单片机应用综合设计的一般方法，进一步培养我们的综合实践动手能力。

项目七　99 秒马表

7.1　学习目标

进一步掌握定时器的使用和编程方法，以及一键多功能识别技术的编程实现。

7.2　项目任务

基于单片机技术和 Proteus 仿真平台，设计单片机应用系统，要求采用 89C51 单片机设计实现一个 99 秒跑马表，计时范围为 00～99，并数码显示跑马的值。

在以上基础上进行创新，例如，加上 60 s 声光提醒，码表的计时范围扩展到 0～9999，设计并制作出实物作品。

7.3　相关理论知识

如图 7-1 所示，马表是体育运动比赛的用表，通常只有分针和秒针，按动转钮可以随时使它走或停，能测出 1/5 s 或 1/10 s 的时间。最初用于赛马计时，因而得名，也叫停表或跑表。

图 7-1　赛马运动的马表示意图

马表的功能主要如下：

(1) 赛马时，按一下键开始跑。

(2) 马到达终点，第二次按键计时停止。

(3) 再按键计时归零，为下一次计时做好准备。

7.3.1　设计原理

该设计的重点在于软件程序的编程训练。仔细分析任务后，从设计的角度来看，主要需要解决以下三个问题。

(1) 怎样实现秒计时？

(2) 怎样显示计时结果？

(3) 三次重复按一个键，如何区分每次按键，给出不同的按键功能？

问题解决的思路如下：

(1) 利用定时器产生一秒的延时，并对一秒的延时进行计数。

(2) 利用静态数码显示或动态扫描实现显示。

(3) 采用一键多任务识别技术实现重复按键的功能区分。

显然该设计的关键之处在于通过软件编程实现一键多任务，指的是要实现通过同一个按键的动作来识别几种不同的功能。

一键多任务的实现方法是：给每个不同的功能模块用不同的 ID 号来标识，当每按下一次按键时，键值变量做加循环操作，然后根据键值变量等于哪个 ID 号来判断执行哪个功能模块，从而实现多任务的功能识别。

7.3.2　程序设计要点

程序设计的关键点主要是解决上述三个问题，这里仅提供参考设计思路。

(1) 定时器产生一秒的延时，并进行秒计数。

采用定时器 T0 工作在模式 2，每次定时 250 μs，对定时器 T0 的溢出中断次数 TCNT 变量进行计数，达到4000次为1 s，实现1秒的定时。再定义一个秒变量SEC，用来秒计时。

(2) 利用静态数码显示或动态扫描实现显示。

由于显示位数只有两位，数码管位数较少，因此采用静态数码显示的方法，直接用单片机的两个端口驱动数码管即可。

(3) 采用一键多任务识别技术实现重复按键的功能区分。

根据一键多任务识别原理，定义一个变量 KEYCNT，对按键次数进行 1~3 循环计数。即第一次按键键值为1，第二次的按键键值为2，第三次的按键键值为3。然后，根据键值的不同，分支判断后跳转到不同的程序段，当键值为 1 时，跳到程序段 1：执行定时器初始化、启动定时器的位置，定时开始启动计时，数码管跑动；当键值为 2 时，跳到程序段 2：关停定时器的位置，即计时停止，数码管不动，显示当前计时值；当键值为 3 时，跳到程序段 3：清零键值，KEYCNT = 0，复位计时值，SEC = 0，数码管归零的位置。

程序设计的具体实现，请参考本项目的源程序。

7.3.3 设计方法

这里主要是采用 Proteus 仿真平台和 Keil C 联调的方法实现软硬件设计的验证。

具体步骤如下：

(1) 打开 Proteus 软件，设计硬件电路图。

(2) 根据分析，先画出程序设计流程图，再在 Keil 环境中完成程序设计。

(3) 打开 Proteus 平台单片机属性对话框，加载关联软件程序，注意是关联 Keil 生成的".hex"文件。

(4) 单击 Proteus 界面的运行按键进行虚拟仿真，观察并分析仿真现象，在 Keil C 中进行调试代码。更改硬件电路设计、软件程序设计等，直到仿真现象正确。

7.4 项目实施参考方案

根据 99 秒马表的项目任务，要求采用 89C51 单片机设计实现一个 99 秒跑马表，计时范围为 00～99，数码显示跑马的值。

对项目任务分析后，确认具体功能如下：

(1) 开始时，数码显示"00"，第 1 次按下按键 button 后就开始计时。

(2) 第 2 次按下按键 button 后，计时停止。

(3) 第 3 次按下按键 button 后，计时归零。

7.4.1 Proteus 平台硬件电路设计

99 秒马表的 Proteus 平台硬件电路设计如图 7-2 所示。

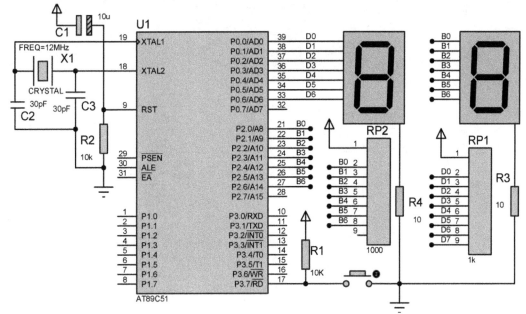

图 7-2　99 秒马表的 Proteus 平台硬件设计电路图

采用独立式按键，在89C51单片机的P3.7脚接一个轻触开关，作为功能键。用单片机的P2口接一个共阴数码管，作为99秒马表的个位数显示，用单片机的P0口接一个共阴数码管，作为99秒马表的十位数显示。每个数码管的驱动，可分别采用1000欧姆的排阻上拉即可。

7.4.2 Keil C 软件程序设计

1. 程序设计流程图

99 秒马表主程序采用查询的方式实现对按键的扫描，完成对按键的识别和键值的计数，并根据键值选择执行不同功能程序，主程序的设计流程图如图 7-3 所示。

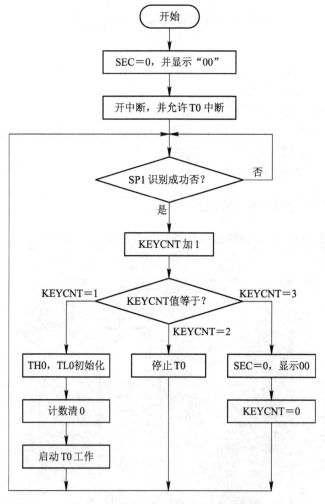

图 7-3   99 秒马表主程序设计流程图

由定时器 0 工作在方式 2，在其中断服务子程序中实现 1 s 的定时，并做秒计数、送显等操作，中断服务程序设计流程图如图 7-4 所示。

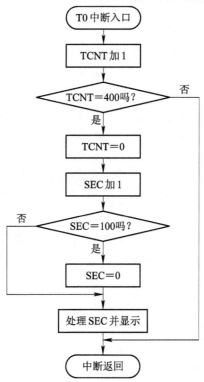

图 7-4 99 秒马表中断服务子程序设计流程图

2. 源程序代码

根据以上程序设计流程图，可以采用汇编语言或 C 语言实现程序设计，这里提供两种供大家对比、参考。

(1) 汇编语言源程序参考如下：

```
TCNTA     EQU 30H        ；定义 1 s 定时的中断计数变量
TCNTB     EQU 31H
SEC       EQU 32H        ；定义秒计时变量
KEYCNT    EQU 33H        ；定义键值变量
SP1       BIT P3.7       ；定义按键
ORG       0000H
LJMP      START          ；跳主程序
ORG       0000BH
LJMP      INT_T0         ；跳中断服务
ORG       0030H
START：
MOV       KEYCNT,#00H    ；初始化
MOV       SEC,#00H
MOV       A,SEC
MOV       B,#10
```

	DIV	AB	; A 除 B，商送 A(十位数字)，余数送 B(个位数字)
	MOV	DPTR,#TABLE	
	MOVC	A,@A+DPTR	
	MOV	P0,A	; 送显十位数字
	MOV	A,B	
	MOV	DPTR,#TABLE	
	MOVC	A,@A+DPTR	
	MOV	P2,A	; 送显个位数字
	MOV	TMOD,#02H	; 定时器 T0 工作在模式 2
	SETB	ET0	; 开 T0 中断
	SETB	EA	; 开总中断
WT:	JB	SP1,WT	; 按键扫描，等待按键
	LCALL	DELY10MS	; 延时去抖动
	JB	SP1,WT	
	INC	KEYCNT	; 键值加 1
	MOV	A,KEYCNT	
	CJNE	A,#01H,KN1	; 判断键值
	MOV	TH0,#06H	; 键值为 1，设定时初值，清零中断计数，并启动定时器
	MOV	TL0,#06H	
	MOV	TCNTA,#00H	
	MOV	TCNTB,#00H	
	SETB	TR0	
	LJMP	DKN	
KN1:	CJNE	A,#02H,KN2	; 判断键值
	CLR	TR0	; 键值为 2，关定时器
	LJMP	DKN	
KN2:	CJNE	A,#03H,DKN	; 判断键值
	MOV	SEC,#00H	; 键值为 3，计时归零，初始化显示
	MOV	A,SEC	
	MOV	B,#10	
	DIV	AB	
	MOV	DPTR,#TABLE	
	MOVC	A,@A+DPTR	
	MOV	P0,A	
	MOV	A,B	
	MOV	DPTR,#TABLE	
	MOVC	A,@A+DPTR	
	MOV	P2,A	
	MOV	KEYCNT,#00H	

```
DKN:      JNB      SP1,$              ;等待按键释放
          LJMP     WT                 ;跳按键扫描
DELY10MS:                             ;10 ms 延时
          MOV      R6,#20
D1:       MOV      R7,#248
          DJNZ     R7,$
          DJNZ     R6,D1
          RET
INT_T0:                               ;中断服务
          INC      TCNTA              ;中断计数
          MOV      A,TCNTA
          CJNE     A,#100,NEXT        ;达到 100，向 TCNTB 进位处理
          MOV      TCNTA,#00H
          INC      TCNTB
          MOV      A,TCNTB
          CJNE     A,#40,NEXT         ;计数值达到 4000，即为 1 s
          MOV      TCNTB,#00H
          INC      SEC                ;秒计时加 1
          MOV      A,SEC
          CJNE     A,#100,DONE        ;达到 100 s，清零
          MOV      SEC,#00H
DONE:     MOV      A,SEC              ;秒计时显示处理
          MOV      B,#10
          DIV      AB
          MOV      DPTR,#TABLE
          MOVC     A,@A+DPTR
          MOV      P0,A               ;送显十位
          MOV      A,B
          MOV      DPTR,#TABLE
          MOVC     A,@A+DPTR
          MOV      P2,A               ;送显个位
NEXT:     RETI                        ;中断返回
TABLE:    DB       3FH,06H,5BH,4FH,66H,6DH,7DH,07H,7FH,6FH   ;0～9 数码显示编码表
          END
```

(2) C 语言源程序参考如下：

```
#include <AT89X51.H>                 //51 头文件
unsigned char code dispcode[]={  0x3f,0x06,0x5b,0x4f,
                                 0x66,0x6d,0x7d,0x07,
                                 0x7f,0x6f,0x77,0x7c,
```

```
                          0x39,0x5e,0x79,0x71,0x00};      //0~F 数码显示编码表
unsigned char second;                                     //定义变量
unsigned char keycnt;
unsigned int tcnt;
void main(void)
{
  unsigned char i,j;
  TMOD=0x02;                                              //主程序初始化
  ET0=1;
  EA=1;
  second=0;
  P0=dispcode[second/10];
  P2=dispcode[second%10];
  while(1)
    {
      if(P3_7==0)                                         //按键扫描
        {
          for(i=20;i>0;i--)
          for(j=248;j>0;j--);
          if(P3_7==0)
            {
              keycnt++;                                   //按键计数
              switch(keycnt)                              //键值判断
                {
                  case 1:                                 //键值为 1，设初值，启动定时器
                    TH0=0x06;
                    TL0=0x06;
                    TR0=1;
                    break;
                  case 2:                                 //键值为 2，关定时器
                    TR0=0;
                    break;
                  case 3:                                 //键值为 3，计时归零，初始化显示
                    keycnt=0;
                    second=0;
                    P0=dispcode[second/10];
                    P2=dispcode[second%10];
                    break;
                }
```

```
                while(P3_7==0);                           //等待按键释放
            }
        }
    }
}
void t0(void) interrupt 1 using 0                         //中断服务
{
    tcnt++;                                               //中断计数
    if(tcnt==4000)                                        //计数值达到4000，即为1 s
        {
            tcnt=0;
            second++;
            if(second==100)
                {
                    second=0;
                }
            P0=dispcode[second/10];                       //秒计时显示处理
            P2=dispcode[second%10];
        }
}
```

7.4.3　Proteus 平台仿真效果

如图 7-5 所示，马表开机后，显示初始值为"00"的仿真效果。

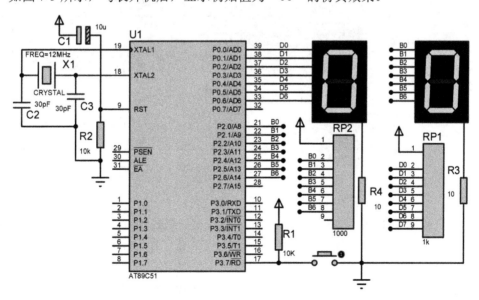

图 7-5　马表开机仿真效果

当按一下按键后，马表开始跑，数码管开始计数显示，仿真效果如图 7-6 所示。

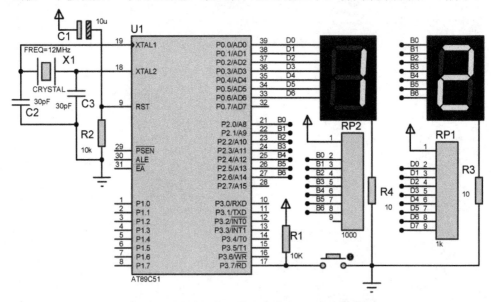

图 7-6　马表按键后开始计时到"12"的仿真效果

第二次按键后，计时停止，数码管停在了"29"，其仿真效果如图 7-7 所示。

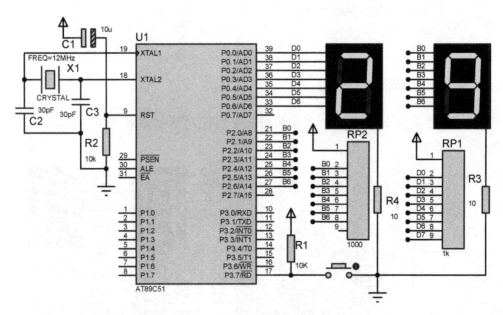

图 7-7　第二次按键计时停止的仿真效果

经仿真测试，若计数达到"99"后，则回到"00"继续计时。第三次按键后，马表计时归零，回到初始状态，其仿真效果与图 7-5 的开机效果是一样。再按键，则继续马表计时。

仿真结果分析：该设计的仿真效果，显示了一键多任务功能的实现，验证了程序设计的正确性，但还是需要作出实物，进行比较分析。在实际中，马表计时不可能以秒为单位，应该是 1/5 s 或 1/10 s，应该自己加以改进。

7.5   项目回顾与总结

99 秒马表项目的设计，其主要目的是对编程思想的训练。这里面关键之处是用到了一键多任务的技术思想，通过同一个按键的动作来识别几种不同的功能。

具体方法为：每个不同的功能模块用不同的 ID 号来标识，当每按下一次按键时，键值变量做加循环操作，然后根据键值变量等于哪个 ID 号来判断执行哪个功能模块，从而实现一键多任务的识别。

总结要点如下：

(1) 一键多任务的本质是按键计数，根据键值不同进行功能跳转。

(2) 秒计时的实现，除了溢出中断定时时间，关键还有对中断的计数。

(3) 静态数码显示的数据处理：取变量个位数字、十位数字的方法。

7.6   项目拓展与思考

7.6.1 课后作业、任务

任务 1：基于 Proteus 平台，采用的计时单位为 0.1 s，实现 99.9 s 马表功能。

任务 2：基于 Proteus 平台，编写程序实现 999.9 s 马表。

7.6.2 项目拓展

拓展一：基于 Proteus 平台，在本项目的基础上创新，例如，加上 60 s 声光提醒，马表计时的范围扩展到 0～9999，设计并制作出实物作品。

拓展二：基于 Proteus 平台，设计一个以 0.2 s 为计时单位，用一个 LED 发光二极管实现 0.2 s 闪动，数码管的计时范围为 "0～999.9" 的马表。

项目八   动态数码显示屏

8.1 学习目标

进一步掌握七段数码显示的工作原理，定时器的使用和编程方法。掌握动态扫描技术的基本原理和编程应用方法。

8.2 项目任务

基于单片机技术和 Proteus 仿真平台，设计单片机应用系统，要求采用动态数码显示技术以动态扫描的方法显示多位数字或字符，例如"012345""HELLO"等，可以采用按键切换或自动切换显示字符。

完成以上的基础要求，设计并制作出实物作品。

8.3   相关理论知识

前面，我们通过抢答器、99 秒马表的项目已经学习了数码管的工作原理、静态数码显示的应用编程方法。已经知道静态数码显示具有编程简单、接线复杂、占用口线多等特点，而动态数码显示比较节省 I/O 口，具有接线简单、整体功耗较低、编程相对复杂等特点。

今天我们将在此基础之上，讲述动态数码显示技术。

8.3.1 设计原理

动态数码显示是单片机应用系统中常用的显示方式，常用于多位数码管的显示。要弄懂它的设计原理，需要思考以下三个问题：

(1) 什么叫动态数码显示？

(2) 它与流水灯的相通地方在哪里？

(3) 动态数码显示的关键点在哪里？

所谓动态数码显示，就是指多位数码管采用并联接口，通过对各位数码管轮流循环点亮，实现多位数码同时显示，这种逐位点亮数码管的方式称为位扫描。这种通过不停地扫描端口，发送数据，利用人眼的视觉暂留特性，实现多位 LED 同时显示的方式，称为动态扫描显示技术。

流水灯，也是轮流依次循环点亮 LED 灯，其延时决定了循环点亮的时间，决定了向端口发送数据的速度，也就是扫描端口的速度。当延时时间在几十毫秒时，因为人眼的视觉暂留特性，流水灯会显示 LED 全亮的效果，类似于动态显示的多位数码管全亮的效果，这就是流水灯与动态数码显示相通的地方。由流水灯的原理，我们不难理解动态扫描的工作原理，其本质就是用数码管做流水灯，只是扫描的段编码数据在变化、延时时间在毫秒级，其原理上相通。

因此，动态扫描的关键点如下：

(1) 单片机两个控制端口，一个发送位选数据，选择哪位数码管被点亮，另一个端口发送编码数据，决定该数码管显示什么字符；

(2) 每位数码管点亮的时间控制在毫秒级；

(3) 不停地循环扫描点亮。

从数码管结构上讲，动态扫描显示的方式采用的是多联体数码，常见的是四联体数码管，其结构如图 8-1 所示。

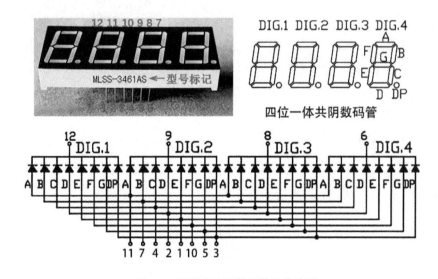

图 8-1 四联体共阴数码管的结构图

由图 8-1 可知，四联体的数码管，每位数码管的 LED 笔段(A、B、C、D、E、F、G、DP)线都是分别并联接在一起的，即所有的 A 都是连在一起的。它们的电平决定了哪个笔段点亮，由单片机的一个 8 位 I/O 口控制，用来发送笔段编码数据，它决定了数码管显示什么字符。同时，每位数码管的位选线由单片机的另外 I/O 口控制，单片机用来发送位选数据，它决定了哪位数码管被点亮。

当循环扫描点亮数码管的频率较高时，人眼的暂留特性使我们看不出数码管的闪烁，而呈现出整屏显示的效果。

8.3.2　程序设计要点

程序设计的要点在于解决动态扫描的实现方法和编码数据的送显，这里仅提供参考设计思路。

(1) 动态扫描实现方法。利用定时器定时或采用延时子程序实现 2 ms 的延时，单片机两个端口分别发送笔段编码数据和位选数据，轮流点亮每个数码管，延时时间间隔为 1～10 ms，这里取参考值 2 ms。

(2) 对于要显示的数据，可以采用显示缓冲区的方式，暂存要显示的值。比如，8 位数码管可开辟 8 个显示缓冲区，每个显示缓冲区装载每位数码管待显示的数据即可，这是一种常用的数据显示处理方法。当然，本项目要显示的数据可以直接构建编码数据表，数据表按每位数码管的顺序存放即可，更为简单。

(3) 对于要显示的字符编码数据，我们可采用查表的方式来获取后送显。

有关程序设计的具体实现，请参考本项目的源程序。

8.4　项目实施参考方案

根据动态数码显示屏的项目任务，要求采用 89C51 单片机设计实现一个动态数码显示屏，能显示"012345""HELLO"等。

任务分析后，确认参考方案的基本功能如下：

(1) 利用一个按键切换要显示的字符。

(2) 默认 8 位数码管开机显示"HELLO"。

(3) 按下按键后，数码管显示"012345"。

8.4.1　Proteus 平台硬件电路设计

动态数码显示屏的 Proteus 平台硬件电路设计如图 8-2 所示。

电路采用单片机 P0 口接共阴数码管的笔段端(A、B、C、D、E、F、G、DP)，两个四联体共阴数码管的笔段端分别并联在一起。单片机 P2 口接数码管的位选端(S1～S8)，P1.7 接一个轻触开关。当开关不按下时，P1.7 口为高电平；当按下时，P1.7 口为低电平。数码管的驱动不采用专门的驱动器，直接利用上拉电阻来驱动，该电路中采用的是 1K 排阻 RP1。

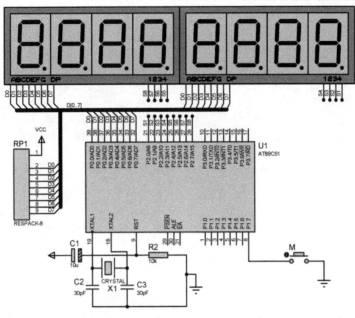

图 8-2　Proteus 平台硬件设计电路图

8.4.2　Keil C 软件程序设计

主程序首先对按键状态进行查询，当没有按键按下时，送"HELLO"的编码数据表首地址给数据指针 DPTR；当按键按下时，将"012345"的编码数据表首地址给数据指针 DPTR。位选端口送位选数据后，笔段端口查表送编码数据，完成 1 位数码管的送显，延时 2 ms 后送显下一位数码管，直到 5 个数码管完成后，重新开始不停地循环。

1. 程序设计流程图

本项目的动态数码显示屏的程序设计流程图如图 8-3 所示。

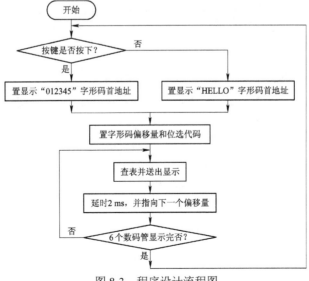

图 8-3　程序设计流程图

2. 源程序代码

根据以上程序设计流程图，可以采用汇编语言或C语言实现程序设计，这里提供两种方式供大家对比、参考。

(1) 汇编语言源程序参考如下：

```
        ORG    0000H
        LJMP   START              ;跳主程序
        ORG    0030H
START:
        JB     P1.7, DIR1         ;查询按键
        MOV    DPTR, #TABLE1      ;按键按下，送"012345"的编码数据表首地址
        SJMP   DIR
DIR1:
        MOV    DPTR, #TABLE2      ;送"HELLO"的编码数据表首地址
DIR:                             ;初始化
        MOV    R0, #00H           ;查表偏移量
        MOV    R1, #0DFH          ;初始位选数据 1101 1111B
        MOV    R2, #06H           ;循环变量，6 位字符
NEXT:
        MOV    A, R0
        MOVC   A, @A+DPTR         ;查表
        MOV    P0, A              ;送笔段编码数据
        MOV    A, R1
        MOV    P2, A              ;送位选数据
        RR     A                  ;位选数据右移一位，为点亮下一位数码管做准备
        MOV    R1, A
        LCALL  DAY                ;调用延时
        INC    R0                 ;偏移量加 1
        DJNZ   R2, NEXT           ;循环，是否写完 6 位数码管
        SJMP   START              ;重新开始
DAY:                             ;2 ms 延时子程序
        MOV    R6, #4
D1:
        MOV    R7, #248
        DJNZ   R7, $
        DJNZ   R6, D1
        RET
```

TABLE1: DB	3FH, 06H, 5BH, 4FH, 66H, 6DH	; 0, 1, 2, 3, 4, 5 编码数据表
TABLE2: DB	76H, 79H, 38H, 38H, 3FH, 00H	; H, E, L, L, 0 编码数据表
END		

(2) C 语言源程序参考如下：

```c
#include <reg51.h>                                          //51 头文件
sbit key=P1^7;                                              //定义按键
unsigned char code table1[]={0x3f,0x06,0x5b,0x4f,0x66,0x6d};  // "012345" 编码数据表
unsigned char code table2[]={0x76,0x79,0x38,0x38,0x3f,0x00};  // "HELLO" 编码数据表
unsigned char i;
unsigned char a,b;
unsigned char temp;
void main(void)
{
  while(1)
    {
      temp=0x20;                                            //初始数据 0010 000B
      for(i=0;i<6;i++)                                      //循环
        {
          P2=~temp;                                         //位选数据 1101 1111B
          temp=temp>>1;                                     //temp 右移为 00010000B
          if(key==1)                                        //查询按键
            {
              P0=table2[i];                                 //未按键，查表 table2 数据
            }
          else
            {
              P0=table1[i];                                 //按下键，查表 table1 数据
            }
          for(a=4;a>0;a--)                                  //延时 2 ms
          for(b=248;b>0;b--);
        }
    }
}
```

8.4.3　Proteus 平台仿真效果

如图 8-4 所示，Proteus 平台的动态数码显示屏开机运行后，数码管显示 "HELLO" 的仿真效果。

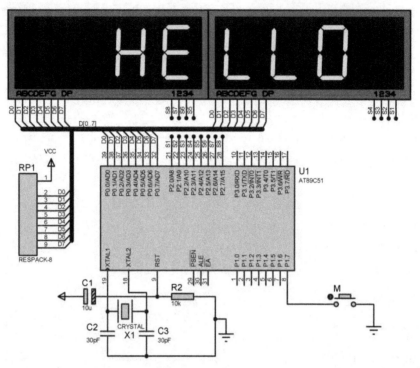

图 8-4　数码管显示"HELLO"的仿真效果

当按下按键后，数码管显示"012345"的仿真效果如图 8-5 所示。

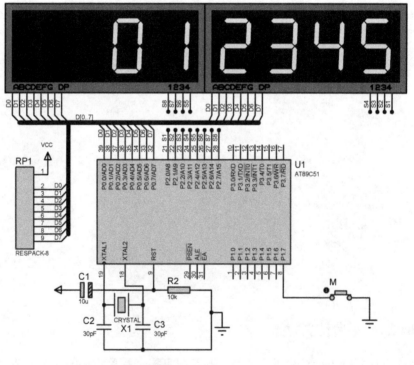

图 8-5　按键后数码管显示"012345"的仿真效果

仿真结果分析：通过 Proteus 平台仿真，可以直观地观察到动态数码显示"HELLO""012345"的效果，按键按下后字符进行切换。若延时过长，会出现数码管闪烁现象。

另外，需要注意的问题是，在仿真中，应该先发位选数据，再发笔段编码数据，即先写 P2 口，再写 P0 口。否则，在仿真时数码管会显示乱码。当然，在做实物的时候不存在这个问题。建议大家做出实物进行对比，观察实物的数码管是否出现拖影现象，改变延时时间，对比仿真与实物效果。

8.5 项目回顾与总结

动态数码显示屏项目是针对动态扫描技术的应用设计，主要涉及数码管动态显示的工作原理和程序设计方法。

在硬件上，主要是采用四联体数码管的方式进行笔段并联，拓展数码显示位数。

在软件上，单片机两个端口分别控制数码管的笔段端和位选端。一个端口发送位选数据，选择哪位数码管被点亮，另一个端口发送编码数据，决定该数码管显示什么字符。

然后不停地循环点亮每一位数码管，并控制延时时间在 2 毫秒左右。当扫描点亮数码管的频率较高时，人眼的暂留特性使我们看不出数码管的"闪烁"，而呈现出整屏显示的效果，这就是动态显示的原理。

总结要点如下：

(1) "数码动态显示"的本质是利用了人眼的暂留特性，需要占用 CPU 资源，进行毫秒级的送显处理。

(2) 动态扫描的延时时间设置，应根据实际数码管的位数进行调整，一般在毫秒级，总刷新时间不能接近 0.1 s。

(3) 在程序设计上，常构建编码数据表，通过查表指令"MOVC A，@A+DPTR"实现编码数据的获取，但累加器 A 中的内容是编码数据的地址偏移量，非要显示的字符、数字本身。

8.6 项目拓展与思考

8.6.1 课后作业、任务

任务 1：基于 Proteus 平台，采用动态显示技术数码显示"HELLO-LI"，如图 8-6 所示。

任务 2：基于 Proteus 平台，编写程序实现 16 位数码管的动态数码显示效果，例如"HELLO

CPU-80C51"，如图 8-7 所示，注意拓展数码管的显示位数。

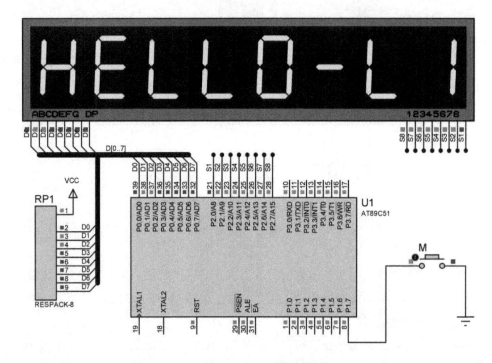

图 8-6   "HELLO-LI"的仿真效果

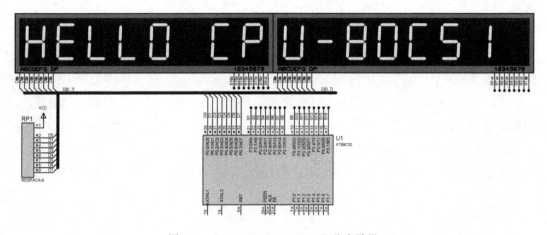

图 8-7   "HELLO CPU-80C51"仿真效果

8.6.2   项目拓展

拓展一：基于 Proteus 平台，利用动态数码显示技术，编程实现数码显示"love 自己学号"。

拓展二：基于 Proteus 软件仿真平台，利用动态数码显示技术，编写程序实现 8 位数码管左移显示自己的学号。

项目九　简易电子琴

9.1 学习目标

进一步学习阵列式键盘的识别原理，掌握定时器/计数器的使用和编程方法，了解电子声乐产生的原理和实现简易电子琴设计的方法。

9.2 项目任务

基于单片机技术和 Proteus 仿真平台，设计单片机应用系统，要求采用 89C51 单片机设计制作实现一个电子琴，要求将 8 到 16 个键，设计成 8 到 16 个音。可随意弹奏想要表达的音乐。

鼓励在以上基础上进行创新，例如，由 4×4 组成 16 个按钮矩阵，加上音乐自动播放的功能，自动播放一首音乐，设计并制作出实物作品。

9.3 相关理论知识

9.3.1 乐理基础

在生活中，大多数人都喜欢音乐，很多学生会弹奏吉他、电子琴等，但是音乐是怎么产生的，它由哪几部分构成？

有人说，音乐是由振动产生的，是指悦耳的声音。实际上，音乐包括乐音和噪音。有音高(振动频率)、音值(振动时间)、音强(振动幅度)和音色(振源)四个属性。

高音、中音、低音统称音区，是音域的一部分。也是音乐中常见的三种音高，即按音频划分的区间。而我们所熟知的 1(do)、2(re)、3(mi)、4(fa)、5(sol)、6(la)、7(si)是基本音级的唱名，就是指 7 个基本音，也称为音符，而在西方是用七个字母 A、B、C、D、E、F、G 来表示。

由 7 个音符构成一组音组，形成音阶。多个音阶按照上行或下行的次序排列起来，叫音列。由音列构成固定音高的音的总和，称为乐音体系。实际上，每个基本音(音符)的频率是各不相同，是按频率高低排列的。而且这样的音阶可以有很多组，因此基本音(1~7)被循环重复使用，就像钢琴上的52个白键就是循环重复使用7个基本音。度是衡量音与音之间距离，两个相邻音组之间同样音名的两个音叫作八度，又叫音程。而调是指对基本音的定位，即首调唱名 1(do)所在音高的位置。因此，我们所熟悉的 C 调指的是，以自然(C)大调音阶中的音名 C 作为调式主音 1(do)，即为 C 调。

节奏和节拍指的是音的长短、强弱组合的次序和出现的规律。节奏是有强、有弱、有长、有短的许多音的序列组合，它使长短不一的音组织成强弱(振幅)的变化，侧重于音在时间上的总体表现特征。节拍是指相同时值的强拍与弱拍有规律地出现，它偏重于相同的时间片段循环重复。在音乐中节奏和节拍是同时存在的，两者相辅相成共同构成了音乐的骨架，支撑音乐的律动。

这是我们大家所要了解的基本的乐理知识，也是本项目电子琴的设计基础。

那么，电子琴是怎么发声的？它与八音盒、传统的管弦乐相比，又有什么区别呢？

八音盒和传统的管弦乐器都是通过机械振动产生声音的，而电子琴是电信号推动扬声器产生声音的。常见的八音盒和电子琴如图 9-1 所示。

图 9-1   八音盒和电子琴实物图

电子琴，又称电子键盘，属于电子乐器。电子琴发音音域较宽，音量可调，声音优美，和声种类多，有变声装置，可模仿发出多种音色，表现力极为丰富。电子琴最早起源于模仿乐器之王的"管风琴"，1958 年中国北京邮电学院研制了一台电子管单音电子琴，1959 年雅马哈生产了世界第一台立式电子琴。现代的电子琴一般采用 PCM(Pulse Code Modulation，脉冲编码调制)录制音源，将模拟信号无损编码为数字音频数据，存入 FLASH，当按下琴键时，CPU 回放该音，这种波形记忆式的电子琴可以拥有真实乐器技法的兆级音色。因此，电子琴并非是模仿乐器的音色，而是使用真实乐器的音色。

传统的电子琴，仅仅是使用 FM(Frequency Modulation，频率调制)合成声音，本项目要实现的简易电子琴也属于这种频率合成的传统电子琴。通过键盘按下一个键就会产生某一种频率的振荡波形推动扬声器，发出一个音。

9.3.2 设计原理

通过上面的乐理知识我们知道，单片机要想演奏出音乐，必须要解决以下三个问题：

(1) 音乐是由许多不同的基本音构成，对应着不同的频率。单片机怎样产生这些基本音的？

(2) 音乐的节拍、节奏是音乐的灵魂，不同的曲调对应着不同的节拍。单片机怎样控制音乐的节奏，产生音乐的节拍的？

(3) 单片机是如何识别按键，并驱动扬声器的？

为说明电子琴的设计原理，解决以上三个问题，我们逐一分析如下：

1. 基本音(音符)的产生方法

基本音最少要有 1(do)、2(re)、3(mi)、4(fa)、5(sol)、6(la)、7(si)，7 个一组构成音阶，还可以根据高音、中音、低音，不同的音区，形成多组音阶。这个组数可以根据实际的键数决定，键数越多，音阶组数越多，实现的音符越多，跨越的度数越多，音乐的表现力就越强。因此，在现实生活中，电子琴主要有 61 键、76 键和 88 键。

需要说明的是，为了简单，本项目的简易电子琴只能发出单音频率，而不是市面的 PCM 波形记忆式电子琴，因此每个音不包含相应幅度的谐波频率，在和音、音强、音色方面缺乏变化，不能发出多种音色的声音。对于音阶里的每个基本音(音符)，对应着不同的频率，我们直接用定时器定时就可以很容易地实现它。不同的音符对应着不同的定时器初始值，产生不同频率的方波信号。

具体方法为：利用单片机的定时器 T0 工作在定时模式 1，装载不同的计数初值，溢出中断后取反端口，即可输出不同频率的方波，频率值由定时初值决定。以单片机 12 MHz 晶振为例，高、中、低三个音区的音符与 T0 定时初值 T 之间的关系如表 9-1 所示。

在表 9-1 中，#表示升半音，b 表示降半音，例如：#1(do#)表示低音 1do(键盘上对应白键)升半音，在键盘上对应黑键。从频率上看，相差 1 个八度(音程)的两个音，在频率上刚好是两倍的关系。例如，中音的 1 (do)刚好是低音 1 (do)频率的两倍，而高音 1 (do)又是中音的 1 (do)频率的两倍。

下面我们要为这个音符对应的定时初值 T 建立一个数据表格，单片机通过查表的方式来获得相应的数据。

```
TABLE:   DW 0, 63628, 63835, 64021, 64103, 64260, 64400, 64524, 0, 0   //低音 01234567
         DW 0, 63731, 63928, 0, 64185, 64331, 64463, 0, 0, 0           //低音#01204567
         DW 0, 64580, 64684, 64777, 64820, 64898, 64968, 65030, 0, 0   //中音 01234567
         DW 0, 64633, 64732, 0, 64860, 64934, 64994, 0, 0, 0           //中音#01204567
         DW 0, 65058, 65110, 65157, 65178, 65217, 65252, 65283, 0, 0   //高音 01234567
         DW 0, 65085, 65134, 0, 65198, 65235, 65268, 0, 0, 0           //高音#01204567
```

表中加数据"0"主要是为了编程查表方便。

表 9-1　音符与定时初值 T 的关系表

音　符	频率/Hz	T 值	音　符	频率/Hz	T 值
低音 1 (do)	262	63 628	中音#4 (fa#)	740	64 860
低音#1 (do#)	277	63 731	中音 5 (sol)	784	64 898
低音 2 (re)	294	63 835	中音#5 (sol#)	831	64 934
低音#2 (re#)	311	63 928	中音 6 (la)	880	64 968
低音 3 (mi)	330	64 021	中音#6 (la#)	932	64 994
低音 4 (fa)	349	64 103	中音 7 (si)	988	65 030
低音#4 (fa#)	370	64 185	高音 1 (do)	1046	65 058
低音 5 (sol)	392	64 260	高音#1 (do#)	1109	65 085
低音#5 (sol#)	415	64 331	高音 2 (re)	1175	65 110
低音 6 (la)	440	64 400	高音#2 (re#)	1245	65 134
低音#6 (la#)	466	64 463	高音 3 (mi)	1318	65 157
低音 7 (si)	495	64 524	高音 4 (fa)	1397	65 178
中音 1 (do)	523	64 580	高音#4 (fa#)	1480	65 198
中音#1 (do#)	554	64 633	高音 5 (sol)	1568	65 217
中音 2 (re)	587	64 684	高音#5 (sol#)	1661	65 235
中音#2 (re#)	622	64 732	高音 6 (la)	1760	65 252
中音 3 (mi)	659	64 777	高音#6 (la#)	1865	65 268
中音 4 (fa)	698	64 820	高音 7 (si)	1967	65 283

2. 音乐节拍、节奏的产生和控制方法

音乐的旋律又称曲调，不同的曲调对应着不同的节拍。除了音符外，节拍也是音乐的关键组成部分，节拍直观地表示一个音持续时间的长短，侧重于强拍与弱拍的规律性重复。

例如：乐谱中，1 = C　3/4

$$|1 \quad \underline{2 \quad 3} \quad \underline{4 \quad 5} \quad 6|$$

其中，"1 = C"表示该乐谱采用 C 调，"3/4"用来表示节拍为四三拍，是指该乐谱以四分音符为节拍，每一小节有三拍。1 单独为一拍，2、3 共为一拍，4、5、6 共为一拍，总共三拍。1 的时长为四分音符长；2、3 的时长各为四分音符的一半，即为八分音符长；而 4、5 的时长各为八分音符的一半，即为十六分音符长；6 的时长为八分音符长。

节拍，在单片机中我们用延时来实现。假设一拍的时间大约 400～500 ms，以四分音符为 1 个节拍，全音符就是 4 拍，四分音符就是 400 ms，八分音符就是 200 ms，十六分音符就是 100 ms。

在常见的四分音符 1 个节拍中，程序设计采用延时时间，如表 9-2 所示。

表 9-2 曲调值常见的 1/4 节拍延时时间

曲调值	DELAY
调 4/4	125 ms
调 3/4	187 ms
调 2/4	250 ms

对于这个节拍的延时，可以用单片机的另外一个定时器/计数器 T1 来完成。得到了 1/4 拍的延时时间，其余的节拍就是它的倍数。

在利用单片机设计音乐播放器时，必须在程序设计中考虑到节拍的设置。而本项目要实现的简易电子琴是由用户通过键盘弹奏音乐，节拍是由用户按下键的持续时间来控制，不需要程序控制。

另外，在利用延时程序编制节拍码的时候，我们可以用结束符"00H"表示曲目的终了，而用休止符"FFH"来产生中间停顿的效果。

3. 简易电子琴的按键识别方法与扬声器驱动电路的设计

对于按键比较少的八音琴可直接采用独立式键盘，用查询的方式进行识别。对按键比较多的电子琴，一般采用矩阵式键盘，采用逐行扫描的方式进行识别。

在前面的项目三中以 4×4 矩阵键盘为例，讲述了逐行扫描识别方法，其识别原理我们概括为"扫行线，读列线"，即用低电平 0 逐行扫描键盘，通过读取列线值，判断键位，算出键值，依次轮流扫描完每一行。按键位置可由行号(H)和列号(L)来唯一确定，其键值可用算法为：行号 H 乘以 4 后加上列号值 L，可计算得出键值 K = 4H + L。这里仅做一个简要的复习回顾。

扬声器驱动电路可以采用专用的集成功率放大器，对单片机输出的音乐信号进行放大后，推动扬声器工作发出声音。设计时需要根据喇叭的额定功率配置放大器的功率和最大增益，为提高音质，最好采用高保真音频功率放大器电路,如 LM386、LM3886、LM1875、TDA2030、TDA1521、TDA7269 等。

实际中，本项目所设计的简易电子琴，采用频率合成的方式，输出音质较为一般，在控制成本的情况下，输出功率并不需要太大，一般推动 0.5 W 到 1 W 的喇叭就可以，因此可选用小功率的集成功放 LM386。甚至，在特殊情况下可以直接用 8550 的三极管来驱动。

9.3.3 程序设计要点

从程序设计的关键点来看，也主要是解决上述三个问题，这里仅提供参考的设计思路如下：

(1) 利用定时器 T0 定时中断，来产生某一频率的方波信号，对应一个频率的音符。

(2) 利用定时器 T1 来产生 1/4 节拍所需的定时时间单位，利用节拍码查表实现控制音符的节拍时值和音乐的节奏。本项目要设计的简易电子琴是由用户弹奏的，可以不需要考虑节拍。

(3) 矩阵键盘的扫描，最好是采用定时或中断的方式进行编程，可以提高CPU效率。但是在主程序 CPU 资源占用不多、任务不重的情况下，直接用扫描查询的方式进行编程。其设计原理在项目三已做讲解，这里也不做过多的介绍。

程序设计的思想和具体实现，请参考本项目程序设计流程图和源程序代码部分。

9.4　项目实施参考方案

根据简易电子琴的项目任务，要求采用 89C51 单片机设计实现一个电子琴，要求有 8~16 个键，设计成 8~16 个音。可随意弹奏想要表达的音乐。

任务分析后，确认具体功能如下：

(1) 采用矩阵式键盘，设置 16 个键，每个键对应一个基本音(音符)。按下一个键播放对应的音符，按键释放，该音符停止。

(2) 从高、中、低音基本音符对应的定时 T 值表中选出音阶、音程相同且连续的 16 个音。

(3) 采用小功率的 LM386 音频功放推动 0.5 W 的喇叭播放音乐。

9.4.1　Proteus 平台硬件电路设计

简易电子琴的 Proteus 平台硬件电路设计如图 9-2 所示。

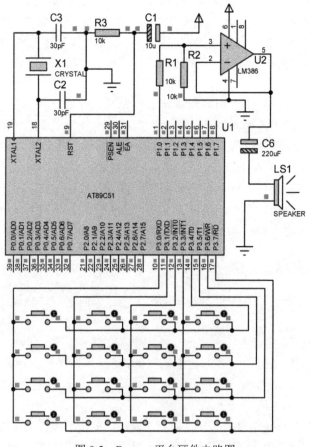

图 9-2　Proteus 平台硬件电路图

如图 9-2 所示，采用 89C51 单片机的 P3 口接 4×4 矩阵键盘，以 P3.4～P3.7 作为行线，以 P3.0～P3.3 作列输出线，其工作原理为：向 P3 口的高四位逐个行线输出低电平，如果有键盘按下，则相应的列线输出为低电平 0，如果没有键按下，则输出都为高电平。通过输出的行码和读取的列码就可以判断按下什么键。

单片机输出音频信号的端口为 P1.0 口，音频信号再通过 LM386 放大后推动喇叭 LS1 发出声音。

9.4.2 Keil C 软件程序设计

主程序初始化后，进行矩阵键盘的扫描。若有按键按下，则根据识别的按键键值，查表装载音符的初值 T 到 T0 中。启动 T0 工作后，判断按键是否释放，按键释放后停止定时器。主程序设计流程图如图 9-3 所示。

在 T0 的中断服务子程序中，取反 P1.0 口，输出音乐信号，并重装计数初值。

1. 程序设计流程图

本项目的简易电子琴的中断服务子程序设计流程图如图 9-4 所示。

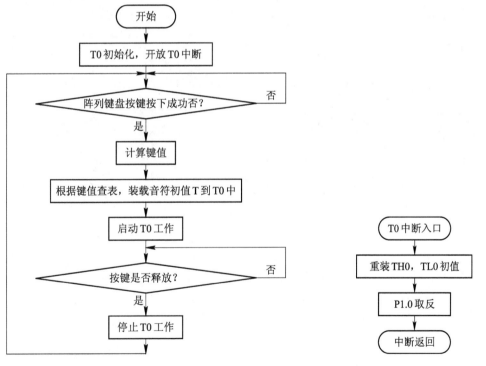

图 9-3 主程序设计流程图　　　　图 9-4 中断服务子程序设计流程图

2. 源程序代码

根据以上程序设计流程图，可以采用汇编语言或 C 语言实现程序设计，这里提供两种方式给大家作对比、参考。

(1) 汇编语言源程序参考如下：

```
        KEYBUF  EQU 30H              ;定义键值变量
        STH0    EQU 31H              ;定义初值 T 设置变量
        STL0    EQU 32H
        TEMP    EQU 33H              ;定义键值变量
        ORG     0000H
        LJMP    START                ;跳主程序
        ORG     0000BH
        LJMP    INT_T0               ;跳中断服务
        ORG     0030H
START:
        MOV     TMOD, #01H           ;定时器 T0 工作在模式 1
        SETB    ET0                  ;开 T0 中断
        SETB    EA                   ;开总中断
KEYSCAN:                             ;开始按键扫描
        MOV     P3, #0FFH            ;初始化行列线 FFH
        CLR     P3.4                 ;扫描第 0 行，行线置 0
        MOV     A, P3                ;读键盘
        ANL     A, #0FH              ;屏蔽高四位
        XRL     A, #0FH              ;读列线值，判断该行是否有键按下
        JZ      SCANK1               ;若无按键，则跳扫描下一行
        LCALL   DELY10MS             ;延时去抖动
        MOV     A, P3                ;再读键盘，确认按键
        ANL     A, #0FH
        XRL     A, #0FH
        JZ      SCANK1               ;若无按键，则跳扫描下一行
        MOV     A, P3                ;读键盘
        ANL     A, #0FH              ;屏蔽高四位
        CJNE    A, #0EH, NK1         ;通过比较列线值，判断键位
        MOV     KEYBUF, #0           ;送键值 0
        LJMP    DK1                  ;跳键值功能处理
NK1:    CJNE    A, #0DH, NK2         ;通过比较列线值，判断键位
        MOV     KEYBUF, #1           ;送键值 1
        LJMP    DK1                  ;跳键值功能处理
NK2:    CJNE    A, #0BH, NK3         ;通过比较列线值，判断键位
        MOV     KEYBUF, #2           ;送键值 2
        LJMP    DK1                  ;跳键值功能处理
```

NK3:	CJNE	A，#07H，NK4	；通过比较列线值，判断键位
	MOV	KEYBUF，#3	；送键值3
	LJMP	DK1	；跳键值功能处理
NK4:	LJMP	SCANK1	
DK1:	ACALL	DK	；调用键值功能处理程序DK
SCANK1:			
	MOV	P3，#0FFH	；初始化行列线FFH
	CLR	P3.5	；扫描第1行，行线置0
	MOV	A，P3	；读键盘
	ANL	A，#0FH	；屏蔽高四位
	XRL	A，#0FH	；读列线值，判断该行是否有键按下
	JZ	SCANK2	；若无按键，则跳扫描下一行
	LCALL	DELY10MS	；延时去抖动
	MOV	A，P3	；再读键盘，确认按键
	ANL	A，#0FH	
	XRL	A，#0FH	
	JZ	SCANK2	；若无按键，则跳扫描下一行
	MOV	A，P3	；读键盘
	ANL	A，#0FH	；屏蔽高四位
	CJNE	A，#0EH，NK5	；通过比较列线值，判断键位
	MOV	KEYBUF，#4	；送键值4
	LJMP	DK2	；跳键值功能处理
NK5:	CJNE	A，#0DH，NK6	；通过比较列线值，判断键位
	MOV	KEYBUF，#5	；送键值5
	LJMP	DK2	；跳键值功能处理
NK6:	CJNE	A，#0BH，NK7	；通过比较列线值，判断键位
	MOV	KEYBUF，#6	；送键值6
	LJMP	DK2	；跳键值功能处理
NK7:	CJNE	A，#07H，NK8	；通过比较列线值，判断键位
	MOV	KEYBUF，#7	；送键值7
	LJMP	DK2	；跳键值功能处理
NK8:	LJMP	SCANK2	
DK2:	ACALL	DK	；调用键值功能处理程序DK
SCANK2:			；扫描第2行
	MOV	P3，#0FFH	
	CLR	P3.6	；第2行，行线置0
	MOV	A，P3	；读列线值，判断该行是否有键按下
	ANL	A，#0FH	

```
            XRL     A, #0FH
            JZ      SCANK3              ; 若无按键, 则跳扫描下一行
            LCALL   DELY10MS
            MOV     A, P3              ; 再读键盘, 确认按键
            ANL     A, #0FH
            XRL     A, #0FH
            JZ      SCANK3              ; 若无按键, 则跳扫描下一行
            MOV     A, P3
            ANL     A, #0FH
            CJNE    A, #0EH, NK9        ; 通过比较列线值, 判断键位
            MOV     KEYBUF, #8          ; 送键值 8
            LJMP    DK3                ; 跳键值功能处理
NK9:        CJNE    A, #0DH, NK10      ; 通过比较列线值, 判断键位
            MOV     KEYBUF, #9          ; 送键值 9
            LJMP    DK3
NK10:       CJNE    A, #0BH, NK11      ; 通过比较列线值, 判断键位
            MOV     KEYBUF, #10         ; 送键值 10
            LJMP    DK3
NK11:       CJNE    A, #07H, NK12      ; 通过比较列线值, 判断键位
            MOV     KEYBUF, #11         ; 送键值 11
            LJMP    DK3
NK12:       LJMP    SCANK3
DK3:        ACALL   DK                 ; 调用键值功能处理程序 DK
SCANK3:                                ; 扫描第 3 行
            MOV     P3, #0FFH
            CLR     P3.7               ; 第 3 行, 行线置 0
            MOV     A, P3              ; 读列线值, 判断该行是否有键按下
            ANL     A, #0FH
            XRL     A, #0FH
            JZ      SCANK4              ; 若无按键, 则跳扫描下一行
            LCALL   DELY10MS
            MOV     A, P3              ; 再读键盘, 确认按键
            ANL     A, #0FH
            XRL     A, #0FH
            JZ      SCANK4              ; 若无按键, 则跳扫描下一行
            MOV     A, P3
            ANL     A, #0FH
            CJNE    A, #0EH, NK13      ; 通过比较列线值, 判断键位
            MOV     KEYBUF, #12         ; 送键值 12
```

	LJMP	DK4	; 跳键值功能处理
NK13：	CJNE	A，#0DH，NK14	
	MOV	KEYBUF，#13	; 送键值 13
	LJMP	DK4	
NK14：	CJNE	A，#0BH，NK15	
	MOV	KEYBUF，#14	; 送键值 14
	LJMP	DK4	
NK15：	CJNE	A，#07H，NK16	
	MOV	KEYBUF，#15	; 送键值 15
	LJMP	DK4	
NK16：	LJMP	SCANK4	
DK4：	ACALL	DK	; 调用键值功能处理程序 DK
SCANK4：			
	LJMP	KEYSCAN	; 重新开始扫描键盘
DK：	MOV	A，KEYBUF	; 键值功能处理子程序
	MOV	DPTR，#TABLE	
	MOVC	A，@A+DPTR	; 根据键值查表
	MOV	P0，A	; 键值送显 P0 口
	MOV	A，KEYBUF	
	MOV	B，#2	
	MUL	AB	; 键值乘 2 送 A(DW 表每个数据两个字节，所以乘 2)
	MOV	TEMP，A	
	MOV	DPTR，#TABLE1	; 送 T 值表头
	MOVC	A，@A+DPTR	; 根据键值查表
	MOV	STH0，A	; 装载定时器 T 值高 8 位
	MOV	TH0，A	
	INC	TEMP	
	MOV	A，TEMP	
	MOVC	A，@A+DPTR	
	MOV	STL0，A	; 装载定时器 T 值低 8 位
	MOV	TL0，A	
	SETB	TR0	; 启动定时器 T0
DKW：	MOV	A，P3	; 读键盘
	ANL	A，#0FH	; 屏蔽高四位
	XRL	A，#0FH	; 通过列线值判断按键是否释放
	JNZ	DKW	; 没释放，等待按键释放
	CLR	TR0	; 已释放，关闭定时器 T0
	RET		
DELY10MS：			; 延时子程序

```
            MOV     R6，#10
D1：         MOV     R7，#248
            DJNZ    R7，$
            DJNZ    R6，D1
            RET
INT_T0：                              ; 中断服务子程序
            MOV     TH0，STH0         ; 重装初值
            MOV     TL0，STL0
            CPL     P1.0             ; 取反 P1.0 口
            RETI                     ; 中断返回
TABLE：    DB 3FH，06H，5BH，4FH，66H，6DH，7DH，07H   ; 0~F 数码显示编码数据表
           DB 7FH，6FH，77H，7CH，39H，5EH，79H，71H
TABLE1：   DW 64021，64103，64260，64400 ; 低音 3，低音 4，低音 5，低音 6
           DW 64524，64580，64684，64777 ; 低音 7，中音 1，中音 2，中音 3
           DW 64820，64898，64968，65030 ; 中音 4，中音 5，中音 6，中音 7
           DW 65058，65110，65157，65178 ; 高音 1，高音 2，高音 3，高音 4
           END
```

(2) C 语言源程序参考如下：

```c
#include <AT89X51.H>                              //51 头文件
unsigned char code table[]={ 0x3f,0x06,0x5b,0x4f,
                    0x66,0x6d,0x7d,0x07,
                    0x7f,0x6f,0x77,0x7c,
                    0x39,0x5e,0x79,0x71};        //0~F 数码显示编码表
unsigned char temp;                               //定义变量
unsigned char key;                                //定义键值变量
unsigned char i,j;
unsigned char STH0;                               //定义 T 值变量
unsigned char STL0;
unsigned int code tab[]={64021,64103,64260,64400,
                 64524,64580,64684,64777,
                 64820,64898,64968,65030,
                 65058,65110,65157,65178};        //T 值数据表
void keyhandle(key)                               //键值功能处理子程序
{
  temp=P3;
  P0=table[key];                                  //根据键值查表，送显
  STH0=tab[key]/256;                              //装载定时器 T 值
  STL0=tab[key]%256;
  TR0=1;                                          //启动定时器 T0
```

```c
        temp=temp & 0x0f;
        while(temp!=0x0f)                              //等待按键释放
          {
              temp=P3;
              temp=temp & 0x0f;
          }
        TR0=0;                                         //按键已释放，关闭定时器 T0
}
void main(void)
{
    TMOD=0x01;                                         //定时器 T0 工作在模式 1
    ET0=1;                                             //开 T0 中断
    EA=1;                                              //开总中断
    while(1)
      {
        P3=0xff;                                       //初始化行列线 FFH
        P3_4=0;                                        //扫描第 0 行，行线置 0
        temp=P3;                                       //读键盘
        temp=temp & 0x0f;                              //屏蔽高四位
        if (temp!=0x0f)                                //判断该行是否有键按下
          {
              for(i=50;i>0;i--)                        //延时去抖动
              for(j=200;j>0;j--);
              temp=P3;
              temp=temp & 0x0f;
              if (temp!=0x0f)
                {
                    temp=P3;                           //再读键盘，确认按键
                    temp=temp & 0x0f;
                    switch(temp)                       //判断键值
                      {
                          case 0x0e:
                            key=0;
                            break;
                          case 0x0d:
                            key=1;
                            break;
                          case 0x0b:
                            key=2;
```

```
                    break;
                case 0x07:
                    key=3;
                    break;
                }
            keyhandle(key);                    //调用键值功能处理
            }
        }
    P3=0xff;                                   //初始化行列线 FFH
    P3_5=0;                                    //扫描第 1 行，行线置 0
    temp=P3;                                   //读键盘
    temp=temp & 0x0f;
    if (temp!=0x0f)                            //判断该行是否有键按下
      {
        for(i=50;i>0;i--)
        for(j=200;j>0;j--);
        temp=P3;
        temp=temp & 0x0f;
        if (temp!=0x0f)
          {
            temp=P3;
            temp=temp & 0x0f;
            switch(temp)                       //判断键值
              {
                case 0x0e:
                    key=4;
                    break;
                case 0x0d:
                    key=5;
                    break;
                case 0x0b:
                    key=6;
                    break;
                case 0x07:
                    key=7;
                    break;
                }
            keyhandle(key);                    //调用键值功能处理
            }
```

```
    }
P3=0xff;
P3_6=0;                                    //扫描第2行，行线置0
temp=P3;                                   //读键盘
temp=temp & 0x0f;
if (temp!=0x0f)                            //判断该行是否有键按下
    {
        for(i=50;i>0;i--)
        for(j=200;j>0;j--);
        temp=P3;
        temp=temp & 0x0f;
        if (temp!=0x0f)
            {
                temp=P3;
                temp=temp & 0x0f;
                switch(temp)               //判断键值
                    {
                        case 0x0e:
                            key=8;
                            break;
                        case 0x0d:
                            key=9;
                            break;
                        case 0x0b:
                            key=10;
                            break;
                        case 0x07:
                            key=11;
                            break;
                    }
                keyhandle(key);            //调用键值功能处理
            }
    }
P3=0xff;
P3_7=0;                                    //扫描第3行，行线置0
temp=P3;                                   //读键盘
temp=temp & 0x0f;
if (temp!=0x0f)                            //判断该行是否有键按下
    {
```

```
            for(i=50;i>0;i--)
            for(j=200;j>0;j--);
            temp=P3;
            temp=temp & 0x0f;
            if (temp!=0x0f)
              {
                temp=P3;
                temp=temp & 0x0f;
                switch(temp)                            //判断键值
                  {
                    case 0x0e:
                      key=12;
                      break;
                    case 0x0d:
                      key=13;
                      break;
                    case 0x0b:
                      key=14;
                      break;
                    case 0x07:
                      key=15;
                      break;
                  }
                keyhandle(key);                         //调用键值功能处理
              }
          }
      }
}
void t0(void) interrupt 1 using 0                       //中断服务子程序
{
  TH0=STH0;                                             //重装初值
  TL0=STL0;
  P1_0=~P1_0;                                           //取反 P1.0 口
}
```

9.4.3　Proteus 平台仿真效果

Proteus 平台加载程序后运行，当按下 "4" 号键，电脑的扬声器发出低音 7 "si" 的声音，简易电子琴 Proteus 的仿真效果如图 9-5 所示。

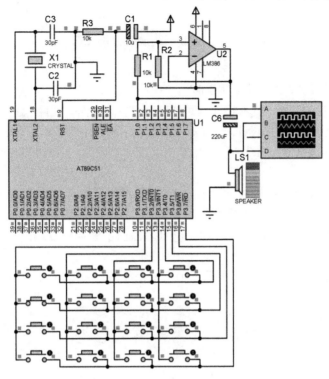

图 9-5 简易电子琴 Proteus 仿真效果

通过虚拟示波器，对输出波形进行测量，其仿真效果如图 9-6 所示。

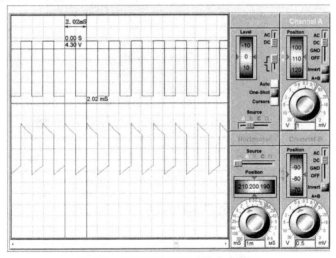

图 9-6 示波器波形测量的仿真效果

由图 9-6 可知，光标测出输出方波信号的周期为 2.02 ms，即频率为 495 Hz，刚好是低音 7 "si" 的频率，其幅值达到了将近 5 V。

仿真结果分析：该设计的仿真效果，表明 16 键简易电子琴自由弹奏功能的实现，验证了程序设计的正确性。在实际中，可根据需要进行按键的拓展。程序中有按键检测后的键值送显指令，即将识别到的键值送 P0 口数码管显示，而图 9-5 中并没有数码显示部分，没有键值显示效果。感兴趣的读者可以自己添加上，并尝试进行电子琴其他功能的设计。

9.5　项目回顾与总结

简易电子琴的设计，主要是利用定时器 T0 中断，来产生某一个音符对应频率的方波信号。通过对矩阵键盘的应用，实现 16 个键可弹奏 16 个音。此外，项目中还对单片机自主播放音乐的功能进行了设计。在程序设计思想上，主要是利用两个定时器，一个用来产生音符所对应的频率信号，一个用来产生音乐节拍，利用节拍码查表实现控制音符的节拍时值和音乐的节奏。

总结要点如下：

(1) 音乐是由许多不同的基本音构成，对应着不同的频率，不同的曲调对应着不同的节拍。

(2) 简易电子琴的设计是采用频率合成声音的方法，其基本原理是利用单片机的定时器工作在定时模式 1，装载不同的计数初值 T，溢出中断后取反端口，即输出不同频率的音频信号。

(3) 乐谱中，常以四分音符为 1 个节拍。节拍在单片机中可用定时器或延时来实现。

9.6　项目拓展与思考

9.6.1　课后作业、任务

任务 1：基于 Proteus 平台，完成简易电子琴键值数码显示功能的设计，如图 9-7 所示。

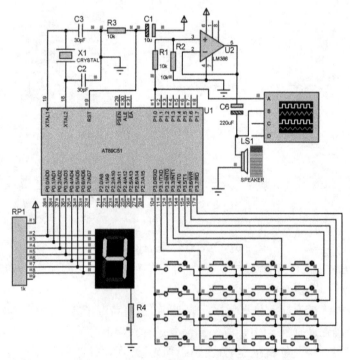

图 9-7　电子琴键值数码显示功能的设计

任务 2：总结电子琴在硬件与软件上实现发声的原理，根据同样的原理，设计实现查询式 8 键电子琴的设计，如图 9-8 所示。

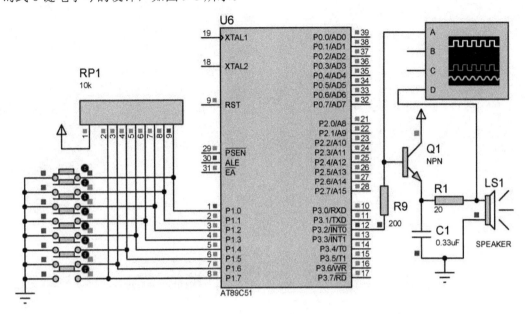

图 9-8 查询式 8 键电子琴

9.6.2 项目拓展

拓展一：生活中，常见的有 61 键、76 键和 88 键电子琴，基于 Proteus 平台，对简易电子琴进行拓展，实现 61 键电子琴的基本弹奏功能。

拓展二：基于 Proteus 平台，实现用单片机播放"祝你平安"音乐，或实现自动播放我们的校歌。

项目十　数字电压表

10.1　学习目标

掌握模/数转换器的工作原理、主要性能指标，A/D 转换的应用编程方法。掌握 A/D 转换最小分辨率的概念，学会使用 ADC0808 应用编程，完成数字电压表的设计。

10.2　项目任务

基于单片机技术和 Proteus 仿真平台，设计单片机应用系统，要求采用 89C51 单片机与 A/D 转换器来设计制作一个数字电压表，要求至少能够测量 0～5 V 之间的直流电压值，测量精度至少能达到 0.1 V。

鼓励学生在以上基础上开展创新，例如，测量范围扩宽为 0～10 V，测量精度达到 0.01 V，或加上自动量程切换等功能，设计并制作出实物作品。

10.3　相关理论知识

在自然界中，绝大多数现实存在的物理量都是模拟量，单片机等微处理器属于数字部件，只能接收和处理数字量"1"和"0"。而且也有很多执行部件和外设控制终端也只能接收和处理模拟量，例如，直流电机、伺服驱动器、变频器、磁滞制动器、电压表、模拟放大器等。

在本篇概述中我们提到过，单片机完整的应用系统包括了输入通道和输出通道。输入通道就是利用 A/D 转换器(Analog to Digital Converter，模/数转换器)将模拟量转换为数字量，然后由单片机再进行相应的数字处理。而输出通道就是利用 D/A 转换器(Digital to Analog Converter，数/模转换器)将单片机输出的数字量转换为模拟量，然后利用模拟量才能对终端部件进行控制、执行任务。一个闭环的单片机测控应用系统示意图如图10-1所示。

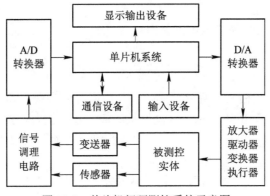

图 10-1　单片机闭环测控系统示意图

可见，A/D、D/A 在单片机应用系统中具有十分重要的作用，下面我们一起来了解一下 A/D、D/A 的原理、特点和应用设计方法。

10.3.1　A/D 与 D/A 转换

1. A/D 转换器的原理与性能指标

1) 原理

A/D 转换器用于将模拟信号转换为数字信号。从模拟量到数字量的转换过程可以分为采样、保持、量化和编码四个步骤。

(1) 采样，是指通过采取模拟信号一个周期波形上的一系列瞬时值，将连续的模拟信号变成一系列离散的采样脉冲信号。

(2) 保持，是指取样后保持前一次采样的瞬时值，以便在后续的量化、编码期间不发生变化。

(3) 量化，是将采样后保持电路输出的离散瞬时值信号转换为离散的数字量，一般为最小数字量单位的整数倍。

(4) 编码，是指将量化后的数值编成一个数字代码来表示，方便计算、存储和处理。

从工作原理上来分，A/D 转换器主要有积分型、逐次逼近型、并行比较型和串行比较型等几种。

积分型A/D 转换器的工作原理是先将输入的模拟电压转换成时间脉冲信号，然后在这个脉冲宽度时间间隔内利用计数器对固定频率计数脉冲计数，计数值就是转换输出的数字量。其特点是电路简单、分辨率高、价格便宜，速度慢。

逐次逼近型 A/D 转换器由一个比较器和 D/A 转换器构成逐次比较逻辑电路，从最高位开始按顺序将输入的模拟信号与内置D/A 转换器输出的电压进行多次比较，使D/A 数字量的转换输出逐次逼近输入的模拟量，经N 次比较得到输出数字量。其特点是精度、速度、价格适中。

并行比较型A/D 转换器采用多个比较器，仅一次比较就完成转换，因此速度极快，但所需比较器数量多，电路规模大，价格也贵。

串行比较型 A/D 转换器是介于并行比较型和逐次逼近型之间，内置 D/A 和多位比较器，由并行比较型 A/D 配合 D/A 转换器构成的，因此价格和速度也比较折中。

根据 A/D 转换后的数字量位数的不同，A/D 转换器可分为 4 位、6 位、8 位、10 位、12 位、14 位、16 位等。

按照转换的速度，A/D 转换器可以分为超高速(1 ns)、高速(1 μs)、中速(1 ms)、低速(1 s) 等几种。

2) 性能指标

A/D 转换器的性能指标主要有分辨率、转换时间、转换误差和转换量程。

(1) 分辨率是指 A/D 转换器对输入模拟量的最小分辨能力。例如，一个 10 位的 A/D 转换器，其量化等级为 $2^{10} = 1024$，最小分辨率为满量程输入的 1/1023。假设满量程输入为 5 V，则最小分辨率为 5 V/1023≈4.88 mV。

(2) 转换时间是指启动一次 A/D 转换，从开始到结束所需要的时间。A/D 转换器一般类型不同，速度差异比较大。积分型 A/D 转换器一般为几百 ms，逐次逼近型 A/D 转换器一般为几十 μs，并行比较型 A/D 转换器仅需几十 ns。

(3) 转换误差是指将模拟量转换为数字量输出时，理论输出与实际输出之间的差别。

(4) 转换量程是指 A/D 转换芯片能够转换的电压范围，如 0～5 V 等。

2. D/A 转换器的原理与性能指标

1) 原理

D/A 转换器是用于将数字信号转换为模拟信号的器件。D/A 转换器在结构上由数字寄存器、权电阻网络、运算放大器、基准电压源和模拟开关几部分组成。在工作原理上，类似于二进制数转化为十进制数的位权相加的思想。首先将输入的数字量暂存到数字寄存器中，数字量的每一位分别控制相应位权的模拟开关。然后，当数字为 "1" 的位开关闭合后在权电阻网络上得到与其位权值成正比的电流(由基准电压通过不同的电阻控制得到)，最后由运算放大器构成求和运算电路将权值相加后，得到输入数字量对应的模拟量。

D/A 转换器按解码网络结构分类，可以分为 T 形电阻网络 DAC、倒 T 形电阻网络 DAC、权电流 DAC 和权电阻网络 DAC。

2) 性能指标

D/A 转换器的性能指标主要有分辨率、转换时间、非线性误差和温度系数。

(1) 分辨率，指输出电压的最小变化量。对于 n 位 D/A 转换器，分辨率为满量程电压值的 $1/(2^n - 1)$。例如，满量程输出为 5 V，8 位 DAC 的最小分辨率为 5 V/$(2^8 - 1)$≈19.6 mV。

(2) 转换时间，指完成一次 D/A 转换所需要的时间，D/A 的位数越多转换时间越长。

(3) 非线性误差，指 D/A 转换器输出电压值与理想输出电压值之间的偏差。此误差主要是由模拟开关以及运算放大器的非线性引起的。

(4) 温度系数，指在输入不变的情况下，输出模拟电压随温度变化而变化的量。

10.3.2   ADC0808/ADC0809、DAC0832 的内部结构与引脚功能

下面我们以常用的 ADC0808/ADC0809、DAC0832 芯片为例，介绍转换器的内部结构与引脚功能。

1. ADC0808/ADC0809

1) 内部结构

ADC0808/ADC0809 是 8 通道 8 位 CMOS 逐次逼近型 A/D 转换器芯片，每采集一次数据的转换时间为 100 μs，片内没有时钟源需外接的时钟信号。ADC0808 是 ADC0809 的简化版，但是两者的结构、引脚功能基本相同。在 Proteus 仿真平台常选用 ADC0808 进行仿真设计，在实物使用时大多采用经典的 ADC0809 芯片。ADC0808 的内部结构如图10-2所示。

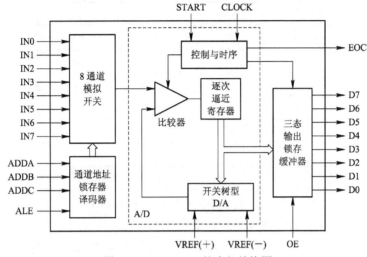

图 10-2　ADC0808 的内部结构图

ADC0808 主要由 8 通道模拟开关、通道地址锁存译码器、比较器、逐次逼近寄存器、开关树型 D/A、控制时序电路以及三态输出锁存缓冲器组成。通道地址锁存译码器完成对 ADDA、ADDB 和 ADDC 三个地址位的锁存和译码，选择模拟量输入通道，8 个通道公用一个 A/D 转换器进行转换。三态输出锁存器用于锁存 A/D 转换完的数字量，当 OE 端为高电平时，才可以从三态输出锁存器取走转换完的数据。

2) 引脚功能

ADC0808/ADC0809 的引脚功能如图 10-3 所示。

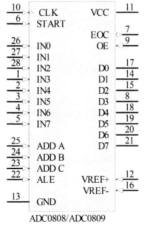

图 10-3　ADC0808/ADC0809 的引脚图

(1) IN0～IN7：8 路模拟信号输入通道。

(2) ADDA/ADDB/ADDC：三位地址码输入端，用来选择输入通道。A/D 转换器选择哪路通道的模拟信号进行转换由这三个端口控制。各通道的地址码如表 10-1 所示。

表 10-1　各通道的地址码选择表

地　址　码			通　道
ADDC	ADDB	ADDA	INx
0	0	0	IN0
0	0	1	IN1
0	1	0	IN2
0	1	1	IN3
1	0	0	IN4
1	0	1	IN5
1	1	0	IN6
1	1	1	IN7

(3) ALE：地址锁存信号输入端，高电平有效。通道的 3 位地址码在 ALE 信号有效时进入内部地址锁存器，锁存后选择输入通道。

(4) CLOCK：外部时钟输入端，一般要求频率范围为 10 kHz～1.28 MHz。

(5) D0～D7：8 位数字量输出端。

(6) START：A/D 转换的启动信号输入端。当 START 端输入一个正脉冲时(高电平持续时间 200 ns 以上)，将进行 A/D 转换。

(7) EOC：A/D 转换结束信号输出端。当 A/D 转换结束后，EOC 输出高电平。

(8) OE：A/D 转换结果输出允许端。当 OE 为高电平时，允许 A/D 转换结果从 D0～D7 端输出。

(9) VREF+、VREF−：正负基准电压输入端。正基准电压(VREF+)的典型值为 +5 V，负基准电压(VREF−)的典型值为 0 V。

(10) VCC 和 GND：供电的电源端和地端。VCC 的典型值为直流 +5 V，最大不能超过 6.5 V。

2. DAC0832

1) 内部结构

DAC0832 是常用的 8 位电流输出型并行低速 D/A 转换芯片，其内部主要由 8 位输入锁存器、8 位 DAC 寄存器、8 位 D/A 转换器和控制电路组成，如图 10-4 所示。

由图 10-4 可知，输入的数字量是通过两级 8 位缓冲器后送至 D/A 转换器的输入端。这样设计的目的是，当第二级缓冲器(图中的 8 位 DAC 寄存器)向 D/A 转换器输出数据时，前级的缓冲器(图中的 8 位输入锁存器)可以接收下一个待转换的新数据，从而提高转换速度。因此，它们的控制也决定了 DAC0832 有 3 种工作方式：直通、单缓冲和双缓冲。

ILE、$\overline{CS}$ 和 $\overline{WR1}$ 是 8 位输入锁存器的控制信号。当 $\overline{WR1}$、$\overline{CS}$ 和 ILE 均有效时，可以将 DI0～DI7 的数据写入 8 位输入锁存器。

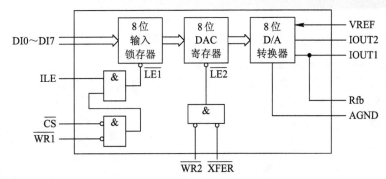

图 10-4　DAC0832 的内部结构图

$\overline{\text{WR2}}$ 和 $\overline{\text{XFER}}$ 是 8 位 DAC 寄存器的控制信号。当 $\overline{\text{WR2}}$ 和 $\overline{\text{XFER}}$ 均有效时，DAC 寄存器工作在直通状态；当其中某个信号为高电平时，DAC 寄存器工作在数据锁存状态。

(1) 直通方式：当两个寄存器的 5 个控制信号均有效时，两个寄存器均处于直通状态，数据可以从输入端经两个寄存器直接进入 D/A 转换器。

(2) 单缓冲方式：两个寄存器之中有一个处于直通状态(数据接收的状态)，另一个受单片机控制。例如，信号 $\overline{\text{WR2}}$ 和 $\overline{\text{XFER}}$ 接地，DAC 寄存器处于直通方式；ILE 端接高电平，$\overline{\text{CS}}$ 端接译码输出，$\overline{\text{WR1}}$ 与单片机的 $\overline{\text{WR}}$ 写信号相连，输入寄存器的状态由单片机控制，这就是单缓冲。

(3) 双缓冲方式：两个寄存器均处于受控状态。这种工作方式适合于多模拟信号同时输出的应用场合。当采用双缓冲方式时，数字量的输入锁存和D/A转换输出是分两步进行的。第一步，CPU 分时向各路 D/A 转换器输入要转换的数字量并锁存在各自的输入锁存器中。第二步，CPU 对所有的 D/A 转换器发出控制信号，使各路输入锁存器中的数据进入 DAC 寄存器，实现同步转换输出。

需要注意的是，DAC0832 转换输出的是模拟电流量，若要转换输出电压量，还需要外接运算放大器。

2) 引脚功能

DAC0832 的引脚功能如图 10-5 所示。

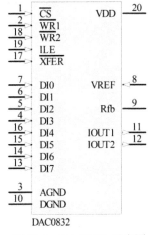

图 10-5　DAC0832 引脚图

(1) $\overline{\text{CS}}$：片选信号的输入端，低电平有效。

(2) $\overline{\text{WR1}}$：8 位输入锁存器的写信号端，低电平有效。

(3) $\overline{\text{WR2}}$：DAC 寄存器的写信号端，低电平有效。

(4) ILE：数据锁存器的允许控制信号端，高电平有效。

(5) $\overline{\text{XFER}}$：数据传输控制信号端，低电平有效。

(6) AGND：模拟信号地。

(7) DGND：数字信号地。

(8) DI0～DI7：8 位数字量输入端。

(9) VREF：基准电压输入端，范围为 +10～−10 V。

(10) Rfb：反馈电阻端。DAC0832 内部有反馈电阻，可用作外部运算放大器的反馈电路。

(11) IOUT1、IOUT2：模拟电流输出端。IOUT2 与 IOUT1 的和为一个常数，即 IOUT1 + IOUT2 = 常数。当 DAC 寄存器中的数据全为 1 时，IOUT1 输出电流最大，IOUT2 为 0；当 DAC 寄存器中的数据全为 0 时，IOUT1 输出电流为 0，IOUT2 输出电流最大。一般在单极性输出时，IOUT2 接地。

(12) VDD：电源端，一般为 +5～+15 V。

10.3.3　数字电压表设计原理

数字电压表主要包括输入电压的采样、数据处理、电压显示和自动量程切换等几个部分。因此，要完成数字电压表的设计必须要解决以下几个问题。

1. 电压的采样

对于输入电压的采样，首先考虑的是交直流、电压范围、电压极性等问题。交流电压的测量涉及电压峰值检测、电压采样率确定、波形变换以及有效值计算等问题，另外还涉及电压范围、电压极性的检测，并且需要放大器、衰减器、反相器等电路来实现极性变换、自动量程切换等功能。可见，一个全功能的数字电压表的设计过程中需要考虑的问题很多。为了讲清原理，实现项目需求中基本的电压测量功能，我们仅考虑采用 A/D 转换器采样 0～5 V 输入的直流电压，从而说明 A/D 在单片机测量系统中的应用方法。

因此，假定数字电压表测量的是范围为 0～5 V 的单极性直流电，精度需求不小于 0.1 V。

根据 A/D 转换的通用原理，采用 n 位 A/D 转换器，其输出的数字量与输入的模拟电压量之间的关系为

$$D_{out} = \frac{V_{in}}{\dfrac{V_{ref}}{2^n - 1}} = \frac{V_{in}}{V_{ref}} \cdot (2^n - 1) \tag{10-1}$$

其中，D_{out} 为输出的数字量，V_{in} 为输入的模拟量，n 为 A/D 的位数，V_{ref} 为基准电压。

理论上，AD 转换的最小分辨率为 $\dfrac{V_{ref}}{2^n - 1}$，而且 $D_{out} \leqslant 2^n - 1$。

例如，ADC0809 是一个 8 位以上的 A/D 转换器，其电压输入范围为 0～5 V。若采用的基准电压为典型值 +5 V，即 $V_{ref} = 5$ V，则其最小分辨率 $V_B = V_{ref}/255 = 19.6$ mV。

实际采样输出的数字量 $D_{out} = V_{in}/19.6$ mV，D_{out} 取值为 0～255 的正整数。

所以，在基准电压为 +5 V 的情况下，8 位 A/D 转换器实现的测量精度为 0.019 V，能够达到基础电压表的测量精度要求。

2. 数据的处理

通过 ADC 采样输入的直流电压得到的数字量，需要通过算法处理还原成模拟量的电压值才能送出显示。通过上面的分析，我们已经知道了数字量与输入的模拟量之间的关系，利用这个关系式逆向推导，不难得出这个算法就是：数字量乘以最小分辨率，即：

$$V_{in} = D_{out} \cdot V_B = D_{out} \cdot \frac{V_{ref}}{2^n - 1} \tag{10-2}$$

对于 ADC0809 而言，当基准电压为 5 V 时，就是 $V_{in} = D_{out} \cdot 19.6$ mV。

在编程时，考虑到小数点的精度和算法变量的取整问题，为防止小数部分丢失，通常会采用将乘数(最小分辨率)扩大十倍、百倍或千倍的方法，之后送到显示器显示。送显时，在处理小数点所在的显示位时再恢复原始大小，从而保证小数位的精度数字不丢失。

例如：$D_{out} = 31H$，$V_{in} = D_{out} \cdot 19.6$ mV $= 49 \times 19.6$ mV $= 960.4$ mV，正常整形变量或寄存器在运算时只能取整，运算后的结果为 960，小数部分 0.4 被丢失。若采用扩大 10 倍，乘以 196 的方式，则结果为 9604，保留了小数部分的数字，后续送显时小数点挪前一位即可恢复原始大小 960.4。

3. 电压的显示

数码显示一般可以采用数码管、LED 点阵屏、LCD 液晶屏或 OLED 屏等方式，这里主要采用电压表常见的数码显示方式。数码管可以用静态显示或动态显示两种显示方式，为节省口线，我们主要采用动态显示方式，其驱动显示原理可参照之前的动态数码显示屏项目，这里不再讲解其设计原理。

4. 电压极性的检测与自动量程的切换

若电压表测量的是负压或交流电，还需要考虑到电压极性检测的问题。电压极性检测一般采用过零比较器就可以实现。若是负压，可利用反相器反相后再进行A/D采样即可。

当电压表测量的电压超过了 A/D 采样的输入量程范围，则需要设计电压表自动量程切换功能。这种切换主要是利用多个比较器，当确认输入的电压范围后，利用增益放大器或衰减器进行电压变换，将超量程的电压变换调整到 A/D 采样的正常输入量程范围。

例如，ADC0809 可以采样的输入量程为 0～+5 V，若输入的电压为 10～20 V，则需要利用单片机进行自动量程切换，即当电压比较器获取电压范围超量程后，启动等比例衰减电路。比如，将其等比例衰减为 20%，衰减后的电压为 2～4 V，再送给 ADC0809 采样，后续在算法上再恢复原始值即可。同理，当输入信号太小，直接测量容易受干扰，测量精度不高时，也可以采用小信号放大器对输入信号进行等比例放大，待调整到合适的范围再采样测量，这样可以提高测量的精度与稳定性。

当然，本项目设计的数字电压表属于简易的电压表，侧重于原理的讲解，暂不实现极性检测和自动量程切换的功能，感兴趣的读者可查阅相关资料在课外完成该部分功能的设计。

10.3.4 程序设计方法

在程序设计上，因为主要是采用了并行接口的 ADC 芯片，需要通过单片机控制 ADC

的采样和读取转换的结果。因此，可根据 ADC0809 与单片机的连接、控制方式，采取以下三种方式编程。

1. 中断方式

当单片机启动 A/D 转换器后，转而执行其他功能程序，当 A/D 转换完成后，由 ADC 芯片产生 EOC 信号触发单片机中断，在 CPU 响应中断后，利用中断服务子程序读取 ADC 的数据。这种方式占用单片机的一个中断源，但不会占用 CPU 过多的时间资源，CPU 的工作效率较高，适用于实时数据采集的测控系统。

2. 查询方式

在单片机完成对 A/D 转换器的启动后，CPU 一直查询 ADC 芯片转换结束信号 EOC 端的状态是否变成高电平，若为高电平，代表 A/D 转换完成；若为低电平，则 CPU 一直保持查询的状态。EOC 为高电平则读取 ADC 的数据。这种方式不占用中断源，程序设计简单，可靠性高，但一直占用 CPU 资源，导致 CPU 效率不高，适用于任务较少、功能较单一的应用系统。

3. 延时等待方式

延时等待方式不需要等 A/D 转换完后发出的 EOC 反馈信号，即单片机不管 EOC 的状态。根据 ADC 芯片一次采集数据所需要的转换时间进行软件延时等待，或做其他任务进行延时等待，当延时程序(或其他任务)执行完后，A/D 转换已经完成，直接读取数据即可。一般来说，为确保 A/D 转换完成，延时时间必须远大于 A/D 转换所需时间。这种方式一般适用于 I/O 口线不多，系统采集数据量较少，单片机较为空闲的情况。

程序设计的具体实现请参考本项目的源程序。

10.4　项目实施参考方案

根据数字电压表的项目任务，要求采用 89C51 单片机设计实现一个数字电压表，测量范围为 0～5 V 的直流电压，测量精度至少能达到 0.1 V。

任务分析后，确认具体功能如下：

(1) 开机，A/D 转换即启动，数码管显示当前的采样电压值。

(2) 4 位数码管显示电压的样式为"1.240"，单位为 V，1 位整数，3 位小数，精度约为 0.02 V。

(3) 模拟信号的输入部分，采用电位器对电源进行分压来模拟待测量的电压，可调电压范围为 0～5 V。

(4) 为对比数字电压表测量的准确性，输入端放置虚拟仪器直流万用表对输入的电压进行测量。

10.4.1　Proteus 平台硬件电路设计

数字电压表 Proteus 平台硬件电路设计如图 10-6 所示。

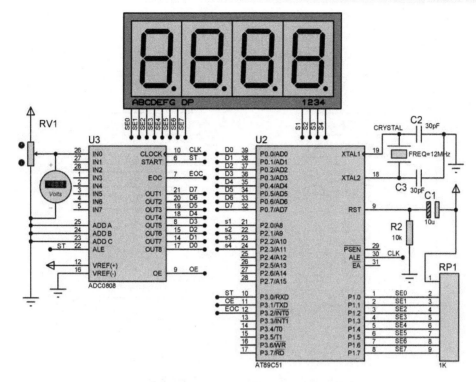

图 10-6　数字电压表 Proteus 平台硬件设计电路图

本设计采用了 ADC0808 作为模/数转换器，它是 8 通道 8 位的 A/D 转换器，由于片内没有时钟，需外接单片机分频时钟信号 ALE。为了设计方便，地址码的输入端 ADDA、ADDB、ADDC 全部接地，直接选择通道 IN0 输入。

该电路的工作原理为：单片机通过 P3.0 端发送正脉冲启动 A/D 转换器，ADC0808 将数据转换完成后 EOC 脚发送高电平给单片机 P3.2 口，单片机检测到高电平后执行读操作。读之前先通过 P3.1 口送出高电平置 ADC0808 的 OE 端为高电平，以便 ADC0808 允许三态门数据缓冲器输出数据到数据总线 D0～D7。在读出 A/D 转换器的数据后，单片机进行数据处理并送出显示。显示部分采用 4 位数码管的动态扫描显示电压值，其驱动部分用的是 1 kΩ 的上拉排阻。

该电路的特点是，能够测量 0～5 V 之间的直流电压值，四位共阴极数码管显示，使用的元器件数目为最少。

10.4.2　Keil C 软件程序设计

Keil C 软件的程序设计主要采用查询的方式编程，即主程序一直查询 ADC 芯片转换结束信号 EOC 端的状态，若转换结束则读取数据，并处理后送显示缓冲器。主程序的设计流程图如图 10-7(a)所示。

中断服务子程序主要实现数码管的动态扫描显示，定时为 4000 μs，每次中断扫描显示一位数码管。每次从缓冲区取数据显示后，需要检测是否扫描完 4 位，并进行小数点位的数据送显处理。其程序设计流程图如图 10-7(b)所示。

1. 程序设计流程图

本项目的数字电压表的程序设计流程图如图 10-7 所示。

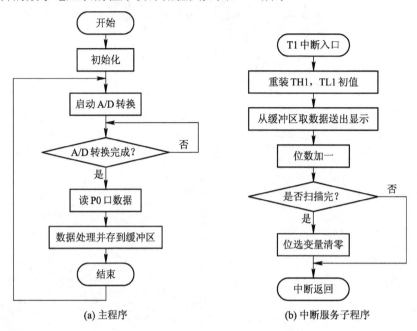

图 10-7　数字电压表程序设计流程图

2. 源程序代码

根据以上流程图，可以采用汇编语言或 C 语言实现程序设计，这里提供两种语言的程序代码供大家对比、参考。

(1) 汇编语言源程序参考如下：

```
        BUF     EQU     40H             ;显示缓冲器首地址
        SEG_0   EQU     30H             ;个位
        SEG_1   EQU     31H             ;十位
        SEG_2   EQU     32H             ;百位
        SEG_3   EQU     33H             ;存放千位段码
        ADC     EQU     35H             ;ADC 的转换值
        DPCNT   EQU     36H             ;位选变量
        ST      BIT     P3.0            ;定义 ADC 的控制脚
        OE      BIT     P3.1
        EOC     BIT     P3.2
        ORG     0000H
        LJMP    START                   ;跳主程序
        ORG     001BH
        LJMP    INT_T1                  ;跳中断服务
        ORG     0030H
START:                                  ;主程序初始化
```

	MOV	DPCNT,#00H	;位选变量清零
	CLR	ST	;启动信号清零
	CLR	OE	;允许位清零
	MOV	SEG_0,#0	;个位数字暂存区初始化
	MOV	SEG_1,#0	;十位数字暂存区初始化
	MOV	SEG_2,#0	;百位数字暂存区初始化
	MOV	SEG_3,#0	;千位数字暂存区初始化
	MOV	TMOD,#10H	;定时器初始化
	MOV	TH1,#(65536-4000)/256	
	MOV	TL1,#(65536-4000) MOD 256	
	SETB	TR1	;启动定时器
	SETB	ET1	;开中断
	SETB	EA	
WT:	CLR	ST	;正脉冲启动 ADC
	SETB	ST	
	NOP		
	NOP		
	CLR	ST	
WAIT:	JNB	EOC,WAIT	;等待 ADC 转换完
	SETB	OE	;读允许
	MOV	ADC,P0	;读 ADC
	CLR	OE	
	MOV	A,ADC	;ADC 结果送 A
	JZ	NEXT0	;ADC 值结果为 0,就直接跳
	MOV	R7,A	;ADC 结果存 R7
	MOV	SEG_3,#00H	
	MOV	SEG_2,#00H	
	MOV	A,#00H	;以下是将 ADC 转换结果转换成 BCD 码
LOOP1:	ADD	A,#20H	;一位二进制码对应 20 mV 电压值
	DA	A	;BCD 码十进制调整
	JNC	LOOP2	;是否有进位,无则跳 LOOP2
	MOV	R4,A	;调整后的低两位(十位、个位)存 R4
	INC	SEG_2	;有进位则百位数字加 1
	MOV	A,SEG_2	
	CJNE	A,#0AH,LOOP4	;判断百位数字是否为 10,即产生千进位
	MOV	SEG_2,#00H	;是,则清零百位数字,千位数字加 1
	INC	SEG_3	
LOOP4:	MOV	A,R4	;低两位,十位与个位数字处理
LOOP2:	DJNZ	R7,LOOP1	
	MOV	R6,A	

```
            ANL     A,#0F0H              ;屏蔽个位数字，保留十位
            SWAP    A                    ;交换高低 4 位，即交换十位、个位数字
            MOV     SEG_1,A              ;得到十位数字
            MOV     A,R6
            ANL     A,#0FH               ;屏蔽十位数字，保留个位
            MOV     SEG_0,A              ;BCD 码数据处理完毕
NEXT0：     MOV     BUF,SEG_3            ;数据送显示缓冲器
            MOV     BUF+1,SEG_2
            MOV     BUF+2,SEG_1
            MOV     BUF+3,SEG_0
            SJMP    WT                   ;重新开始下一次 A/D 转换
INT_T1：                                 ;T1 中断服务，动态扫描显示
            MOV     TH1,#(65536-4000)/256    ;重装初值
            MOV     TL1,#(65536-4000) MOD 256
            MOV     DPTR,#DPBT
            MOV     A,DPCNT
            MOVC    A,@A+DPTR            ;查表发位选数据
            MOV     P2,A
            MOV     DPTR,#TABLE
            MOV     A,DPCNT
            ADD     A,#BUF
            MOV     R0,A
            MOV     A,@R0
            MOVC    A,@A+DPTR            ;查表发笔段数据
            MOV     P1,A
            MOV     A,DPCNT             ;是否为小数点位
            CJNE    A,#0,GO             ;不是小数点位就跳 GO 继续
            ORL     P1,#80H             ;是小数点位，则点亮小数点
GO：        INC     DPCNT               ;位选变量加 1
            MOV     A,DPCNT
            CJNE    A,#4,NEXT           ;是否扫描完 4 位数码管
            MOV     DPCNT,#00H          ;是，则位选变量清 0
NEXT：      RETI
TABLE：     DB      3FH,06H,5BH,4FH,66H     ;位选数据表
            DB      6DH,7DH,07H,7FH,6FH,00H
DPBT：      DB      0FEH,0FDH,0FBH,0F7H     ;0～9 数码显示编码表
            DB      0EFH,0DFH,0BFH,07FH
            END
```

(2) C 语言源程序参考如下：

```
#include <AT89X51.H>                     //51 头文件
```

```c
unsigned char code dispbit[]={0xfe, 0xfd, 0xfb, 0xf7, 0xef, 0xdf, 0xbf, 0x7f}; //位选数据表
unsigned char code dispcode[]={ 0x3f, 0x06, 0x5b, 0x4f, 0x66,
                    0x6d, 0x7d, 0x07, 0x7f, 0x6f, 0x00}; //0~9数码显示编码表
unsigned char dispbuf[6]={10，10，10，10};                //定义显示缓冲区
unsigned char dispcount=0;                                //定义位选变量
unsigned char getdata;                                    //定义AD值变量
unsigned int temp;
unsigned char i;
sbit ST    =    P3^0;                                     //定义ADC0809控制端口
sbit OE    =    P3^1;
sbit EOC   =    P3^2;
void main(void)
{
    ST=0;                                                 //主程序初始化
    OE=0;
    ET1=1;
    EA=1;                                                 //开中断
    TMOD=0x10;                                            //定时器1工作在模式1
    TH1=(65536-4000)/256;                                 //装初值，定时4000 μs
    TL1=(65536-4000)%256;
    TR1=1;                                                //启动定时器
    ST=1;                                                 //产生正脉冲，启动ADC
    ST=0;
    while(1)
    {
        if(EOC==1)                                        //查询ADC是否转换完成
        {
            OE=1;                                         //ADC输出使能，允许输出
            getdata=P0;                                   //读取数据
            OE=0;
            temp=getdata*20;                              //数字量乘以分辨率19.6约等于20 mV
            dispbuf[0]=temp/1000%10;                      //取电压值mV的千分位数字
            dispbuf[1]=temp/100%10;                       //取电压值mV的百分位数字
            dispbuf[2]=temp/10%10;                        //取电压值mV的十分位数字
            dispbuf[3]=temp%10;                           //取电压值mV的个分位数字
            ST=1;                                         //启动ADC下一次转换
            ST=0;
        }
    }
}
```

```
void t1(void) interrupt 3 using 0                        //T1 中断服务，动态扫描显示
{
    TH1=(65536-4000)/256;                                //重装初值
    TL1=(65536-4000)%256;
    P1=0;                                                //关显示，防止拖影
    P2=dispbit[dispcount];                               //发位选数据
    P1=dispcode[dispbuf[dispcount]];                     //发笔段数据
    if(dispcount==0)                                     //是否为小数点位
      {
        P1=P1|0x80;                                      //写小数点
      }
    dispcount++;                                         //位选变量加 1
    if(dispcount==4)
      {
        dispcount=0;                                     //位选变量清 0
      }
}
```

10.4.3 Proteus 平台仿真效果

如图 10-8 所示，电压表开机后，当电压输入为 0 V 时，电压表显示初始值为 "0.000" 的仿真效果。

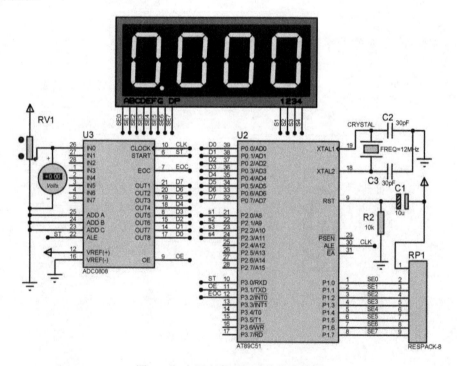

图 10-8   电压表在 0 V 时的仿真效果

调节电位器，当电压输入为2.5 V时，电压表显示值为"2.540"，仿真效果如图10-9所示。

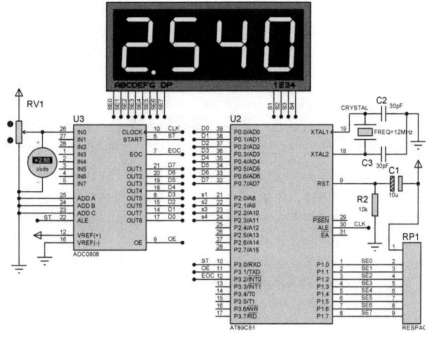

图 10-9　电压表在 2.5 V 时的仿真效果

再次调节电位器，发现输入电压在0～5 V之间变化时，数码显示的电压值也在0～5 V变化，测量精度基本可以达到 0.1 V。但是在输入 5 V 时，电压表显示值为"5.100"，显然误差较大。此时的仿真效果如图 10-10 所示。

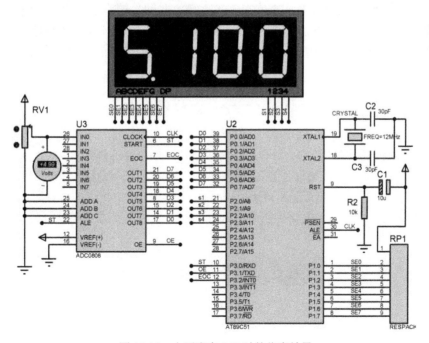

图 10-10　电压表在 5 V 时的仿真效果

仿真结果分析：数字电压表之所以在 5 V 时，显示误差较大，其原因主要是 ADC 采样数据换算为电压值的算法中有近似处理，为了编程方便，在分辨率上我们采用了 20 mV 代替了 19.607 84 mV。数值上不仅仅取大了，而且做了近似处理，这种微小量的积累，在测量最大值 5 V 时出现了最大的偏差。实际中可以采用算法进行修正，或者用查表的方式处理数据，在数据表中做数据的修正，这样就能进一步减少测量误差。

10.5　项目回顾与总结

数字电压表项目的设计，主要目的是对 A/D 转换器的接口设计以及应用编程方法的训练。一般包括输入电压的采样、数据处理、电压显示和自动量程切换等几个部分，其设计原理主要是采用 8 位或 8 位以上的 AD 转换芯片实现电压采样，转换后的数据经过单片机进行处理后送出数码显示。

A/D 转换器用于将模拟信号转换为数字信号。其转换过程可以分为采样、保持、量化和编码四个步骤。ADC0809 是采用逐次逼近式原理的 8 位 AD 转换器，其内置有 8 路模拟量切换开关，输出具有三态锁存功能。

D/A 转换器用于将数字信号转换为模拟信号。在工作原理上，其类似于将二进制数转化为十进制数的位权相加的思想，它利用电子开关使 T 形电阻网络产生与输入数字量成正比的电流，再利用外接反相运算放大器将其转换成电压输出。DAC0832 是具有直通、单缓冲和双缓冲三种工作方式的 8 位电流型 D/A 转换器。

总结要点如下：

(1) A/D 转换器的性能指标主要有分辨率、转换时间、转换误差和转换量程。

(2) 分辨率指转换器对输入模拟量的最小分辨能力，一般为基准电压值的 $1/(2^n - 1)$。

(3) A/D 转换的通用原理：n 位 A/D 转换器，其输出的数字量与输入的模拟电压量之间的关系为

$$D_{out} = \frac{V_{in}}{\dfrac{V_{ref}}{2^n - 1}} = \frac{V_{in}}{V_{ref}} \cdot (2^n - 1)$$

其中，D_{out} 为输出的数字量，V_{in} 为输入的模拟量，n 为 A/D 的位数，V_{ref} 为参考电压。

(4) D/A 转换器的性能指标主要有分辨率、转换时间、非线性误差和温度系数。

(5) 转换时间指完成一次 D/A 转换所需要的时间，D/A 位数越多转换时间越长。

(6) ADC0809 应用编程主要有三种方式：中断方式、查询方式和延时等待方式。

10.6　项目拓展与思考

10.6.1　课后作业、任务

任务 1：基于 Proteus 平台，采用 ADC0808 实现数字电压表，扩大测量量程为 0～10 V。

任务 2：基于 Proteus 平台，采用 ADC 实现数字电压表，测量量程为 0～5 V，提高测量精度为 0.01 V。

任务 3：A/D 转换有三种编程方式：中断方式、查询方式、延时等待方式。基于 Proteus 平台，采用 ADC0808 利用中断方式或延时等待方式实现数字电压表，测量量程为 0～5 V，测量精度为 0.1 V。

10.6.2 项目拓展

拓展一：基于 Proteus 平台，在本项目的基础上创新，采用 ADC0809 实现八通道数据采集系统。

拓展二：基于 Proteus 平台，实现电压表自动极性检测、自动量程切换等功能。

11 项目十一　数　字　钟

11.1　学 习 目 标

进一步掌握按键检测、定时中断和动态数码显示的工作原理，学习数字钟的设计方法以及编程实现技巧。通过项目，进一步掌握 Proteus 单片机仿真的使用方法，体会到 Proteus 平台单片机仿真接近于工程实践的良好效果。

11.2　项 目 任 务

基于单片机技术和 Proteus 仿真平台，设计单片机应用系统，要求采用 89C51 单片机和数码管设计制作一个数字钟。在功能上，能够数码显示时、分、秒，并可以用按键校正时钟时间。

鼓励在以上基础上开展创新，例如，利用按键分功能模式进行时分秒的调整，或加上闹钟功能，加上整点报时、用液晶模块来显示等功能，设计并制作出实物作品。

11.3　相关理论知识

在前面的项目中，已经介绍了数码管动态扫描显示和运用定时器实现秒定时的设计方法。本项目中我们将综合应用这些方法设计实现一个简易的数字钟。

11.3.1　数字钟的结构与用途

数字钟是一种采用数码显示的方式基于数字电路技术实现的时、分、秒计时装置，与传统的机械时钟、石英钟相比，具有更加直观、更为准确、无机械传动、无噪声等优点，因此在生活中得到了广泛的使用。实物如图 11-1 所示。

图 11-1 数字钟实物图

一个基本的数字钟主要由时分秒计数器、译码显示器和校时调整电路等部分构成，很多数字钟还会加上整点报时、闹钟、温湿度显示、天气情况等特色功能。秒信号是整个系统的时基信号，直接决定了计时系统的精确度，一般由石英晶体振荡器在分频后实现。秒计时周期为 60，累计 60 秒产生分进位，累计 60 分钟产生时进位，时钟的计数周期一般为 24，周期显示一天 24 小时内的每一个时间。译码显示器用于对时分秒计时数据的数码显示，一般采用七段数码管或液晶显示器，直观地显示当前的时、分、秒计时值。校时调整电路用于对计时显示数字的调整，防止出现计时偏差，常有手动调整和自动校准两种方式。

11.3.2 设计原理

数字钟设计是学习单片机技术的一个非常好的实践手段，其设计重点在于软件程序的编程训练。通过上面对数字钟结构功能的分析，从设计原理的角度来看，我们主要需要解决以下几个问题：

(1) 怎么实现秒定时？

(2) 怎么实现计时显示？

(3) 怎么进行数字钟的调准？

(4) 怎么及时更新、显示计时值？

数字钟的基本实现原理为采用定时器产生 1 s 的定时时间作为时基信号。利用秒、分、时三个变量分别作计时计数，按其周期数产生计数进位。数字钟的显示部分采用数码管动态扫描显示的方法，可开辟显示缓冲器，数据处理后查表送显。数字钟的校准最简单的方法是采用手工按键的方式进行调整、校准，也可以采用 Wi-Fi、蓝牙等无线方式连接授时系统自动校准。对于计时数据的更新显示，一般是秒计数完成后及时更新数据缓冲区，并以小于 1 s 的时间间隔不断地利用中断及时送显，防止出现时间过秒而无数显动作的情况，但也不需要更新过快。

11.3.3 程序设计要点

程序设计的关键点主要是解决上述几个问题，这里仅提供参考设计思路。

(1) 利用定时器 T0 产生一秒的时基信号。

采用定时器 T0 工作在模式 1，每次定时 4000 μs，对定时器 T0 溢出中断次数 TCNT 变量进行计数，当计数值达到 250 次时为 1 s，实现 1 s 的定时，并采用秒变量进行秒计数。

(2) 采用数码管动态扫描的方法实现显示。

因为数字钟的数码显示位数有 8 位，因此采用数码管动态显示的方式，同时利用单片机 T0 溢出中断产生 4000 μs 的定时时间，在中断处理中对数码管进行动态扫描，即每 4 ms 扫描显示一位数码管，8 次中断后扫完 8 位数码管，利用人眼的暂留特性显示数字钟的计时值。

(3) 采用最简单的手工按键的校准方法。

为了突出数字钟的编程原理，降低难度，这里采用简单的独立式按键手工调整计时值的方法校准。对时、分、秒分别设置按键进行调整，每按一次键，计时值加一。

(4) 及时更新数据缓冲区实现对计时值的更新和送显。

在中断计时或按键计数中，及时利用数据处理程序更新数据缓冲区，并在中断中利用动态扫描及时送显。

程序设计的具体实现，请参考本项目的源程序。

11.3.4　Proteus 平台仿真设计方法

这里不再累述 Proteus 平台新建文件、选取元器件、绘制导线、放置端口的一般方法，我们重点强调实例中用到"自动快速放置网络标签"和"绘制总线"的技巧。

(1) 数字钟需要用到 8 个数码管，我们直接在库元件 Pick Devices 对话框中检索"7SEG"，表示检索七段的显示器件，如图 11-2 所示。

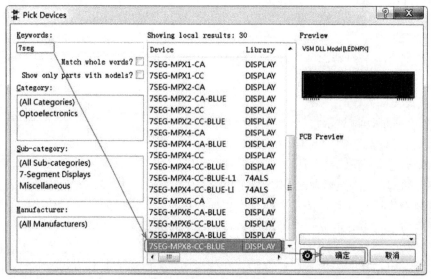

图 11-2　选取数码管

数码管分共阴、共阳两种，从图 11-2 所示的元件列表中可见，元件命名用"-CC"表示共阴数码管，用"-CA"表示共阳数码管。有单只一位的数码管，用"MPX1"表示；也有两位联体，简称二联体数码管，用"MPX2"表示；当然也有四联体、六联体和八联体，分别用"MPX4""MPX6""MPX8"来表示。这里我们根据实际情况选择"7SEG-MPX8-CC-BLUE"，表示选用八位联体的共阴蓝色的数码管。

(2) 采用同样的方法检索到单片机"AT89C51"、排阻"RESP"、轻触开关按钮"BUTTON"，双击加到数字钟的元件对象列表中，如图 11-3 所示。

当我们把元件从对象列表取出到电路图形编辑窗口摆好位置后就需要连线了。因为这里的连线比较多，都用导线连的话电路就看起来比较繁杂和不美观。所以，一般都会采用网络标签做无线连接和总线连接，这里将重点介绍它们的使用方法。

(3) 放置网络标签实现无线连接。网络标签做无线连接的原理简单来说就是给导线命名打上网络标签，标签一样的导线表示连接在一起了，即具备了电气关系上的连接。

首先，为了能给导线命名，我们把需要连接的元件引脚画出一些导线。

然后，如图 11-4 所示，单击左侧的工具箱图标"LBL"按钮，进入网络标签模式。

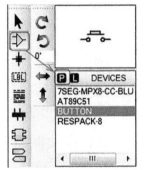

图 11-3　数字钟的元件对象列表

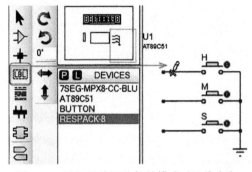

图 11-4　进入导线网络标签模式对导线命名

之后，鼠标就由箭头变成了笔的形式，当靠近要命名的导线时，笔头就出现了一个叉，并且会以红色虚线来提示当前是对该导线进行操作，单击以后弹出导线标签编辑对话框如图 11-5 所示。

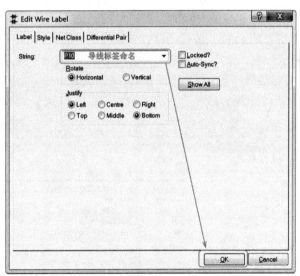

图 11-5　导线标签编辑对话框

当给导线标签命名时，可以用英文、阿拉伯数字和字母，也可以用中文，但一般不用中文，这是编程的习惯问题。需要注意的是，Proteus 环境的标签不区分大小写。

这里我们把三个按键的接入导线分别命名为 P10、P11、P12，表示接到单片机的 P1.0、P1.1、P1.2 三个端口。同样的方法，也给单片机的这三个脚加上标签，只是在导线标签编辑时不需要再键入了，直接可以在它的下拉框里找到刚才已经命名保存过的导线标签，如图 11-6 所示。

图 11-6　找保存过的导线标签

可以采用同样的方法将数码管的位选端用导线网络标签 S1～S8 接到 P2 口，也可以通过总线的方式连接它们，实质上总线也是通过导线标签进行电气连接的。

显然，这种放置标签的方式，需要对导线一个接一个地键入标签名进行编辑。不但操作很不方便，也很耗费时间。为了提高效率，也可以采用批量快速放置导线标签的方式完成，下面我们重点来讲它的实现方法。

首先，需要将待放标签的引脚画出导线，然后选中工具箱中的"🔲"图标，进入到导线网络标签模式，再单击窗口上方标准工具栏里的"🗡"Property Assignment Tool 属性分配工具，弹出如图 11-7 所示的工具对话框。将 String 栏的"PROPERTY=VALUE"改为"net=S#"，"net"表示导线，"S"为标签名中不变的部分，"#"表示数字，代表为 Count 的值，这里需要从 1 开始编号。所以，如图 11-7 所示，将 Count 的初值改为"1"，increment 为编号的增量，默认为 1，即编号依次加一，改好后单击【OK】按钮结束设置。

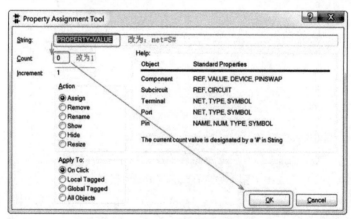

图 11-7　属性分配工具对话框

然后，当鼠标移动至导线上方时，鼠标箭头变成了手的形式，且右边出现了一个日字形的绿色方块，它表示处于自动属性分配模式，这里定义的是导线且在单击鼠标时发挥自分配作用，所以当我们单击要命名的导线时则自动放置标签"S1"，然后移动至第二根导线，继续单击一下则出现标签"S2"，继续下去则标签编号按照增量为 1 一直增加，当放完导线网络标签 S1～S8 后，数码管的位选端导线再放网络标签 S1～S8，则需要重新单击标准工具栏里的""Property Assignment Tool 属性分配工具，改 Count 的初值为"1"后继续同样的操作即可，操作完成状态如图 11-8 所示。

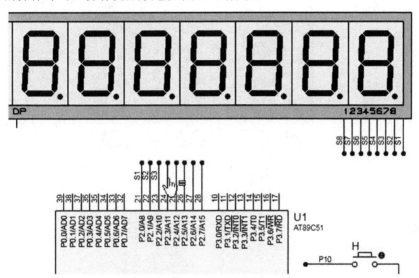

图 11-8　自动快速放置网络标签状态

(4) 绘制总线。单击左侧的工具箱图标""Buses Mode 按钮，进入绘制总线模式，在单片机的 P0 口、排阻 RP1 和数码管的笔段端绘制总线进行连接，如图 11-9 所示。总线的入口一般采用 45 度的斜线表示，操作方法如下：当从引脚自动画出导线后，在要画总线的位置单击一次鼠标左键标为拐点，之后按住【Ctrl】键不放连上总线，则导线会自动变成 45 度的斜线接入总线，形成总线入口。

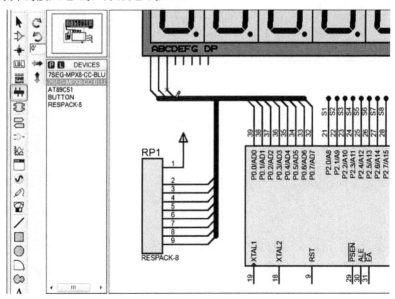

图 11-9　绘制总线

完成总线入口后，还需要添加导线的标签，可以用上面刚讲的自动快速放置网络标签的方法，通过 Property Assignment Tool 属性分配工具"🖊"来快速放置总线数据标签，工具属性里的 String 栏"PROPERTY=VALUE"改为"net=D#"即可。

另外，总线上一般也要放置一个总线标签，完成后如图 11-10 所示。

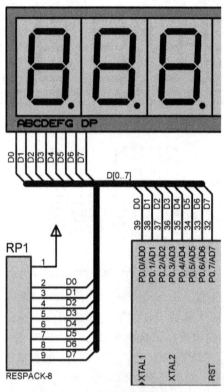

图 11-10　放置总线标签

上述操作完成，基本就做完了数字钟电路原理图的绘制。

一般来说，对于单片机系统而言，晶振电路和复位电路必不可少，因为它们是构成单片机最小系统的基本单元。然而，Proteus 仿真软件可以容许用户省略通用的晶振电路和复位电路，为开发设计节约了宝贵的时间。

我们这里也同样省略不画通用的晶振电路和复位电路，Proteus 仿真平台处在默认情况下，单片机最小系统采用的晶振为 12 MHz，这在单片机的属性对话框中可以查看和修改。

11.4　项目实施参考方案

根据数字钟的项目任务，要求采用 89C51 单片机设计实现一个数字钟，能够数码显示时、分、秒计时值。

任务需求分析后，我们确认参考方案的具体实现功能如下：

(1) 开机时，显示时间为"12:00:00"，并开始计时。

(2) 按键一控制"秒"的调整，每按一次加 1 秒。

(3) 按键二控制"分"的调整，每按一次加 1 分。

(4) 按键三控制"时"的调整，每按一次加 1 小时。

11.4.1 Proteus 平台硬件电路设计

数字钟的 Proteus 平台硬件电路设计如图 11-11 所示。

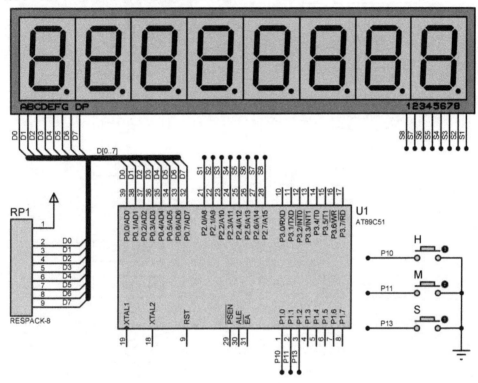

图 11-11 数字钟的 Proteus 平台硬件设计电路图

在 89C51 单片机的 P1.0、P1.1、P1.2 脚分别接一个轻触开关，作为时、分、秒的调整按钮，用单片机的 P0.0~P0.7 口通过 1 kΩ 的上拉电阻(排阻 RP1)分别驱动数码管的笔段端 A~DP，P2 口接数码管的位选端 S1~S8，以动态扫描的方式显示时钟的时、分、秒的值。

11.4.2 Keil C 软件程序设计

主程序主要采用查询的方式实现对时、分、秒按键的扫描，完成对按键的识别、变量加计数和显示数据的处理，主程序设计流程图如图 11-12(a)所示。

中断服务子程序采用定时器 0 工作在方式 1 实现 1 s 的定时，并做秒计数、动态扫描送显等操作，其程序设计流程图如图 11-12(b)所示。

1. 程序设计流程图

本项目数字钟的程序设计流程如图 11-12 所示。

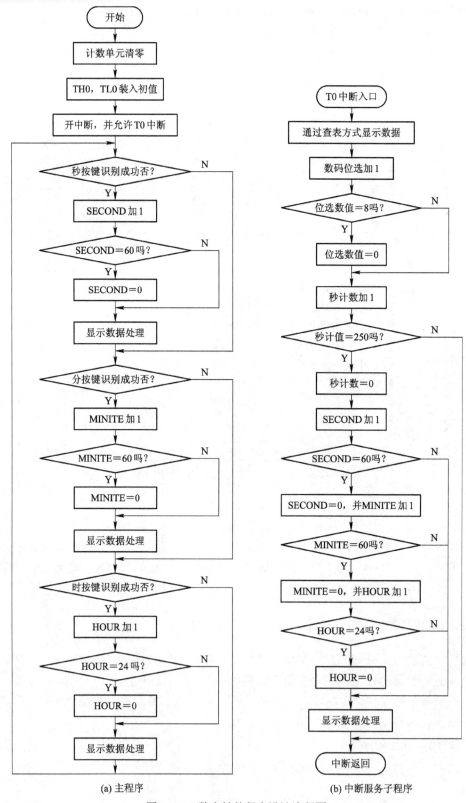

(a) 主程序　　　　　　　　　　(b) 中断服务子程序

图 11-12　数字钟的程序设计流程图

2. 源程序代码

根据以上流程图，可以采用汇编语言或 C 语言实现程序设计，这里提供两种语言编程方式供大家对比、参考。

(1) 汇编语言源程序参考如下：

```
                SECOND  EQU 30H              ; 定义秒钟计时变量
                MINITE  EQU 31H              ; 定义分钟计时变量
                HOUR    EQU 32H              ; 定义时钟时变量
                HOURK   BIT P1.0             ; 定义按键
                MINITEK BIT P1.1
                SECONDK BIT P1.2
                DISPBUF EQU 40H              ; 定义显示缓冲区
                DISPBIT EQU 48H              ; 定义位选变量
                TCNT    EQU 49H              ; 定义 1 s 定时的中断计数变量
                ORG     0000H
                LJMP    START                ; 跳主程序
                ORG     000BH
                LJMP    INT_T0               ; 跳中断服务
                ORG     0030H
START:  MOV     SECOND, #00H                 ; 初始化变量
        MOV     MINITE, #00H
        MOV     HOUR, #12
        MOV     DISPBIT, #00H
        MOV     TCNT, #00H
        LCALL   DISP                         ; 调用显示
        MOV     TMOD, #01H                   ; 初始化定时器，设置 T0 工作在模式 1
        MOV     TH0, #(65536-4000) /256      ; 装载定时初值
        MOV     TL0, #(65536-4000) MOD 256
        SETB    TR0                          ; 启动定时器 T0
        SETB    ET0                          ; 开中断
        SETB    EA
WT:     JB      SECONDK, NK1                 ; 扫描秒按键，判断是否按下？若无按键则转 NK1
        LCALL   DELY10MS                     ; 延时去抖动
        JB      SECONDK, NK1                 ; 确认按键按下
        INC     SECOND                       ; 秒计时变量加 1
        MOV     A, SECOND
        CJNE    A, #60,NS60                  ; 秒计时变量是否等于 60
        MOV     SECOND, #00H                 ; 等于 60 则清零
NS60:   LCALL   DISP                         ; 不等于 60，调用显示处理
        JNB     SECONDK, $                   ; 等待按键释放
```

```
NK1:     JB      MINITEK, NK2        ; 扫描分按键, 判断是否按下? 无按键则转 NK2
         LCALL   DELY10MS            ; 延时去抖动
         JB      MINITEK, NK2        ; 确认按键按下
         INC     MINITE              ; 分计时变量加 1
         MOV     A, MINITE
         CJNE    A, #60, NM60        ; 分计时变量是否等于 60
         MOV     MINITE, #00H        ; 等于 60 则清零
NM60:    LCALL   DISP                ; 不等于 60, 调用显示
         JNB     MINITEK, $          ; 等待按键释放
NK2:     JB      HOURK, NK3          ; 扫描小时按键, 是否按下? 无按键则转 NK3
         LCALL   DELY10MS            ; 延时去抖动
         JB      HOURK, NK3          ; 确认按键按下
         INC     HOUR                ; 小时计时变量加 1
         MOV     A, HOUR
         CJNE    A, #24, NH24        ; 小时计时变量是否等于 24
         MOV     HOUR, #00H          ; 等于 24 则清零
NH24:    LCALL   DISP                ; 不等于 24, 调用显示
         JNB     HOURK, $            ; 等待按键释放
NK3:     LJMP    WT                  ; 重新开始扫描按键
DELY10MS:                            ; 5ms 延时子程序
         MOV     R6, #10
D1:      MOV     R7, #248
         DJNZ    R7, $
         DJNZ    R6, D1
         RET
DISP:                                ; 显示数据处理的子程序
         MOV     A, #DISPBUF         ; 取显示缓冲区首地址 A=DISPBUF=40H
         ADD     A, #8               ; A=48H
         DEC     A                   ; A=47H
         MOV     R1, A               ; R1=47H
         MOV     A, HOUR             ; A=HOUR 计时变量值
         MOV     B, #10
         DIV     AB                  ; 取小时变量的十位和个位, 分别存入 A 和 B 中
         MOV     @R1, A              ; (R1)=(47H)=A=HOUR 的十位数字
         DEC     R1
         MOV     A, B
         MOV     @R1, A              ; (R1)=(46H)=A=HOUR 的个位数字
         DEC     R1
         MOV     A, #10
```

MOV	@R1, A	; (R1)=(45H)=A=10 为显示字符 "-" 的偏移量
DEC	R1	
MOV	A, MINITE	
MOV	B, #10	
DIV	AB	; 取分钟变量的十位和个位，分别存入 A 和 B 中
MOV	@R1, A	; (R1)=(44H)=A=MINITE 的十位数字
DEC	R1	
MOV	A, B	
MOV	@R1, A	; (R1)=(43H)=A=MINITE 的个位数字
DEC	R1	
MOV	A, #10	
MOV	@R1, A	; (R1)=(42H)=A=10 为显示字符 "-" 的偏移量
DEC	R1	
MOV	A, SECOND	
MOV	B, #10	
DIV	AB	; 取秒钟变量的十位和个位，分别存入 A 和 B 中
MOV	@R1, A	; (R1)=(41H)=A=SECOND 的十位数字
DEC	R1	
MOV	A, B	
MOV	@R1, A	; (R1)=(40H)=A=SECOND 的个位数字
DEC	R1	
RET		
INT_T0:		; 中断服务
MOV	TH0, #(65536-2000) /256	; 重装载定时初值
MOV	TL0, #(65536-2000) MOD 256	
MOV	A, DISPBIT	; 取当前位选的变量值
MOV	DPTR, #TAB	
MOVC	A, @A+DPTR	; 查位选数据表
MOV	P2, A	; 送位选数据到 P2 口
MOV	A, #DISPBUF	; 取显示缓冲区的首地址
ADD	A, DISPBIT	; A 为当前待扫描显示的缓冲区地址
MOV	R0, A	
MOV	A, @R0	; 取缓冲区里待显示的数据
MOV	DPTR, #TABLE	
MOVC	A, @A+DPTR	; 查编码数据表
MOV	P0, A	; 送笔段码到 P0 口
INC	DISPBIT	; 位选变量加 1，为扫描下一位数码管做准备
MOV	A, DISPBIT	
CJNE	A, #08H, KNA	; 是否已扫描完 8 位

```
        MOV     DISPBIT，#00H        ；扫描完则位选变量清零
KNA：   INC     TCNT                ；中断计数变量加 1
        MOV     A，TCNT
        CJNE    A，#250，DONE        ；中断计数变量是否为 250，不等于则转 DONE 继续等中断
        MOV     TCNT，#00H           ；等于 250，则达到了 1 秒钟，并将 TCNT 清零
        INC     SECOND              ；秒计数变量加 1
        MOV     A，SECOND
        CJNE    A，#60，NEXT         ；秒计时变量是否等于 60
        MOV     SECOND，#00H         ；等于 60 则清零
        INC     MINITE              ；并将分计时值加 1
        MOV     A，MINITE
        CJNE    A，#60，NEXT         ；分计时变量是否等于 60
        MOV     MINITE，#00H         ；等于 60 则清零
        INC     HOUR                ；并将小时计时值加 1
        MOV     A，HOUR
        CJNE    A，#24，NEXT         ；小时计时变量是否等于 24
        MOV     HOUR，#00H           ；等于 24 则清零
NEXT：  LCALL DISP                  ；调用显示数据处理
DONE：  RETI                        ；中断返回
TABLE： DB 3FH,06H,5BH,4FH,66H,6DH,7DH,07H,7FH,6FH,40H    ；0～9 数码显示编码表
TAB：   DB 0FEH,0FDH,0FBH,0F7H,0EFH,0DFH,0BFH,07FH        ；共阴数码管位选数据表
```

(2) C 语言源程序参考如下：

```
#include <AT89X51.H>                                    //51 头文件
unsigned char code dispcode[]={  0x3f,0x06,0x5b,0x4f,
                                 0x66,0x6d,0x7d,0x07,
                                 0x7f,0x6f,0x77,0x7c,
                                 0x39,0x5e,0x79,0x71,0x00};    //0～9 数码显示编码表
unsigned char dispbitcode[]={ 0xfe,0xfd,0xfb,0xf7,
                              0xef,0xdf,0xbf,0x7f};            //位选数据表
unsigned char dispbuf[8]={0, 0, 16, 0, 0, 16, 0, 0};          //缓冲区初始化
unsigned char dispbitcnt;                       //定义位选变量
unsigned char second;                           //定义秒钟计时变量
unsigned char minite;                           //定义分钟计时变量
unsigned char hour;                             //定义时钟时变量
unsigned int tcnt;                              //定义 1 秒定时的中断计数变量
unsigned char i, j;
void main(void)
{
TMOD=0x01;                                      //初始化定时器，设置 T0 工作在模式 1
```

```
    TH0=(65536-4000)/256;                    //重装载初值，定时 4000 μs
    TL0=(65536-4000)%256;
      TR0=1;                                 //启动定时器 T0
      ET0=1;                                 //开中断
      EA=1;
      while(1)
        {
          if(P1_2==0)                        //扫描秒按键，判断是否按下
            {
              for(i=5;i>0;i--)               //延时去抖动
              for(j=248;j>0;j--);
              if(P1_2==0)                     //确认按键按下
                {
                  second++;                   //秒计时变量加 1
                  if(second==60)              //秒计时变量是否等于 60
                    {
                      second=0;               //秒计时变量清零
                    }
                  dispbuf[0]=second%10;        //取秒钟变量的十位和个位，分别存入缓冲区中
                  dispbuf[1]=second/10;
                  while(P1_2==0);             //等待按键释放
                }
            }
          if(P1_1==0)                        //扫描分钟按键，判断是否按下
            {
              for(i=5;i>0;i--)               //延时去抖动
              for(j=248;j>0;j--);
              if(P1_1==0)                     //确认按键按下
                {
                  minite++;                   //分计时变量加 1
                  if(minite==60)              //分计时变量是否等于 60
                    {
                      minite=0;               //等于 60 则清零
                    }
                  dispbuf[3]=minite%10;        //取分钟变量的十位和个位，分别存缓冲区
                  dispbuf[4]=minite/10;
                  while(P1_1==0);             //等待按键释放
                }
            }
```

```
        if(P1_0==0)                          //扫描小时按键，判断是否按下
          {
            for(i=5;i>0;i--)                 //延时去抖动
            for(j=248;j>0;j--);
            if(P1_0==0)                      //确认按键按下
              {
                hour++;                      //时钟变量加 1
                if(hour==24)                 //小时计时变量是否等于 24
                  {
                    hour=0;                  //等于 24 则清零
                  }
                dispbuf[6]=hour%10;          //取时钟变量的十位和个位，分别存入缓冲区中
                dispbuf[7]=hour/10;
                while(P1_0==0);              //等待按键释放
              }
          }
      }
}
void t0(void) interrupt 1 using 0           //中断服务
{
TH0=(65536-4000)/256;                       //重装载初值，定时 4000 μs
TL0=(65536-4000)%256;
    P2=dispbitcode[dispbitcnt];             //查表送位选数据到 P2 口
    P0=dispcode[dispbuf[dispbitcnt]];       //查表送笔段码到 P0 口
    dispbitcnt++;                           //位选变量加 1
    if(dispbitcnt==8)                       //位选变量是否为 8，若是则表示已扫描完 8 位
      {
        dispbitcnt=0;                       //扫描完，则位选变量清零
      }
    tcnt++;                                 //中断计数变量加 1
    if(tcnt==250)                           //中断计数变量是否为 250，若是则达到 1 秒钟
      {
        tcnt=0;                             //达到了 1 秒钟，将 TCNT 清零
        second++;                           //秒计数变量加 1
        if(second==60)                      //秒计时变量是否等于 60
          {
            second=0;                       //等于 60 则清零 second
            minite++;                       //将分计时值加 1
            if(minite==60)                  //分计时变量是否等于 60
              {
```

```
            minite=0;                      //等于 60 则清零 minite
            hour++;                        //将小时计时值加 1
            if(hour==24)                   //小时计时变量是否等于 24
              {
                  hour=0;                  //等于 24 则清零 hour
              }
          }
      }
      dispbuf[0]=second%10;                //计时值数据处理，并送显示缓冲区
      dispbuf[1]=second/10;
      dispbuf[3]=minite%10;
      dispbuf[4]=minite/10;
      dispbuf[6]=hour%10;
      dispbuf[7]=hour/10;
    }
}
```

11.4.3 Proteus 平台仿真效果

如图 11-13 所示，Proteus 平台的数字钟加载"HEX"文件运行后，开机显示初始值为"12-00-00"的仿真效果。

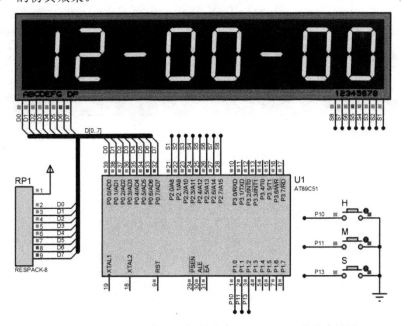

图 11-13 数字钟开机显示初始值为"12-00-00"的仿真效果

数字钟从初始时间"12:00:00"开始计时，每过 1 秒钟，秒钟加 1，60 秒后分钟加 1，60 分钟后，时钟加 1，其仿真效果如图 11-14 所示。

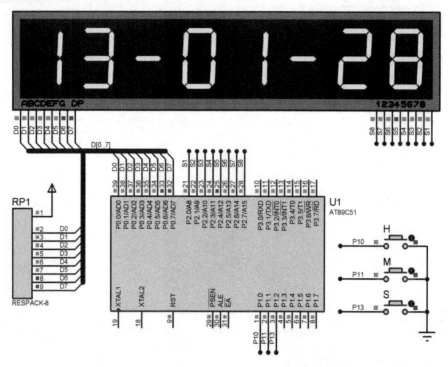

图 11-14　时钟计时到"13:01:28"的仿真效果

　　按键后可以分别对时、分、秒进行加 1 调整，当手工校时，分钟、秒钟按键调整到"59"后再按会清零，时钟是"23"后再按会清零，其校时和清零的仿真效果如图 11-15 所示。

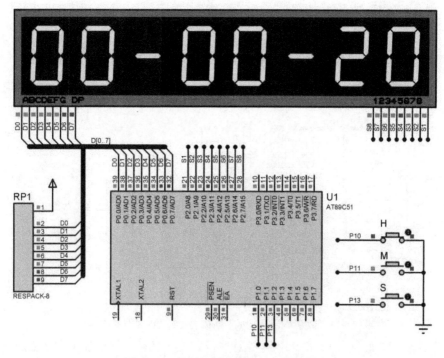

图 11-15　按键校时和清零的仿真效果

由上述仿真效果可知，数字钟的秒计时、分钟计时和时钟计时都能正常工作，验证了程序设计的正确性，进位和清零设计都比较合理，不会出现"24""60"的边界值情况。由图 11-15 可知，在按键按下进行校时时不会影响时钟的显示，甚至当"调时钟"的按键处于未释放状态时，显示部分仍然是正常的，并不影响秒计时。这主要是因为在程序设计中我们采用了定时器中断的方式进行动态扫描显示，即定时器 T0既实现了秒定时又实现了对数码管的逐位动态扫描显示，这也是该项目的程序设计值得学习和借鉴之处。

11.5　项目回顾与总结

数字钟项目的设计，主要目的是对单片机的定时器定时、动态数码显示和按键检测等技术的综合应用编程训练。该设计融合了前面讲过的"秒定时、动态扫描显示、独立式按键查询"的编程思想，实现了简易的基本数字钟功能。

项目设计具体方法为：利用定时器 T0 产生一秒的时基信号，用于秒计时；采用数码管动态扫描的方法实现计时显示；分别通过时、分、秒三个独立式按键进行手工调整时间，并及时更新数据缓冲区实现对计时值的更新和送显。

总结要点如下：

(1) 利用定时器中断实现数码显示的动态扫描处理思想，关键在于每次中断只扫描显示一位数码管。

(2) 同时对定时器中断计数，实现产生 1 s 的时基信号。

(3) Proteus 平台仿真设计新技巧：在放置网络标签实现无线连接时，利用"属性分配工具"可自动快速放置网络标签。

(4) Proteus 平台总线的绘制方法。

11.6　项目拓展与思考

11.6.1　课后作业、任务

任务 1：基于 Proteus 平台，利用定时器 T1 工作在方式 2 实现秒定时，设置定时常数和中断次数。编写程序，完成数字钟功能的仿真设计。

任务 2：基于 Proteus 平台更换 6 MHz 的晶振并调整程序，思考如何保证秒时基信号的准确性。请设计一种方法，能够对设计后的时钟进行秒校准，并在实物层面进行实验、实践，提交实践报告，阐明你的时钟为何是精准的。

11.6.2   项目拓展

拓展一：基于 Proteus 平台，在本项目的基础上创新，要求自己动手查找资料，用 C 语言编写程序实现带闹钟功能的数字钟，仿真后设计并制作出实物作品。

拓展二：基于 Proteus 平台，实现带整点报时功能的数字钟。

拓展三：基于 Proteus 平台，采用 Wi-Fi 等无线方式，实现可自动联网校准的数字钟。

12

项目十二　液晶显示万年历

12.1　学习目标

掌握字符液晶 LCD1602 的显示原理，了解时钟芯片 DS1302 和数字温度传感器 DS18B20 的结构与性能，学习 LCD1602、DS1302、DS18B20 与单片机的接口设计方法。掌握 DS1302 和 LCD1602 的读写原理，以及 DS18B20 单总线读写时序的编程方法，完成带有测温功能的液晶显示万年历的设计。

12.2　项目任务

基于单片机技术和 Proteus 仿真平台，设计单片机应用系统，要求采用 89C51 单片机、时钟芯片 DS1302 和字符液晶 LCD1602 设计制作一个数字万年历，要求至少能够显示年、月、日、星期和时、分、秒等。

鼓励在以上项目设计基础上进行创新，例如，加上几个按键，分功能模式进行时间、日期的调整，或加上温度测量、天气预报等功能，设计并制作出实物作品。

12.3　相关理论知识

万年历是生活中一种常见的计日、计时设备，常用于提示人们工作日期和休息时间等。其源于一千二百多年前的唐顺宗永贞元年，当时在皇宫使用的皇历就是一种日历，主要用于记载宫廷大事和皇帝的言行。如今，随着数码显示技术的快速发展，液晶显示器广泛应用于万年历的制作，并融合了数码时钟、定时闹铃、实时测温等功能，具有显示直观、精美实用等特点。液晶显示万年历实物如图 12-1 所示。

图 12-1　液晶显示万年历

液晶显示万年历主要由液晶显示器、单片机、时钟芯片和电源等部分构成，有些还会配备温湿度传感器用于测量环境温湿度。这里我们主要介绍一种基于 LCD1602 字符液晶、DS1302 时钟芯片和 DS18B20 数字一体化温度传感器的单片机万年历。

12.3.1　字符液晶 LCD1602

液晶显示器简称 LCD(Liquid Crystal Display)。其结构原理是，在两片平行的玻璃当中放置液态的晶体，通过电场来控制杆状水晶分子改变方向，最后将光线折射出来产生画面。按显示方式不同，液晶屏主要有段式液晶、字符型液晶和点阵型液晶，LCD1602 属于常见的字符型液晶。

LCD1602 可以显示 2 行各 16 个字符，专门显示字母、数字与符号。它有 16 个引脚，主要由 8 位数据总线 D0～D7 和三个控制端口 RS、R/$\overline{\text{W}}$、EN 构成，工作电压为 5 V，并且带有字符对比度调节和背光控制功能。其实物图如图 12-2 所示。

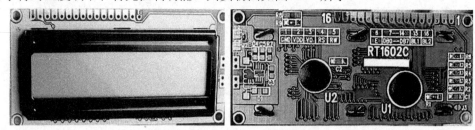

图 12-2　LCD1602 实物图

1. 引脚功能

在实物图正面，将引脚按从左向右的顺序编号，如表 12-1 所示，其功能说明如下所述。

表 12-1　LCD1602 引脚功能

编号	符号	引脚功能	编号	符号	引脚功能
1	VSS	电源地 GND	9	D2	双向数据口
2	VDD	电源正极	10	D3	双向数据口
3	VO	对比度调节	11	D4	双向数据口
4	RS	数据/命令选择	12	D5	双向数据口
5	R/$\overline{\text{W}}$	读/写选择	13	D6	双向数据口
6	E	模块使能端	14	D7	双向数据口
7	D0	双向数据口	15	BLA	背光源正极
8	D1	双向数据口	16	BLK	背光源地

(1) VSS：电源负极，常接地 GND。

(2) VDD：电源正极，输入电压范围为 4.5～5.5 V，常使用 5 V 电源。

(3) VO：LCD 对比度调节端，电压调节范围为 0～5 V。接电源正极 VDD 时对比度最弱，接地 GND 时对比度最高，通常使用一个 10 kΩ 的电位器来调整对比度，或者直接串接一个电阻下拉到地。

(4) RS：数据或指令选择端。RS = 0，表示单片机要写入指令；RS = 1，表示单片机要写入数据。

(5) R/$\overline{\text{W}}$：读写控制端。当 R/W 为高电平时读取数据；当 R/$\overline{\text{W}}$ 为低电平时写入数据。

(6) E：使能信号控制端。写数据时，需要下降沿触发；读数据时，需要高电平使能。

(7) D0～D7：8 位数据总线口，也支持 4 位数据模式，可以只使用数据线 D4～D7 传送数据。

(8) BLA：LED 背光电源正极。当需要背光时，BLA 串联一个限流电阻上拉到 VDD，BLK 接地，实测 LCD1602 的背光电流约为 50 mA。

(9) BLK：LED 背光电源负极，常接地 GND。

2. 内部结构原理

从结构上讲，LCD1602 模块主要由主控芯片 HD44780 和驱动器 HD44100 构成。

主控芯片 HD44780 是字符型液晶显示模块中最核心的部件，其内部结构主要由显示数据存储器(DDRAM)、字符发生器 RAM(CGRAM)、字符发生器 ROM(CGROM)、指令寄存器(IR)、数据寄存器(DR)、忙闲信号标志(BF)、地址计数器(AC)及时序发生电路等构成。

1) 显示数据存储器(Data Display RAM，DDRAM)

DDRAM 指数据显示用的 RAM 区，用于存放 LCD 要显示的数据，总共大小为 80 字节，但 LCD1602 只用到了其中的 32 个。当标准的 ASCII 码放入 DDRAM 时，内部控制线路就会自动将数据传送到显示器上，并显示出该 ASCII 码所对应的字符。

2) 字符发生器 RAM(Character Generator RAM，CGRAM)

字符产生器 RAM 用于保存用户自定义的特殊字符造型码，容量为 64 字节，可自定义 8 个 5×8 点阵或 4 个 5×11 点阵，其编址为 00～3FH。

3) 字符发生器 ROM(Character Generator ROM，CGROM)

字符产生器 ROM 用于厂家固化存储可显示的字符编码(字模)。CGROM 已有字模可显示 5×7 点阵字符 160 种和 5×10 点阵字符 32 种。

4) 指令寄存器(Instruction Register，IR)

指令寄存器用于存储单片机写给 LCD 的指令码。当 RS = 0、R/$\overline{\text{W}}$ = 0，且 Enable 引脚的使能信号由 1 跳到 0 时，D0～D7 总线上的数据便会存入 IR 寄存器中。

5) 数据寄存器(Data Register，DR)

数据寄存器用于存储单片机要写到 CGRAM 或 DDRAM 的数据，或者存储单片机要从 CGRAM 或 DDRAM 读出的数据，可视为数据缓冲区。当 RS = 1、R/$\overline{\text{W}}$ = 0 时，数据线 DB7～DB0 上的数据写入数据寄存器 DR，同时 DR 的数据由内部操作自动写入 DDRAM 或 CGRAM。当 RS = 1、R/$\overline{\text{W}}$ = 1 时，内部操作将 DDRAM 或 CGRAM 送到 DR 中，并通过 DR 送到数据总线 DB7～DB0 上。

6) 忙闲信号标志(Busy Flag，BF)

忙闲信号标志用于判断 LCD 的忙闲状态。当 BF 为 1 时，表示 LCD 忙碌，不接收单片机送来的数据或指令；当 BR 为 0 时，表示 LCD 空闲，可以接收单片机的数据或指令。因此，单片机在写数据或指令到 LCD 之前，必须查看 BF 是否为 0。

7) 地址计数器(Address Counter，AC)

地址计数器负责计数写入/读出 CGRAM 或 DDRAM 的数据地址。AC 根据单片机对 LCD 的设置值而自动修改它本身的内容。

3. 控制指令与读写时序

1) 控制指令

LCD1602 有两个工作寄存器：一个是命令寄存器，另一个是数据寄存器。所有对 LCD1602 的操作都必须先写命令字再写数据。LCD1602 的 HD44780 控制器的控制指令共有 11 条，其指令格式和功能如表 12-2 所示。

表 12-2　指令格式和功能表

| 控制信号 | | 指 令 代 码 | | | | | | | | 功　能 |
RS	R/$\overline{\text{W}}$	D7	D6	D5	D4	D3	D2	D1	D0	
0	0	0	0	0	0	0	0	0	1	清屏
0	0	0	0	0	0	0	0	1	*	软复位
0	0	0	0	0	0	0	1	I/D	S	输入模式设置
0	0	0	0	0	0	1	D	C	B	显示开关控制
0	0	0	0	0	1	S/C	R/L	*	*	画面与光标移动控制
0	0	0	0	1	DL	N	F	*	*	功能设置
0	0	0	1	AC5～AC0						CGRAM 地址设置
0	0	1	AC6～AC0							DDRAM 地址设置
0	1	BF	AC							忙闲状态检查
1	0	写数据								MCU 写数据
1	1	读数据								MCU 读数据

(1) 清屏指令 01H。

　　功能：① 清除液晶显示器，即将 DDRAM 的内容全部填入"空白"的 ASCII 码 20H；

　　　　　② 光标归位，即将光标撤回液晶显示屏的左上方；

　　　　　③ 将地址计数器(AC)的值清除为 0。

(2) 软复位指令。

　　功能：① 光标归位，把光标撤回到显示屏的左上方；

　　　　　② 把地址计数器(AC)的值设置为 0；

③ 保持 DDRAM 的内容不变。

(3) 输入模式设置指令。

功能：设定每次写数据后光标与画面的移动方式。

① 当 I/D = 0 时，写数据后光标左移；当 I/D = 1 时，写数据后光标右移。

② 当 S = 0 时，写数据后画面不移动；当 S=1 时，写数据后画面整体右移 1 个字符。

(4) 显示开关控制指令。

功能：控制显示器开/关、光标显示/关闭以及光标是否闪烁。

① 当 D = 0 时，显示功能关；当 D = 1 时，显示功能开。

② 当 C = 0 时，无光标；当 C = 1 时，有光标。

③ 当 B = 0 时，光标闪烁；当 B = 1 时，光标不闪烁。

(5) 画面与光标移动控制指令。

功能：使光标或整个画面移位。

LCD1602 画面与光标移动控制功能参数的含义如表 12-3 所示。

表 12-3　LCD1602 画面与光标移动控制功能

S/C	R/L	功　能
0	0	光标左移 1 格，且 AC 值减 1
0	1	光标右移 1 格，且 AC 值加 1
1	0	画面上字符全部左移一格，但光标不动
1	1	画面上字符全部右移一格，但光标不动

(6) 功能设置指令。

功能：设定数据总线的位数、显示的行数及字形。

① 当 DL = 0 时，数据总线为 4 位；当 DL = 1 时，数据总线为 8 位。

② 当 N = 0 时，显示 1 行；当 N = 1 时，显示 2 行。

③ 当 F = 0 时，5×7 点阵/每字符；当 F = 1 时，5×10 点阵/每字符。

(7) CGRAM 地址设置指令。

功能：设置下一个要存入数据的 CGRAM 地址，范围为 0～3FH。

(8) DDRAM 地址设置指令。

功能：设置下一个要存入数据的 DDRAM 地址。两行显示时地址范围为首行：00～27H，次行：40～67H。

(9) 读 BF 及 AC 值指令。

功能：忙闲状态检查。

① 读取 BF 值。当 BF = 1 时，表示 HD44780 忙，暂时无法接收单片机送来的数据或指令；当 BF = 0 时，HD44780 可以接收单片机送来的数据或指令；

② 读取地址计数器(AC)的内容。

(10) 写数据指令。

功能：① 将字符码写入 DDRAM，以使液晶显示屏显示出相对应的字符；
　　　② 将使用者自己设计的图形存入 CGRAM。

(11) 读数据指令。

功能：从 DDRAM 或 CGRAM 读出数据 D7～D0。

2) 读写工作时序

要正确操作 LCD1602，就必须满足它的读写时序要求，内嵌 HD44780 控制器的液晶显示模块的写操作时序如图 12-3 所示。

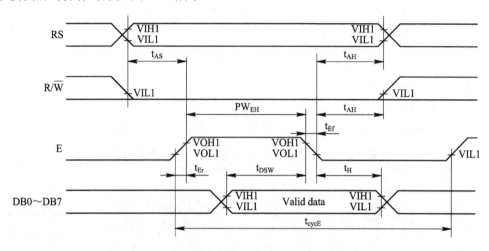

图 12-3　LCD1602 的写操作时序图

在图 12-3 中，使能信号(E)有效时间的脉冲宽度 PW_{EH} 不小于 230 ns，写信号有效到使能的地址设置时间 t_{AS} 不小于 40 ns，数据建立时间 t_{DSW} 不小于 80 ns。写数据使能周期 t_{cycE} 最小为 500 ns。

LCD1602 的读操作时序如图 12-4 所示。

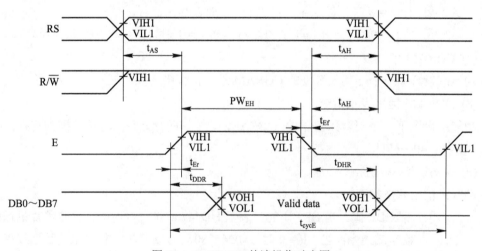

图 12-4　LCD1602 的读操作时序图

在图 12-4 中，使能信号(E)高电平的脉冲宽度 PW_{EH} 不小于 230 ns，写信号有效到使能的地址设置时间 t_{AS} 不小于 40 ns，数据延迟时间 t_{DDR} 不大于 160 ns。写数据使能周期 t_{cycE} 最小为 500 ns。

HD44780 显示位与 DDRAM 地址的对应关系如表 12-4 所示。

表 12-4　HD44780 显示位与 DDRAM 地址的对应关系表

显示位	1	2	3	4	5	6	7	8	9	…	39	40
DDRAM 地址(H)	00H	01H	02H	03H	04H	05H	06H	07H	08H	…	26H	27H
	40H	41H	42H	43H	44H	45H	46H	47H	48H	…	66H	67H

DDRAM 的每行设计有 40 个地址，但 LCD1602 只用到前 16 个，两行共 32 个地址。DDRAM 地址即为地址计数器 AC6～AC0 的值，第一行 16 列分别对应地址 00～0FH，第二行 16 列分别对应地址 40H～4FH。

当我们想在指定位置写入内容时，先要指定地址。如在第一行的第一位写入，地址位是 00H，再加上 DB7 位的 1，即 80H(0010000000)，第二行的第一位是 40H，再加上 DB7 位的 1，即 C0H(0011000000)，依次类推。因此，地址数据为第一行 80H～8FH，第二行 C0H～CFH。

12.3.2　时钟芯片 DS1302

DS1302 是 DALLAS(达拉斯)公司推出的一种高性能、低功耗、带 RAM 的实时时钟芯片，它可以对年、月、日、周、时、分、秒进行计时，且具有闰年校正补偿功能。时钟可以采用 24 小时格式或带 AM(上午)/PM(下午)的 12 小时格式。DS1302 是 DS1202 的升级产品，与 DS1202 兼容，但增加了主电源、备用电源的双电源引脚，并提供了对备用电源涓流充电的能力。SOIC 和 DIP 封装实物图如图 12-5 所示。

图 12-5　DS1302 SOIC 和 DIP 封装实物图

1. 引脚功能与内部结构原理

DS1302 的工作电压宽达 2.5～5.5 V，可兼容 TTL 电平，采用三线接口与单片机进行同步串行通信。DS1302 内部有一个 31 字节的非易失性静态 RAM，用于临时性存放一些重要数据，能在非常低的功耗下工作，消耗小于 1 μW 的功率便能保存数据和时钟信息。

DS1302 的引脚及内部结构如图 12-6 所示。

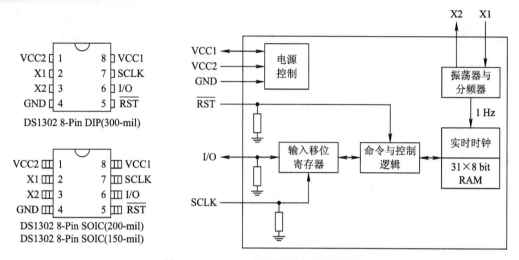

图 12-6　DS1302 的引脚及内部结构图

DS1302 的引脚功能如下：

(1) X1、X2：32.768 kHz 晶振引脚。其所选用晶振规定的负载电容为 6 pF。

(2) GND：地。

(3) $\overline{\text{RST}}$：复位。$\overline{\text{RST}}$ 为低电平时复位，中止数据传送，I/O 引脚变为高阻态。当 $\overline{\text{RST}}$ 为高电平时，允许地址命令序列送入移位寄存器，启动数据传送。

(4) I/O：数据输入/输出端。

(5) SCLK：串行时钟。

(6) VCC1、VCC2：电源引脚。VCC1 为备用电源，VCC2 为主电源。备用电源主要用于在没有主电源的情况下保存时间信息和数据，一般来说，DS1302 由 VCC1 或 VCC2 两者中较大者供电。

DS1302 的内部结构原理如下：

由图 12-6 可知，串行时钟芯片 DS1302 的内部结构主要由电源控制单元、移位寄存器、命令与控制逻辑单元、振荡器与分频器、实时时钟以及 RAM 组成。振荡器外接 32.768 kHz 的晶振，经振荡产生稳定的时钟信号，分频后得到 1 Hz 的时基信号，提供给实时时钟进行秒、分、时的计数，计时值保存在相应的寄存器中。当 RST 信号有效后，移位寄存器单元会在 SCLK 同步脉冲信号的控制下从 I/O 上串行接收 8 位指令字节。然后，将 8 位指令字节进行串并转换，并送至命令与控制逻辑单元进行指令译码和产生读写控制逻辑信号，以决定其内部寄存器的地址以及读写状态。最后，在 SCLK 同步脉冲信号的控制下将 8 位数据写入或读出到相应的寄存器中。

2. 控制字与读写时序

单片机与 DS1302 的通信仅需 3 根线：RST(复位线)、I/O(数据线)和 SCLK(时钟线)。在电路接口设计上，可直接用单片机的三位端口分别控制。

DS1302 的命令控制字格式如表 12-5 所示。数据的传送由命令控制字节初始化开始，其控制字的最高位(位 7)必须为逻辑"1"，位 7 为逻辑"0"表示禁止读写 DS1302。位 6 为"0"，指定访问时钟/日历区寄存器；为"1"，指定访问 RAM 区。位 1~位 5 为设定要读写访问区的寄存器地址。位 0 为"0"时写操作，为"1"时读操作。

表 12-5 DS1302 的命令控制字格式

控制位	D7	D6	D5	D4	D3	D2	D1	D0
含义	1	RAM/CK	A4	A3	A2	A1	A0	读/写
	1: 允许 0: 禁止	1: RAM 区 0: 时钟区	指定区的寄存器地址					1: 读操作 0: 写操作

命令控制字节总是从最低位 LSB(D0)开始传送，在命令字节写入后的下一个 SCLK 时钟的上升沿时，数据从最低位(D0)开始写入到 DS1302。DS1302 的写时序图如图 12-7 所示。

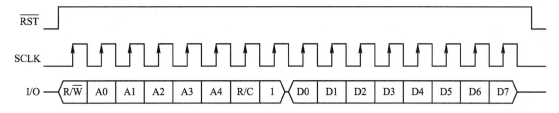

图 12-7 DS1302 写时序图

同样，在命令字节写入后的下一个 SCLK 时钟的下降沿出现时，DS1302 的数据从最低位(D0)开始读出。DS1302 的读时序图如图 12-8 所示。

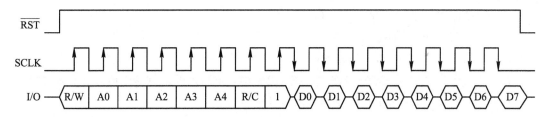

图 12-8 DS1302 读时序图

由时序图可知，当数据写入时，在时钟的上升沿数据必须有效。而当数据读出时，数据位在时钟的下降沿输出到数据线。

另外，数据传送也可以采用多字节方式，先将相应的 8 位指令字节写入，然后在连续的 SCLK 的脉冲信号同步下，将数据字节连续写入(或读出)到日历/时钟区寄存器(或 RAM 单元)中。

12.3.3 温度传感器 DS18B20

DS18B20 是 DALLAS 公司生产的一种改进型"1-Wire"数字温度传感器，即单总线器件。DS18B20 采用单总线协议与上位机进行通信，只需要一根信号线和一根地线。在实际应用中不需要任何外部元器件即可实现测温，具有灵敏度高、感温速度快、抗干扰能力强和精度高等特点。此外，它还可以工作在寄生模式下，直接通过信号线对芯片供电，不需要额外的供电电源。每个 DS18B20 都有一个全球唯一的 64 位序列号，可以将多个 DS18B20 串联在同一根单总线上进行组网，只需要一个处理器就可以控制分布在大面积区域中的多颗 DS18B20。因此，用它来组成一个测温系统，特别适合 HVAC(Heating, Ventilation and Air Conditioning, 供热通风与空气调节)环境控制、工业测温以及过程监测控制等领域。常见的 DS18B20 实物如图 12-9 所示。

图 12-9　DS18B20 实物图

总结来说，DS18B20 的性能特点如下：

(1) 独特的单线接口仅需要一个端口引脚进行通信，无须外部器件。

(2) 多个 DS18B20 可以并联在唯一的单总线上，实现多点组网功能。

(3) 当电源极性接反时，温度计不会因发热而烧毁，但不能正常工作。

(4) 内部有可编程非易失性存储单元，用户可设置温度上、下限报警。

(5) 数字温度计的分辨率，用户可程序设定 9～12 位。

(6) 在 DS18B20 中的每个器件上都有独一无二的序列号。

(7) 可通过数据线供电，供电电压范围为 2.5～5.5 V。

(8) 测量温度范围为 −55～+125℃，在 −10～70℃ 范围内的测试精度可以达到±0.4℃。

(9) 在最高 12 位精度下，温度转换时间小于 750 ms。

1. 引脚功能与结构原理

TO-92 和 SOIC 封装的 DS18B20 的引脚如图 12-10 所示。

GND：电源地。

DQ：数字信号输入、输出端。

VDD：外接供电电源输入端(在寄生电源接线方式时接地)。

NC：空管脚或不需要连接。

图 12-11 所示为 DS18B20 的内部结构图。芯片内部高速暂存 SRAM 中包含了 2 个字节的温度数据寄存器，1 个字节的上下限报警触发器及 1 字节的配置寄存器，其中配置寄存器决定数字信号输出的位数。DS18B20 的 DQ 端是开漏输出的，单线总线要求外加一只 5 kΩ 左右的上拉电阻。另外，在没有外部电源供电的寄生工作模式下，传感器可直接通过信号线对芯片供电。其原理为：当 DQ 为高电平时，通过二极管 VD1 向电容 C1 充电，C1 为内部电路提供稳定的工作电压；当总线 DQ 处于低电平状态时，电容 C1 放电，并提供能量给器件。

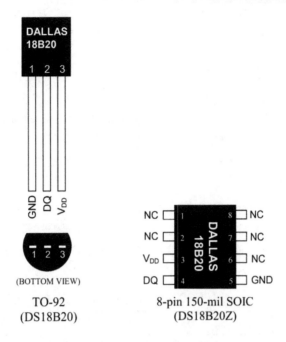

图 12-10 DS18B20 的引脚图

DS18B20 的内部结构主要由 64 位只读存储器 ROM、存储器控制逻辑单元、高速暂存 SRAM、温度传感器、上限温度报警触发器 TH、下限温度报警触发器 TL、配置寄存器 EEPROM 和 8 位的 CRC 校验码产生器等部分组成。

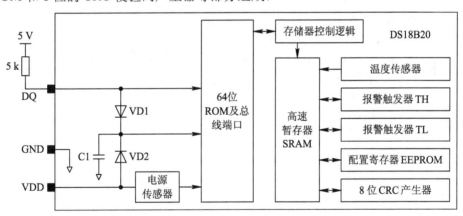

图 12-11 DS18B20 的内部结构图

只读存储器 ROM 中的 64 位全球唯一序列号是器件在出厂前被光刻好的，它可以看作是该 DS18B20 的地址序列码。其中，从最低位开始的 8 位(D0～D7)是产品类型编码 28H，接着的 48 位(D8～D55)是 DS18B20 自身的唯一序列号，最后的 8 位(D56～D63)是前面 56 位的循环冗余校验码(CRC = X^8 + X^5 + X^4 + 1)。该光刻 ROM 的作用主要是区分单总线上不同的 DS18B20 器件。

此外，DS18B20 的内部存储器还包括一个高速暂存 SRAM 和一个非易失性的可电擦除的 EEPROM，后者用来存放高温、低温报警触发器 TH、TL 以及工作模式配置寄存器。由于 SRAM 中的数据值在掉电后会丢失，而 EEPROM 中的数据在掉电后仍然保持；因此当上电时，EEPROM 中的数据被载入到 SRAM 对应的寄存器中，它们是一种可互装载的映射关系。

暂存 SRAM 包含了 8 个连续字节单元的寄存器，前两个字节(Byte 0、Byte 1)是测得的温度数据，第一个字节(Byte 0)是温度值的低 8 位数据，第二个字节(Byte 1)是温度值的高 8 位数据。第三个字节和第四个字节(Byte 2 和 Byte 3)是 TH、TL 的易失性拷贝，第五个字节(Byte 4)是配置寄存器的易失性拷贝，这三个字节的内容在每一次上电复位时被装载、刷新。第六、七、八字节用于内部计算。第九个字节(Byte 8)是冗余校验字节(CRC 码)。

2. 测温操作原理

DS18B20 是通过一种片上温度测量技术来测量温度的，其实现功能的核心部件是直接数字温度传感器。DS18B20 测量精度可通过配置寄存器编程设置为 9、10、11 或 12 位分辨率模式，其对应的温度分辨率分别为 0.5℃、0.25℃、0.125℃ 和 0.0625℃。DS18B20 配置寄存器(Byte 4)的控制字各位含义如表 12-6 所示。

表 12-6　DS18B20 配置寄存器的控制字各位含义表

控制位	D7	D6	D5	D4	D3	D2	D1	D0
含义	TM	R1	R0	1	1	1	1	1
	测试/模式	设置分辨率		保留位，禁止写入				

由表 12-6 可知，低 5 位一直都是 1，TM 是测试/模式位，用于设置 DS18B20 是在工作模式还是在测试模式。在 DS18B20 出厂时该位被设置为 0，用户不要去改动，该位禁止写入。R1 和 R0 用来设置分辨率，如表 12-7 所示。

表 12-7　传感器分辨率精度配置表

R1	R0	数据分辨率	测温精度	温度最长转换时间
0	0	9 位	0.5℃	93.75 ms
0	1	10 位	0.25℃	187.5 ms
1	0	11 位	0.125℃	375 ms
1	1	12 位	0.0625℃	750 ms

DS18B20 在上电时，默认的精度为 12 位分辨率，启动后将保持低功耗等待状态；当需要执行温度测量和 AD 转换时，总线控制器必须发出启动温度转换命令 Convert T[44h]。当转换完成后，产生的温度数据以两个字节的形式被存储到 SRAM 温度数据寄存器中，其数据格式如表 12-8 所示。之后，DS18B20 继续保持等待状态。

表 12-8　SRAM 温度数据寄存器的数据格式

LSB(Byte0)	Bit7	Bit6	Bit5	Bit4	Bit3	Bit2	Bit1	Bit0
含义	2^3	2^2	2^1	2^0	2^{-1}	2^{-2}	2^{-3}	2^{-4}
MSB(Byte1)	Bit15	Bit14	Bit13	Bit12	Bit11	Bit10	Bit9	Bit8
含义	S	S	S	S	S	2^6	2^5	2^4

由表 12-8 可知 Bit11～Bit15 为正负符号位 S，如果温度为正数，S＝0；反之，温度为负数时，S＝1。默认 12 位有效时，包括符号位 S，即 Bit0～Bit11。在 11 位有效时，数据的第 0 位未定义。在 10 位有效时数据的第 1 位、第 0 位未定义。在 9 位有效时数据的第 2 位、第 1 位、第 0 位未定义。

以 12 位分辨率为例，在 DS18B20 温度传感器完成对温度的测量后，转化后得到的 12 位数据存储在 SRAM 的 Byte0、Byte1 中，用 16 位符号扩展的二进制补码认读数形式提供，以 0.0625℃/LSB 形式表达。二进制中的高 5 位(Bit15～Bit11)是符号位，如果测得的温度为正，这 5 位为 0，只要将测到的数值乘以 0.0625 即可得到实际的温度；如果温度为负，这 5 位为 1，测到的数值需要取反加 1 再乘以 0.0625 得到实际的温度。

例如：+125℃的数字量输出为 07D0H，换算为十进制为 2000，乘以精度 0.0625 得到 125；−55℃的数字输出为 FC90H(真值为 −880 的补码形式)，对 FC90H 取反后得到 36FH，换算为十进制为 879，加 1 后再乘以 0.0625 得到 55，即为负温度值。

DS18B20 的温度与数据之间的关系如表 12-9 所示。

表 12-9　DS18B20 的温度与数据之间的关系表

温度/℃	数字输出(二进制)	数字输出(十六进制)
+125	0000 0111 1101 0000	07D0h
+85	0000 0101 0101 0000	0550h
+25.0625	0000 0001 1001 0001	0191h
+10.125	0000 0000 1010 0010	00A2h
+0.5	0000 0000 0000 1000	0008h
0	0000 0000 0000 0000	0000h
−0.5	1111 1111 1111 1000	FFF8h
−10.125	1111 1111 0101 1110	FF5Eh
−25.0625	1111 1110 0110 1111	FE6Fh
−55	1111 1100 1001 0000	FC90h

需要注意的是：当上电复位时，温度寄存器默认值为 0550H，即为 +85℃。

3. 单总线协议与工作时序

1) 单总线协议

单总线系统只采用一条信号线进行数据传输。因此，在硬件结构上，要求总线上的每个器件必须是漏极开路或三态输出，这样可以使总线上的每个不传输数据的器件释放总线让给其他器件使用。

单总线协议对读写的数据位有着严格的时序要求。该协议定义了几种信号的时序：初始化时序、读时序、写时序。所有的时序都是将单片机等主控芯片作为主机，单总线器件作为从机。每一次命令和数据的传输都是从主机主动启动写时序开始，并从最低位开始发送。如果要求单总线器件回送数据，在进行写命令后，主机需启动读时序完成数据的接收。

DS18B20 是采用单总线的协议来进行通信的，其通信操作协议如下：

步骤 1：初始化。主机发复位脉冲，对 DS18B20 进行复位。

步骤 2：主机发 ROM 操作指令。

步骤 3：主机发 RAM 功能指令。

每一次主机控制 DS18B20 完成温度转换必须经过以上三个步骤，每一次读写操作都从初始化开始。初始化过程包括了一个由主机发出的复位脉冲和一个其后由从机发出的存在脉冲。存在脉冲让主机知道 DS18B20 在总线上且已做好了操作准备，即复位成功。之后，主机发送一条 ROM 指令，最后主机发送 RAM 功能操作指令，这样才能对 DS18B20 进行预定的操作。

单总线空闲状态是高电平。如果需要暂停某一传输，还想恢复该传输的话，总线必须保持在空闲状态(高电平)。在恢复期间，单总线处于非活动(高电平)空闲状态，位与位间的恢复时间可以无限长。反之，若总线停留在低电平状态，当复位脉冲超过 480 μs 时，总线上的所有器件都将被复位。

2) 单总线操作指令

单总线操作指令包括 ROM 指令和 RAM 指令。

当主机检测到一个存在脉冲时，它就发出一条 ROM 指令。ROM 指令一共有 5 条，用于读取器件的序列码(READ ROM：33H)、搜索识别器件的数目与型号(SEARCH ROM：F0H)、指定序列码的匹配器件(MATCH ROM：55H)、跳过序列码(SKIP ROM：CCH)和搜索报警器件(ALARM SEARCH：ECH)。

在主机使用 ROM 指令确定了与其通信的 DS18B20 之后，主机就可以发出一个 DS18B20 的功能指令，这些功能指令允许主机读写 DS18B20 的寄存器，其具体格式与功能如表 12-10 所示。

表 12-10　DS18B20 的 RAM 功能指令表

命令	功能描述	指令协议	总线响应
Convert T	开始温度转换	44h	DS18B20 将转换状态传输到主机(不适用于寄生供电的 DS18B20)
Read Scratchpad	读取整个暂存器包括 CRC 字节	BEh	DS18B20 向主机发送最多 9 个字节数据
Write Scratchpad	将数据写入暂存器字节 2、3、4 和 6、7(TH、TL、配置寄存器和用户字节)	4Eh	主机向 DS18B20 发送 3 或 4 或 5 个字节数据
Copy Scratchpad	将 TH、TL、配置寄存器和用户字节数据从暂存器复制到 EEPROM	48h	无
Recall E	将 TH、TL、配置寄存器和用户字节数据从 EEPROM 调用到暂存器	B8h	DS18B20 将调用状态传送给主机
Read Power Supply	向主机发送 DS18B20 电源模式信号	B4h	DS18B20 将供电状态传送给主机

注意，在读取 RAM 时，主机在任何时候都可以通过发出复位信号中止数据传输。对

于寄生电源模式下的 DS18B20 在温度转换和拷贝数据到 EEPROM 期间，必须给单总线一个强上拉，总线在这段时间内不能有其他活动。

3) 单总线工作时序

DS18B20 需要严格的单总线协议，其工作时序主要有复位时序、读时序和写时序三种。

所有和 DS18B20 的通信都以初始化复位时序开始，如图 12-12 所示。

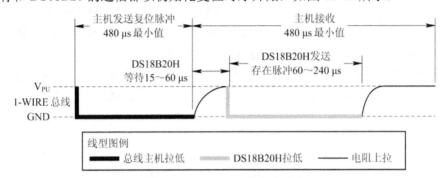

图 12-12　DS18B20 的复位时序

DS18B20 初始化复位时序：主机拉低总线并保持在 480 μs 以上，即发送(TX)一个复位负脉冲信号，然后释放总线，进入接收状态(RX)。当总线被释放后，5 kΩ 的上拉电阻将总线拉到高电平。当 DS18B20 检测到 IO 引脚上的上升沿后，等待 15～60 μs，然后发出一个由 60～240 μs 低电平信号构成的存在脉冲，主机收到此信号表示复位成功。

DS18B20 的写时序分为写 0 时序和写 1 时序两个过程，如图 12-13 所示。

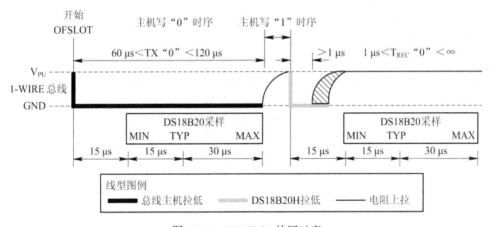

图 12-13　DS18B20 的写时序

写时序必须最少持续 60 μs，包括两个写周期之间至少 1 μs 的恢复时间。当主机把总线从逻辑高电平拉低到低电平的时候，写时序开始。

在写 0 时序时，主机必须把总线拉到低电平且继续保持至少 60 μs，然后释放。要保证 DS18B20 在 15 μs 到 45 μs 之间能够正确地采样 IO 总线上的"0"电平。

在写 1 时序时，主机把单总线拉低之后，必须在 15 μs 之内就得释放总线。总线被释放后，上拉电阻将总线拉高。

总线控制器在初始化写时序后，DS18B20 在 15～60 μs 的窗口时间内对信号线进行采样。如果线上是高电平，就是写 1。反之，如果线上是低电平，就是写 0。

对于 DS18B20 的读时序仍然分为读 0 时序和读 1 时序两个过程，如图 12-14 所示。

DS18B20 完成一个读时序过程必须最少需要 60 μs，包括两个读周期之间至少 1 μs 的恢复时间。当主机发起读时序时，DS18B20 仅用来传输数据给控制器。因此，主机在发出读指令后必须立刻开始读时序，以便 DS18B20 提供所请求的数据。具体过程如下：

(1) 当主机把总线从高电平拉低到低电平时，读时序开始。总线低电平至少保持 1 μs，然后必须在 15 s 之内就得释放总线，以便让 DS18B20 把数据传输到单总线上。

(2) 在主机发出读时序后，DS18B20 通过拉高或拉低总线来传输 1 或 0。当传输 0 结束后，总线将被释放，通过上拉电阻回到高电平的空闲状态。

(3) 从 DS18B20 输出的数据在读时序开始的下降沿出现后的 15 μs 内有效。因此，主机在读时序开始的 15 μs 内释放总线后保持采样总线的状态，读取总线上的数据。

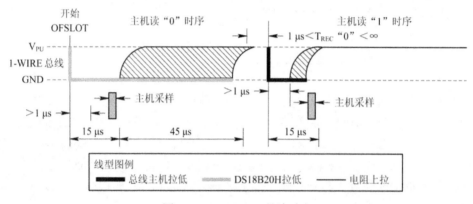

图 12-14　DS18B20 的读时序

12.3.4　设计原理

液晶显示万年历的设计主要由五个部分组成：时钟 DS1302、单片机最系统、温度传感器 DS18B20、LCD1602 液晶显示和按键输入电路，如图 12-15 所示。

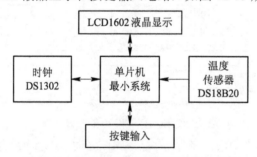

图 12-15　液晶显示万年历的总体设计框图

时钟电路 DS1302 用于对年、月、日、周、时、分、秒的计时，单片机系统通过非标准的串行外设接口(Serial Peripheral Interface，SPI)的三线总线协议向 DS1302 获取日历和实时时钟数据，并通过字符液晶 LCD1602 进行显示。数字温度传感器 DS18B20 用于对环境温度的高精度测量，单片机通过单总线的模式读取温度数据，并可根据需要设定温度的上下限报警值，实现了液晶显示万年历的测温、报警等功能。按键输入电路主要用于对时钟、日历的设定和手动校准等。

12.3.5　程序设计要点

程序设计的关键点主要是初始化 LCD1602、DS1302、DS18B20 以及对它们的读写。这里主要提供初始化的参考设计思路，对于读写操作的程序，读者可以根据前面提供的时序图自行完成代码的设计。

1. LCD1602 的初始化与读写程序设计

在液晶 LCD1602 显示操作之前先要进行初始化，初始化的过程主要是为了设置内部主控器 HD44780 的工作方式等。其具体指令格式如表 12-2 所示，需要先向 HD44780 的命令寄存器写入工作方式控制字 38H，设置 LCD1602 为 8 位数据总线(DL = 1)、2 行显示(N = 1)、5 × 7 点阵(F = 0)模式，该指令需要写入两次。然后再写入显示设置指令 0CH，开启显示(D = 1)、光标不显示(C = 0)、光标不闪烁(B = 1)。接着写入指令 06H，设置输入模式为地址 AC 递增加 1(I/D = 1)，字符不移动(S = 0)，最后，写入清屏指令 01H，初始化完成。

C 语言常见的初始化代码参考如下：

```
void LCD_Initial(void)
{
  LCD_EN=0;
  delayx5ms(40);                                    //延迟 200 ms
  WrCommand(0x38);                                  //8 位数据端口，2 行显示，5 × 7 点阵
  delayx5ms(2);                                     //延迟 10 ms
  WrCommand(0x38);                                  //同上，该指令要写两次
  delayx5ms(1);                                     //延迟 5 ms
  WrCommand(0x0c);                                  //开显示，光标不显示，光标不闪烁
  WrCommand(0x06);                                  //AC 递增，画面不动
  WrCommand(0x01);                                  //清屏
}
```

LCD1602 的读写操作过程，可根据图 12-3 和图 12-4 所示的 LCD1602 读写工作时序，很容易写出程序。写函数具体代码如下：

```
void LCD_Write(bit style,   unsigned char input)   //写函数
{
  LcdEn=0;                                          //使能端，关使能
  LcdRs=style;                                      //类型：RS=0，指令；RS=1，数据
  LcdRw=0;        _nop_();                          //读/写，Rw=0，表示写
  DBPort=input;   _nop_();                          //注意顺序。将 input 数据写到 P0 口
  LcdEn=1;        _nop_();                          //注意顺序。使能端，写数据，需要下降沿
  LcdEn=0;        _nop_();
  LCD_Wait();                                       //调用内部等待函数
}
void GotoXY(unsigned char x,unsigned char y)        //LCD1602 光标坐标：x 列位置，y 行位置
```

```
{
    if(y==0)
        LCD_Write(LCD_COMMAND, 0x80|x);          //写第 1 行，0x80：DB7=1，地址 80H～8FH
    if(y==1)
        LCD_Write(LCD_COMMAND, 0x80|(x-0x40));    //写第 2 行，地址 C0H～CFH。0-40H=C0H
}
```

2. 时钟 DS1302 的初始化与读写程序设计

单片机对 DS1302 的读写操作也是从初始化开始的。秒寄存器的位 7 是 CH(起振位)，当其为"0"时，时钟启动，禁止读写 DS1302，只有当其为逻辑"1"时，才能读写寄存器。DS1302 的命令控制字格式如表 12-5 所示，通过查数据手册可知，从控制字"80H"开始分别对应寄存器写操作指令：秒(80H)、分(82H)、时(84H)、日(86H)、月(88H)、星期(8AH)、年(8CH)。对应寄存器读操作指令：秒(81H)、分(83H)、时(85H)、日(87H)、月(89H)、星期(8BH)、年(8DH)。写保护寄存器的写地址为 8EH，其最高位为 WP，WP 为"1"表示禁止写入，WP 为"0"表示允许写入。DS1302 初始化的 C 语言代码参考如下：

```
void Initial_DS1302(void)                      //时钟芯片初始化
{
    unsigned char Second=Read1302(DS1302_SECOND);//读取秒寄存器的数据，获取 CH 值
    if(Second&0x80)                            //判断时钟芯片是否关闭，CH=1
    {
        Write1302(0x8e,0x00);                  //写入允许
        Write1302(0x8c,0x24);                  //写入初始化时间，日期为 24/03/25
        Write1302(0x88,0x03);
        Write1302(0x86,0x25);
        Write1302(0x8a,0x07);                  //写入：星期：7
        Write1302(0x84,0x23);                  //写入时间：23:59:55
        Write1302(0x82,0x59);
        Write1302(0x80,0x55);
        Write1302(0x8e,0x80);                  //写保护，禁止写入
    }
}
```

DS1302 的数据读写操作都是从发送地址字节开始，根据图 12-7 和图 12-8 所示的 DS1302 读写工作时序，很容易写出程序，函数具体代码如下：

```
void Write1302(unsigned char ucAddr,unsigned char ucDa) //向时钟的地址写一个字节数据
{                                              //ucAddr: 地址，ucData: 要写的数据
    DS1302_RST = 0;                            //RST 为 0 复位，RST 为 1 启动数据传送
    DS1302_CLK = 0;                            //时钟线写 0
    DS1302_RST = 1;                            //RST 为 1 启动数据传送
```

```
        DS1302InputByte(ucAddr);              //写地址命令
        DS1302InputByte(ucDa);                //写 1Byte 的数据
        DS1302_CLK = 1;                       //时钟线写 1
        DS1302_RST = 0;                       //RST 为 0 复位
}
unsigned char Read1302(unsigned char ucAddr)  //读取 DS1302 某地址的数据
{
        unsigned char ucData;
        DS1302_RST = 0;
        DS1302_CLK = 0;                       //时钟线写 0
        DS1302_RST = 1;                       //RST 为 1 启动数据传送
        DS1302InputByte(ucAddr|0x01);         //地址、命令,最低位 D0 必须为 1
        ucData = DS1302OutputByte();          //读 1Byte 的数据
        DS1302_CLK = 1;
        DS1302_RST = 0;
        return(ucData);                       //返回读到的值
}
```

3. 温度传感器 DS18B20 的初始化与读写程序设计

同样,DS18B20 的每一次读写操作都从初始化开始,每一次主机控制 DS18B20 完成温度转换都必须经过初始化、发 ROM 操作指令、发 RAM 功能指令三个步骤。初始化过程的工作时序如图 12-12 所示,即从主机拉低总线 DQ 发出 480 μs 以上的低电平复位脉冲开始,到主机收到一个由从机发出 60～240 μs 低电平存在脉冲结束,表示复位成功。

DS18B20 初始化的 C 语言代码参考如下:

```
void Init_DS18B20(void)
{
        unsigned char x=0;
        DQ = 1;                    //总线复位
        delay_18B20(8);            //稍做延时
        DQ = 0;                    //单片机将 DQ 拉低
        delay_18B20(80);           //精确延时大于 480 μs
        DQ = 1;                    //拉高总线
        delay_18B20(14);
        x=DQ;                      //稍做延时后,如果 x=0 则初始化成功;如果 x=1 则初始化失败
        delay_18B20(20);
}
```

DS18B20 的读写操作都是从主机把总线从高电平拉低到低电平时开始,读写时序必须最少持续 60 μs,具体的读写操作时序要求如图 12-13 和图 12-14 所示,函数的具体代码如下:

```
unsigned char ReadOneChar(void)  //DS18B20 读一个字节
```

```
{
    uchar i=0;
    uchar dat = 0;
    for (i=8;i>0;i--)
        {
            DQ = 0;                              //给脉冲信号
            dat>>=1;                             //数据右移一位
            DQ = 1;                              //释放总线，给脉冲信号
            if(DQ)                               //如果 DQ=1，则写 1
            dat|=0x80;                           //按位或，写最高位为 1
            delay_18B20(4);
        }
    return(dat);
}
void WriteOneChar(uchar dat)                     //DS18B20 写一个字节
{
    unsigned char i=0;
    for (i=8; i>0; i--)
        {
            DQ = 0;
            DQ = dat&0x01;                       //取最低位 D0，从最低位开始发送
            delay_18B20(5);
            DQ = 1;                              //释放总线，将数据送入
            dat>>=1;
        }
}
```

12.4　项目实施参考方案

根据液晶显示万年历的项目任务，要求采用 89C51 单片机设计实现一个数字万年历，至少能够显示年、月、日、星期和时、分、秒等。

分析任务需求后，我们确认参考方案具体实现的功能如下：

(1) 开机时，显示年月日"2024/01/01"、星期"Week 1"、时间"12:01:02"、温度"20℃"，并开始计时。

(2) 设置"模式"键：用于调整时钟和日历，每按一次键，光标选中调整对象并进行闪烁提示。例如，按一下键，对秒钟进行调整，秒位"02"闪烁，表示选中调整对象为秒变量。

(3) 设置"加"键：控制调整对象进行"加"调整，每按一次加 1。

(4) 设置"减"键：控制调整对象进行"减"调整，每按一次减 1。

(5) 设置"确认"键：调整完后写入数据，并返回正常计时显示状态。

12.4.1　Proteus 平台硬件电路设计

液晶显示万年历的 Proteus 平台硬件电路设计如图 12-16 所示。

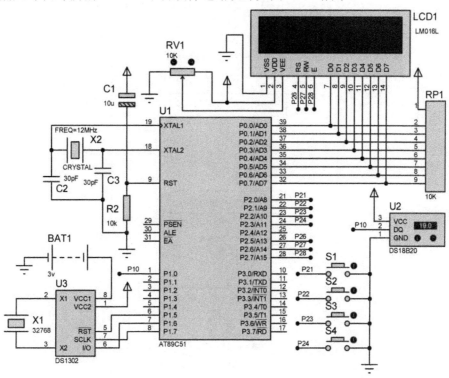

图 12-16　液晶显示万年历的 Proteus 平台硬件设计电路图

单片机的 P1.5、P1.6、P1.7 口用于对时钟芯片 DS1302 进行读写控制；P2.5、P2.6、P2.7 口实现对液晶的读写操作和使能控制；P2.0、P2.1、P2.2、P2.3 口为按键调整的输入端，用于检测低电平是否有效；P1.0 实现对单总线 DS18B20 温度传感器的读写操作，扩展了环境温度的实时测量功能。

12.4.2　Keil C 软件程序设计

本项目的整体程序设计主要涉及 LCD1602、DS1302、DS18B20 的初始化和读写操作，前面已经分别讲解了其设计思路，这里主要对主程序整体的软件设计流程进行分析。

程序开始，先对系统进行初始化，包括系统计时变量的初始化和时钟、LCD、DS18B20 的初始化。在时钟 DS1302 初始化时，需要根据当前的日历和时间，给计时、日历相关的寄存器设置初值，之后时钟芯片便可自行计时。

然后，依次查询按键的状态，检测是否有按键按下。按键的作用是为了手动调整时钟和日历。当有按键按下时，执行相应的按键处理程序，对光标和时钟进行"模式""加""减"和"确认"等功能的实现。若没有按键按下，则执行下一步操作，即读取当前温度传感器的值和读取时钟的值，并经过数据处理后执行送显操作。

1. 程序设计流程图

本项目的万年历程序设计流程图如图 12-17 所示。

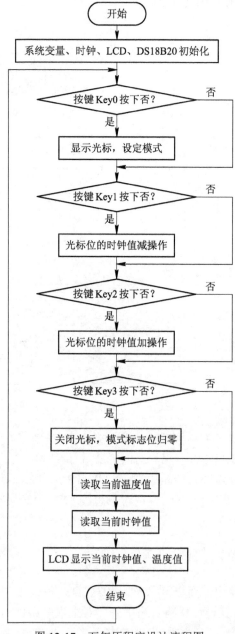

图 12-17　万年历程序设计流程图

2. 源程序代码

根据以上程序设计流程图,采用 C 语言实现程序设计,参考源程序见本项目结尾的二维码。

12.4.3　Proteus 平台仿真效果

液晶显示万年历开机后,Proteus 平台仿真显示效果如图 12-18 所示。

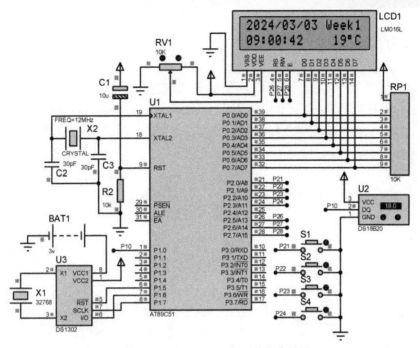

图 12-18 液晶显示万年历的仿真效果

按下按键 S1 可以对时钟的年、月、日、星期、时、分、秒进行调整模式的选择，光标位闪烁。图12-19所示为分钟位的光标闪烁，按下按键S2可以实现对其"加"调整，按下 S3 可以实现对其"减"调整，S4 可以确认当前的调整结果，并退出调整模式。

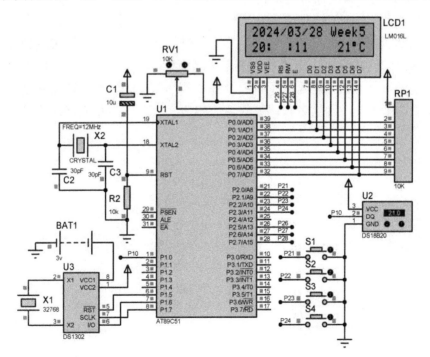

图 12-19 分钟位的光标闪烁效果

　　运行 Proteus 仿真，可对 DS18B20 的温度值进行加减调整。如图 12-19 所示，当 DS18B20 的温度调整为"21.0℃"时，液晶显示屏也显示为"21.0℃"，表示温度检测工作正常。

　　该设计的仿真效果，显示了液晶显示万年历功能的实现，验证了程序设计的正确性，但是还需要作出实物，进行分析比较。在实际中，DS1302 的时钟初始值只需要初始化写入一次即可，采用电池供电后，时钟就可以一直运行，后续调试程序，再次烧录下载调试后的程序，只需要读取时钟数据，不需要再次写入初值。

12.5　项目回顾与总结

　　液晶显示万年历项目的设计，是单片机技术应用的一个综合训练，它涉及液晶显示屏、时钟芯片和温度传感器的读写控制，具有一定的难度，需要对照通信协议、工作时序图进行应用编程。

　　该设计主要由时钟 DS1302、单片机最系统、温度传感器 DS18B20、LCD1602 液晶显示和按键输入电路五个部分组成。单片机通过 SPI 三线总线协议向 DS1302 获取日历和实时时钟数据，并通过 LCD1602 进行显示，而获取 DS18B20 温度数据的方式则是通过单总线协议实现。

　　在程序设计上，因该综合案例较为复杂，汇编语言可移植性相对较差，所以采用了 C 语言。建议把 1602 液晶显示模块的相关程序用头文件"LCD1602.h"来管理，时钟芯片 DS1302 的相关程序也用一个头文件"DS1302.h"来管理。该案例的程序设计充分应用 C 语言模块化的编程思想，做到条理清晰，也方便后续设计应用中子程序的移植和嵌入。更重要的是，它建立了我们个人的常规程序模块化的管理思想，便于积累个人风格的程序子库，为读者代码量的训练和后续项目应用养成良好的编程习惯提供了帮助。

　　总结要点如下：

　　(1) LCD1602 是可以显示 2 行 16 列的字符型液晶，显示操作之前先要进行初始化。初始化的过程主要是设置内部主控器 HD44780 的工作方式等。

　　(2) LCD1602 的操作都必须先写命令字，再写数据。当我们想在指定位置写入内容时，先要指定地址。DDRAM 的地址数据，第一行为 80H～8FH，第二行为 C0H～CFH。

　　(3) DS1302 是 31 字节内部 RAM 的低功耗实时时钟芯片，可对年、月、日、周、时、分、秒进行计时，且具有闰年校正补偿功能，与单片机通信采样非标准的 SPI 三线总线协议，数据读写操作都是从发送地址字节开始。

　　(4) DS18B20 是一种高精度、高灵敏度、抗干扰能力强的单总线数字一体化温度传感器。它的每一次读写操作都是从初始化复位开始，每一次温度转换都必须经过初始化、发 ROM 操作指令、发 RAM 功能指令三个步骤。

12.6　项目拓展与思考

12.6.1　课后作业、任务

任务 1：基于 Proteus 平台，根据本节项目案例的设计原理实现液晶显示"welcome to china"。

任务 2：基于 Proteus 平台，设计一个具有闹钟功能的 1602 液晶显示数字钟。

12.6.2　项目拓展

拓展一：基于 Proteus 平台，采用其它温度传感器，例如 TH11，实现液晶显示数字温度计的设计。

拓展二：基于 Proteus 平台，采用时钟芯片拓展液晶显示万年历的功能模式，如闹钟、定时、跑秒表等功能模式的设置，或加上天气预报、自动联网校时等特色功能。

液晶显示万年历项目完整的参考源程序请扫二维码。

液晶显示万年历源程序

附录 1　C51 指令表

类别	子类	指令格式	功能简述	字节数	周期
数据传送指令(29 条)	内部数据传送	MOV　A，#data	立即数送累加器	2	1
		MOV　A，@Ri	内部 RAM 单元送累加器	1	1
		MOV　A，direct	直接寻址单元送累加器	2	1
		MOV　A，Rn	寄存器送累加器	1	1
		MOV　Rn，direct	直接寻址单元送寄存器	2	2
		MOV　Rn，#data	立即数送寄存器	2	1
		MOV　Rn，A	累加器送寄存器	1	1
		MOV　DPTR，#data16	16 位立即数送数据指针	3	2
		MOV　direct，#data	立即数送直接寻址单元	3	2
		MOV　direct，@Ri	内部 RAM 单元送直接寻址单元	2	2
		MOV　direct，Rn	寄存器送直接寻址单元	2	2
		MOV　direct2，direct1	直接寻址单元送直接寻址单元	3	2
		MOV　direct，A	累加器送直接寻址单元	2	1
		MOV　@Ri，#data	立即数送内部 RAM 单元	2	1
		MOV　@Ri，A	累加器送内部 RAM 单元	1	1
		MOV　@Ri，direct	直接寻址单元送内部 RAM 单元	2	2
	外部数据传送	MOVX　@DPTR，A	累加器送外部 RAM 单元(16 位地址)	1	2
		MOVX　@Ri，A	累加器送外部 RAM 单元(8 位地址)	1	2
		MOVX　A，@DPTR	外部 RAM 单元送累加器(16 位地址)	1	2
		MOVX　A，@Ri	外部 RAM 单元送累加器(8 位地址)	1	2
	访问程序存储器	MOVC　A，@A+DPTR	查表数据送累加器(DPTR 为基址)	1	2
		MOVC　A，@A+PC	查表数据送累加器(PC 为基址)	1	2
	堆栈操作	POP　direct	栈顶弹出指令直接寻址单元	2	2
		PUSH　direct	直接寻址单元压入栈顶	2	2
	数据交换	SWAP　A	累加器高 4 位与低 4 位交换	1	1
		XCH　A，@Ri	累加器与内部 RAM 单元交换	1	1
		XCH　A，Rn	累加器与寄存器交换	1	1
		XCHD　A，@Ri	累加器与内部 RAM 单元低 4 位交换	1	1
		XCHD　A，direct	累加器与直接寻址单元交换	2	1

续表一

类别	子类	指令格式		功能简述	字节数	周期
算术运算指令(24条)	加法和减法	ADD	A，#data	累加器加立即数	2	1
		ADD	A，@Ri	累加器加内部 RAM 单元	1	1
		ADD	A，direct	累加器加直接寻址单元	2	1
		ADD	A，Rn	累加器加寄存器	1	1
		ADDC	A，#data	累加器加立即数和进位标志	2	1
		ADDC	A，@Ri	累加器加内部 RAM 单元和进位标志	1	1
		ADDC	A，direct	累加器加直接寻址单元和进位标志	2	1
		ADDC	A，Rn	累加器加寄存器和进位标志	1	1
		SUBB	A，#data	累加器减立即数和进位标志	2	1
		SUBB	A，@Ri	累加器减内部 RAM 单元和进位标志	1	1
		SUBB	A，direct	累加器减直接寻址单元和进位标志	2	1
		SUBB	A，Rn	累加器减寄存器和进位标志	1	1
		INC	@Ri	内部 RAM 单元加 1	1	1
		INC	A	累加器加 1	1	1
		INC	direct	直接寻址单元加 1	2	1
		INC	DPTR	数据指针加 1	1	2
		INC	Rn	寄存器加 1	1	1
		DEC	@Ri	内部 RAM 单元减 1	1	1
		DEC	A	累加器减 1	1	1
		DEC	direct	直接寻址单元减 1	2	1
		DEC	Rn	寄存器减 1	1	1
	十进制调整	DA	A	十进制调整	1	1
	乘法和除法	MUL	AB	A 乘 B，积的低 8 位送 A，高 8 位送 B	1	4
		DIV	AB	A 除以 B。商送 A，余送 B	1	4
逻辑运算与移位指令(24条)	逻辑运算	ANL	A，#data	累加器与立即数	2	1
		ANL	A，@Ri	累加器与内部 RAM 单元	1	1
		ANL	A，direct	累加器与直接寻址单元	2	1
		ANL	A，Rn	累加器与寄存器	1	1
		ANL	direct，#data	直接寻址单元与立即数	3	1
		ANL	direct，A	直接寻址单元与累加器	2	1
		ORL	A，Rn	累加器或寄存器	1	1
		ORL	A，#data	累加器或立即数	2	1

续表二

类别	子类	指令格式		功能简述	字节数	周期
逻辑运算与移位指令(24条)	逻辑运算	ORL	A，@Ri	累加器或内部 RAM 单元	1	1
		ORL	A，direct	累加器或直接寻址单元	2	1
		ORL	direct，#data	直接寻址单元或立即数	3	1
		ORL	direct，A	直接寻址单元或累加器	2	1
		XRL	A，Rn	累加器异或寄存器	1	1
		XRL	A，#data	累加器异或立即数	2	1
		XRL	A，@Ri	累加器异或内部 RAM 单元	1	1
		XRL	A，direct	累加器异或直接寻址单元	2	1
		XRL	direct，#data	直接寻址单元异或立即数	3	2
		XRL	direct，A	直接寻址单元异或累加器	2	1
		CLR	A	累加器清零	1	1
		CPL	A	累加器取反	1	1
	移位	RL	A	累加器左循环移位	1	1
		RR	A	累加器右循环移位	1	1
		RLC	A	累加器连进位标志左循环移位	1	1
		RRC	A	累加器连进位标志右循环移位	1	1
控制转移指令(17条)	无条件转移类	LJMP	addr16	64 KB 范围内长转移	3	2
		AJMP	addr11	2 KB 范围内绝对转移	2	2
		SJMP	rel	相对短转移	2	2
		JMP	@A+DPTR	相对长转移	1	2
	条件转移类	JNZ	rel	累加器非零转移	2	2
		JZ	rel	累加器为零转移	2	2
		CJNE	@Ri，#data，rel	RAM 单元与立即数不等转移	3	2
		CJNE	A，#data，rel	累加器与立即数不等转移	3	2
		CJNE	A，direct，rel	累加器与直接寻址单元不等转移	3	2
		CJNE	Rn，#data，rel	寄存器与立即数不等转移	3	2
		DJNZ	direct，rel	直接寻址单元减 1 不为零转移	3	2
		DJNZ	Rn，rel	寄存器减 1 不为零转移	2	2
	子程序调用及返回	LCALL	addr16	64 KB 范围内长调用	3	2
		ACCALL addr11		2 KB 范围内绝对调用	2	2
		RET		子程序返回	1	2
		RET1		中断返回	1	2
		NOP		空操作	1	1

类别	子类	指令格式		功能简述	字节数	周期
位操作指令 (17 条)	1 位传送	MOV	bit，C	C 送直接寻址位	2	1
		MOV	C，bit	直接寻址位送 C	2	1
	位逻辑运算	ANL	C，/bit	C 逻辑与直接寻址位的反	2	2
		ANL	C，bit	C 逻辑与直接寻址位	2	2
		ORL	C，/bit	C 逻辑或直接寻址位的反	2	2
		ORL	C，bit	C 逻辑或直接寻址位	2	2
		CPL	bit	直接寻址位取反	2	1
		CPL	C	C 取反	1	1
	位转移控制	JC	rel	C 为 1 转移	2	2
		JNC	rel	C 为零转移	2	2
		JB	bit，rel	直接寻址位为 1 转移	3	2
		JNB	bit，rel	直接寻址为 0 转移	3	2
		JBC	bit，rel	直接寻址位为 1 转移并清该位	3	2
	置位和清零	SETB	bit	直接寻址位置位	2	1
		SETB	C	C 置位	1	1
		CLR	bit	直接寻址位清零	2	1
		CLR	C	C 清零	1	1

附录 2　Proteus 元件名中英文对照

元件名称	中文名	元件名称	中文名
74LS00	与非门	MOSFET	MOS 管
74LS04	非门	MOTOR	马达
74LS08	与门	MOTOR AC	交流电机
74LS390	TTL 双十进制计数器	MOTOR SERVO	伺服电机
7SEG	7 笔段数码管	NAND	与非门
ALTERNATOR	交流发电机	NOR	或非门
AMMETER-MILLI mA	电流表	NOT	非门
Analog Ics	模拟电路集成芯片	NPN	NPN 三极管
AND	与门	NPN-PHOTO	感光三极管
ANTENNA	天线	OPAMP	运放
BATTERY	电池/电池组	Optoelectronics	各种发光器件
BELL	铃，钟	OR	或门
BRIDEG 1	整流桥(二极管)	PELAY-DPDT	双刀双掷继电器
BUFFER	缓冲器	PHOTO	感光二极管
BUS	总线	PLDs & FPGAs	可编程控制器
BUZZER	蜂鸣器	PLUG	插头
BVC	同轴电缆接插件	PLUG AC FEMALE	三相交流插头
CAP	电容	PNP	PNP 三极管
CAPACITOR	电容器	POT	滑线变阻器
CAPACITOR POL	有极性电容	POT-LIN	引线可变三电阻器
CAPVAR	可调电容	POWER	电源
CLOCK	时钟信号源	RES	电阻
CMOS 4000 series	40 系列芯片	Resistors	各种电阻
COAX	同轴电缆	RESPACK	排阻
CON	插口	SCR	晶闸管
Connectors	排座，排插	SOCKET	插座
CRYSTAL	晶振	SOURCE CURRENT	电流源
Data Converters	ADC，DAC	SOURCE VOLTAGE	电压源
DB	并行插口	SPEAKER	扬声器
Debugging Tools	调试工具	Speakers & Sounders	发声器件

续表

元件名称	中文名	元件名称	中文名
D-FLIPFLOP D	触发器	SW	开关
DIODE	二极管	SW-DPDY	双刀双掷开关
DIODE SCHOTTKY	稳压二极管	SWITCH	按钮
DIODE VARACTOR	变容二极管	Switches & Relays	开关，继电器，键盘
DPY_3-SEG	3 段 LED	Switching Devices	开关器件
DPY_7-SEG	7 段 LED	SWITCH-SPDT	二选通一按钮
DPY_7-SEG_DP	7 段 LED(带小数点)	SW-PB	开关按钮
ECL 10000 Series	10 系列芯片	SW-SPST	单刀单掷开关
ELECTRO	电解电容	THERMISTOR	电热调节器
Electromechanical	电机	TRANS1	变压器
FUSE	保险丝	Transistors	晶体管
GROUND	地	TRIAC	三端双向可控硅
INDUCTOR	电感	TRIODE	电子管
INDUCTOR IRON	带铁芯电感	TTL 74 series	74 系列芯片
INDUCTOR3	可调电感	VARISTOR	变阻器
Inductors	变压器	VOLTMETER	电压表
JFET N	N 沟道场效应管	VOLTMETER-MILLI mV	mV 表
JFET P	P 沟道场效应管	VTERM	串行口终端
LAMP	灯泡	ZENER	齐纳二极管
LAMP NEDN	起辉器	LOGICTOGGLE	逻辑触发
Laplace Primitives	拉普拉斯变换	Memory Ics	存储器件
LED	发光二极管	METER	仪表
LED-RED	红色发光二极管	MICROPHONE	麦克风
LM016L	2 行 16 列液晶	Microprocessor Ics	微处理器
LOGIC ANALYSER	逻辑分析器	Miscellaneous	常用器件库
LOGICPROBE	逻辑探针	Modelling Primitives	各种仿真器件

附录 3　项目教学活页(范例)

温馨提醒：请认真填好个人信息，根据实际执行过程完成教学活页，并及时提交给任课老师批阅，该成绩计入本课程期末总评。

专业：＿＿＿＿＿＿＿　班级：＿＿＿＿＿＿＿＿　时间：＿＿＿＿＿＿＿＿＿

组长(项目经理)姓名：＿＿＿＿＿＿　学号：＿＿＿＿＿＿　联系电话：＿＿＿＿＿＿

成员(工程师)姓名：＿＿＿＿＿＿　学号：＿＿＿＿＿＿　联系电话：＿＿＿＿＿＿

成员(工程师)姓名：＿＿＿＿＿＿　学号：＿＿＿＿＿＿　联系电话：＿＿＿＿＿＿

项目名称：＿＿＿＿＿＿＿＿＿＿＿＿＿＿＿＿＿＿＿＿＿＿＿＿

一、任务书分析与解读(请根据以下内容填写对该设计项目开发任务的认识)

1. 设计任务功能需求

2. 性能指标

3. 设计规格

4. 工作要求

5. 学习目的

成绩(等级)评定＿＿＿＿＿＿　老师签字：＿＿＿＿＿＿　＿＿＿年＿＿月＿＿日

二、相关的理论知识(请根据以下内容填写该设计项目用到的理论知识)

1. 单片机理论知识点(详细填写涉及的硬件知识、工作原理等,重在体现对用到的单片机相关理论知识的掌握程度,写不下可另附页)

2. 涉及的软件知识点(详细解读涉及主要指令 10 条左右,并书写程序设计的基本思想,写不下可另附页)

3. 参考文献(填写阅读过的参考文献,并按顺序在前面引用的地方做好上角标注)
格式如下:

[1]　张毅刚. 单片机原理与应用[M]. 北京:高等教育出版社,2014(3):22-25。

成绩(等级)评定_____　老师签字:_____　_____年____月____日

三、设计执行过程(请根据以下内容填写该设计项目用到的理论知识)

1. 总体设计框图(画出项目总体设计框图,并结合设计框图简述工作原理,写不下可另附页)

2. 仿真图纸和说明(用 Proteus 等专业软件做出仿真效果图，要求元件参数详细，效果明显，图片高清，并有文字说明，可另附页。)

成绩(等级)评定＿＿＿＿＿＿＿　老师签字：＿＿＿＿＿＿＿　＿＿＿＿年＿＿月＿＿日

3. 电路图纸(用 Altium Designer 等专业软件画出详细的电路图,要求元件参数详细,图片高清,可另附页)

4. 元器件清单(以表格的形式列出详细的元器件清单，要有详细的元件名称、参数和数量等信息，并包括电路板尺寸、导线信号和焊锡种类等耗材。)

成绩(等级)评定_____　　老师签字：_____　　_____年___月___日

5. 焊接图纸和说明(用铅笔或专业软件画出详细的焊接布局设计图,要求元件引脚标注详细清晰。)

成绩(等级)评定＿＿＿＿＿＿　　老师签字:＿＿＿＿＿＿　　＿＿＿＿年＿＿月＿＿日

6. 实物效果照片和功能说明(用高清相机拍出实物的效果照片, 此页要求彩色打印, 要体现出任务书中的功能效果, 图片高清, 并附有功能效果的文字说明, 可另附页。)

成绩(等级)评定_____ 老师签字: _____ _____年___月___日

四、项目总结(请根据以下内容做工作总结，并提交完整的项目设计报告)

1. 学习小结(对学习到的知识点进行总结、归纳)

2. 工作总结(对该项目的开发工作进行总结，包括作品的成败得失，个人工作的优缺点，并提出自己的想法、改进措施等)

五、项目结题评审(请根据以下内容做好记录，并提交完整的项目设计报告给老师打分)

1. 项目答辩记录(请将老师提的问题和答案记录下来)

问题一：

问题二：

记录人：_____　　　　　　　　_____ 年_____月 ____日

2. 结题答辩组评审意见(以下由专家组填写)

成绩_____　专家组：_____、_____　_____年___月___日

3. 项目成绩评定(任课老师负责填写)

项目教学活页成绩: ＿＿＿＿＿＿＿＿＿＿＿＿＿＿＿

答辩成绩: ＿＿＿＿＿＿＿＿＿＿＿＿＿＿＿＿＿＿

项目实物作品成绩: ＿＿＿＿＿＿＿＿＿＿＿＿＿＿

项目设计报告成绩: ＿＿＿＿＿＿＿＿＿＿＿＿＿＿

项目总评成绩: ＿＿＿＿＿＿＿＿＿＿＿＿＿＿＿＿

项目教学活页电子版文件下载,请扫二维码。

项目教学活页